深度学习的数学——使用Python语言

MATH FOR DEEP LEARNING

WHAT YOU NEED TO KNOW TO UNDERSTAND NEURAL NETWORKS

[美] 罗纳德·T. 纽塞尔（Ronald T. Kneusel）◎ 著　　辛愿 ◎ 译

人民邮电出版社
北京

图书在版编目（CIP）数据

深度学习的数学 : 使用Python语言 / (美) 罗纳德
·T. 纽塞尔 (Ronald T. Kneusel) 著 ; 辛愿译. -- 北
京 : 人民邮电出版社, 2024.2
ISBN 978-7-115-60777-5

Ⅰ. ①深… Ⅱ. ①罗… ②辛… Ⅲ. ①软件工具—程
序设计②机器学习 Ⅳ. ①TP311.561②TP181

中国国家版本馆CIP数据核字(2024)第004475号

◆ 著　　　［美］罗纳德 · T.纽塞尔（Ronald T. Kneusel）
译　　　辛　愿
责任编辑　郭泳泽
责任印制　王　郁　焦志炜

◆ 人民邮电出版社出版发行　　北京市丰台区成寿寺路 11 号
邮编　100164　　电子邮件　315@ptpress.com.cn
网址　https://www.ptpress.com.cn
北京科印技术咨询服务有限公司数码印刷分部印刷

◆ 开本：800×1000　1/16
印张：16　　　　2024 年 2 月第 1 版
字数：364 千字　　　2025 年 5 月北京第 5 次印刷
著作权合同登记号　图字：01-2021-7075 号

定价：89.80 元

读者服务热线：(010) 81055410　印装质量热线：(010) 81055316
反盗版热线：(010) 81055315

内容提要

深度学习是一门注重应用的学科。了解深度学习背后的数学原理的人，可以在应用深度学习解决实际问题时游刃有余。本书通过 Python 代码示例来讲解深度学习背后的关键数学知识，包括概率论、统计学、线性代数、微分等，并进一步解释神经网络、反向传播、梯度下降等深度学习领域关键知识背后的原理。

本书适合有一定深度学习基础、了解 Python 编程语言的读者阅读，也可作为拓展深度学习理论的参考书。

推荐序

在过去的十几年里，人工智能技术突飞猛进，在多个领域产生了深远的影响：语音识别技术已经达到大多数人觉得语音输入准确度足够高的地步；语音合成技术已经可以合成真假难辨的自然语音，并在人机对话、有声书制作、新闻播报等场景中获得广泛应用；图像识别技术在图像分类和图像识别任务上的性能超越了普通人；图像和视频合成技术则已经可以合成风格各异的虚拟数字人，成为元宇宙的重要组成部分。尤其让人印象深刻的是，人工智能软件 AlphaGo 在 2016 年战胜了围棋冠军，AlphaFold2 在 2022 年解析了大量蛋白质的结构。这些任务之前一直被认为极其复杂，需要极高的智能和很多年的努力才能完成。而所有这些进展在很大程度上要归功于人工智能的一个重要分支——深度学习的发展。

今天，计算机和人工智能方向的从业者可能大多听说过深度学习，很多从业者或多或少使用过深度学习的技术或模型。不过，由于开源逐渐成为一种风气，越来越多的技术使用者广泛依赖于开源框架（比如 TensorFlow 和 PyTorch）及各种开源算法。这一方面大大减少了“重复发明轮子”的情况，加速了技术的演进和应用推广，另一方面也使得大家更容易忽视底层技术。

本书就是为希望更了解深度学习底层数学基础的朋友们准备的。与其他数学书不同，本书围绕深度学习展开，阐述了深度学习背后的核心数学概念，包括统计学、线性代数、微分等，并且包含了很多人容易忽略的矩阵微分。另外，本书的示例是以 Python 代码而不是严格理论证明的形式展开的，这使得它们特别适合深度学习的从业者（特别是初学者）使用，尤其是那些希望通过学习底层数学知识来更好地了解深度学习原理，从而改进训练算法和模型的朋友。

本书的作者是机器学习方向的博士，有 20 年左右的工业界从业经验，曾经出版了多部与计算机和机器学习相关的图书。他的书大多从实用的角度出发，简单易懂。本书的译者也有丰富的人工智能从业经验，并曾翻译《贝叶斯方法：概率编程与贝叶斯推断》。他的译文忠实原文而又符合中文习惯，读起来非常顺畅。我相信本书一定可以帮到很多希望在深度学习领域深入学习而不是仅仅使用开源模型的朋友。

俞　栋

2022 年 8 月 13 日于西雅图

译者序

正如本书作者罗纳德·T. 纽塞尔博士所言，“人工智能已无处不在”。自从2011年微软提出的基于 DNN 的深度神经网络取得语音识别领域的重大突破，人工智能的发展便一发不可收：AlexNet 在计算机视觉领域开启新纪元，RNN 和 Transformer 重新定义了对自然语言的理解，强化学习模型击败围棋大师的新闻家喻户晓……这一切都离不开过去十多年深度学习的飞速发展。

想要在深度学习这一研究领域取得突破，理解其背后数学原理至关重要。2021 年 11 月，纽塞尔博士出版了这本面向深度学习从业人员的数学基础教材。该书一经推出便广受好评。对于想要从事人工智能领域或使用深度学习技术解决手头问题，但缺乏数学基础，亦不知如何以最小代价补齐数学短板的人而言，这本书无疑能提供巨大的帮助。毕竟，实际任务的复杂性、数据分布的多样性、模型训练过程的不确定性、目标函数的灵活性等，都可能导致实际项目的失败。

纽塞尔博士拥有20年左右的机器学习从业经验，甚至在风靡一时的 AlexNet 提出之前就已经开始从事深度学习的研究。在翻译这本书的过程中，我能深刻体会到作者在这一领域拥有的扎实理论功底和丰富实战经验，这也使本书既不会过于深奥而导致门槛过高，又充分保留了重要细节以确保读者能真正理解关键内容。更难能可贵的是，本书中的代码示例设计非常精巧，既能让读者快速理解抽象的数学概念，又有极强的可用性，能直接在实际工作中参考。

本书的主要内容可分为两部分。第一部分主要介绍理解深度学习所必备的如下数学基础。

- 概率论与统计学的核心内容。实际上，传统机器学习就基于统计学的数据模型和求解算法，而现代深度学习中也保留了大量的机器学习思想，例如变分自编码器中关于变分推断的思想，以及生成对抗网络中关于分布拟合的技术等。
- 线性代数的关键知识点。这些内容是开启深度学习技术大门的一把钥匙。神经网络是一系列矩阵运算和非线性映射的组合，理解线性代数和矩阵分析的本质，才更容易洞察神经网络的工作机制。
- 关于微分尤其是函数求导和矩阵微分的知识。这些内容对于理解网络如何利用梯度的反向传播进行参数更新至关重要。理解了它们，才能够根据需要灵活对目标函数进行优化或设计。

本书第二部分介绍深度神经网络的工作机制以及网络得以成功训练的关键技术，包括神经网络数据流、反向传播机制和梯度下降算法。

- 神经网络数据流描述了输入网络的数据如何一步步到达输出。作者既阐述了传统网络的情况，也介绍了卷积网络中卷积层、池化层和全连接层的工作机制。

- ❑ 在关于反向传播机制的内容中，作者介绍了如何通过数据图模型，根据微分的链式法则，对目标函数进行参数优化。掌握这些内容后，读者甚至可以自己实现一个简单的底层网络。
- ❑ 关于梯度下降算法，作者介绍了 SGD、Adam 等深度学习中解决无约束优化问题的经典核心算法。深刻理解这些算法能帮助读者在实战中快速定位问题，让网络得以正常训练。

我非常感谢人民邮电出版社的王峰松先生邀请我负责本书的中文翻译，也非常感谢郭泳泽先生后期对本书的精心修改和编排。在翻译本书的过程中，我时常从字里行间感受到作者的认真负责，以及对问题的深入思考，这些都促使我将本书真实、完整地呈现给中文读者。然而，凡事总有疏漏，如果读者发现本书的翻译未能准确传达作者本意，我恳请得到来自读者的更正，也会在未来的修订版中不断完善，力求完美。

辛　愿

2022 年 8 月 8 日于深圳腾讯滨海大厦

序

人工智能（Artificial Intelligence，AI）已无处不在。不信的话，掏出你口袋里的智能手机，一切便不证自明——我们的手机能提供基于人脸识别的安全服务，能识别简单的语音指令，能在人像模式下自动模糊背景，还能偷偷学习我们的喜好以提供个性化服务。通过分析海量数据，AI 模型可以创造疫苗，可以改进机械操作，可以创造自动驾驶车辆，可以利用量子计算的强大算力，甚至当你在网络上下棋的时候，可以自动匹配与你棋艺相当的对手与你对决。整个工业界都在转型，只为更好地让本领域的专业知识，能与最前沿的 AI 技术结合发挥价值。而学术界也不甘落后，如今各学位的课程，都会尽量涉及人工智能的相关概念。机器驱动的认知自主时代正在到来，此刻我们所有人都已是 AI 的消费者。你若还对 AI 的发展感兴趣，就有必要理解是哪项 AI 技术在过去数十年得到了显著提升，那就是深度学习。深度学习是机器学习的一个分支领域，它能够利用极深的神经网络对复杂问题建模，而这些复杂问题往往难以用传统的分析模型来解决。AI 技术早在 20 世纪 50 年代就已经被艾伦·图灵提出，但正是人们对深度神经网络的改进才导致近来 AI 的重大发展。如果说深度学习是 AI 发展的关键引擎，那么深度学习本身的引擎是什么呢？

深度学习的核心概念涉及自然科学、工程技术和数学。各家公司一直在试图给出其正式定义，但难以涵盖方方面面，以至于当他们想招聘该领域头部人才的时候，只好将职位要求描述得非常宽泛。与此类似，这一领域的学术课程，往往需要跨不同学科，才能让学生习得所需的技能。尽管在实战中，运用深度学习技术需要跨不同领域的学科知识，但其核心仍建立在数学理论的基础上，包括概率论、统计学、线性代数和微分。至于对这些数学基础理论要掌握和理解到什么程度，就要看你希望对深度学习技术精通到何种程度了。

本书致力于为深度神经网络的工作人员在实施算法的过程中遇到的各种挑战提供解决方案。他们通常遇到的挑战在于如何有效地利用现有方案解决问题，比如去哪里找寻源代码、如何设置工作环境来运行代码、如何进行单元测试，以及最终如何用业务数据训练模型来解决实际问题。这些深度神经网络可能有数千万甚至上亿的参数需要学习，而且即便是精通算法的研究员，也需要在有充足训练样本的情况下，通过精细化的调参才能实现有效优化，达到对数据的良好表征。初次（第二次、第三次也一样）实现模型的时候，他们通常会经历痛苦的网络最优结构的搜索过程，而只有具备对底层数学原理的高水平理解的人才能胜任这些工作。

而当算法人员开始对整个方案进行整合的时候，他们就要进一步提高专业度，不仅要熟悉本领域的知识，也要理解深度学习的底层基础模块。此时，他们所面临的挑战将不只是简单的算法实现，而且需要运用核心概念对目标领域的问题建模。挑战再次降临！他们可能面临梯度爆炸的问题，也可能为了更好地对问题建模而不得不修改损失函数，却又发现损失函数不可微（也就无法进行梯度计算），抑或在训练模型的时候发现优化算法效率太低。本书为这些人填补了空白。通过清楚地阐述深度学习所需的核心数学概念，本书可以帮助他们解决这些困难。

对核心概念理解到一定程度以后，开发者不仅能对算法进行整合，也能对算法提出创新。一旦有了创新，往往就需要对成果进行传播。这时候，开发者可能要离开开发岗位，花时间去做一些宣传、展示甚至很多具有教育性质的工作。他们还可能需要一本随时可以参考的手册，以便时常温习 AI 领域能取得进展所依赖的核心理论基础，同时提升个人影响力。

由于以上方方面面的因素，深度学习的开发人员在工作中需要涉及的知识体系极为庞大，但每个知识点通常又只是解决特定问题，如果不加以约束，开发者将难以聚焦于需要关注的问题点。纽塞尔博士在使用机器学习和深度学习解决图像生成和分析问题方面拥有 15 年以上的从业经验，他想通过本书强调并巩固读者最需要掌握的核心技能——运用神经网络解决问题所必备的核心数学基础。当然，没有任何一本书可以包罗万象，本书着眼于运用 AI 技术所需数学技能的概述型描述，如果需要探究统计学、线性代数、微分等学科的更深层知识，请参考其他资料以获得所需内容。

德里克·J.瓦尔伍尔德（Derek J. Walvoord）

前　言

如今，数学的地位举足轻重，而深度学习也在日渐扮演重要角色。从无人驾驶汽车敢于给出的安全允诺，到比顶尖骨科医生还厉害的骨科诊断医疗系统，再到越发强大甚至引起担忧的语音助手，深度学习已经无处不在。

本书涵盖要理解深度学习所必须掌握的数学知识。当然，你确实可以利用现成的组件，在完成好相应设置并准备好 Python 代码以后，就对数据进行处理并完成模型训练任务，而无须理解自己在做什么，更不用理解背后的数学理论。而且，由于深度学习的强大，你往往能成功地训练一个模型。但是，你并不理解自己为什么能成功，也不该就此而满足。想搞明白原因，就需要学习数学。虽然用不着大量的数学知识，但一定的数学功底还是必需的。具体来说，你需要理解与概率论、统计学、线性代数和微分相关的一些理论知识，而这些知识刚好就是本书所要讨论的内容。

本书面向谁

本书不是一本深度学习的入门教材，它不会教你深度学习的基础知识，而是此类书籍的有效补充［你可以参考我的另一本书：*Practical Deep Learning: A Python-Based Introduction*（No Starch Press, 2021）］。虽然本书假设你对深度学习的核心概念已经比较熟悉，但我还是会在讲解的过程中做必要的解释说明。

此外，本书假设你具备一定的数学基础，包括高中数学知识，尤其是代数知识。本书还假设你对 Python、R 或其他类似编程语言较为熟悉。本书使用 Python 3 进行讲解，书中会用到它的一些主流组件，如 NumPy、SciPy 以及 scikit-learn。

对于其他方面，本书就不作要求了，毕竟本书的目的就是给你提供成功使用深度学习所必备的知识。

关于本书

这虽然是一本关于数学的书，但其中不会有大量公式证明和练习题，我们主要通过代码来阐述各种概念。深度学习是一门应用学科，所以你需要在实践中理解其内涵。我们将用代码填补数学理论和应用实践之间的空白。

本书内容安排有序，首先介绍基础理论，然后引出更高级的数学内容，最后用实际的深度学习算法让你将之前掌握的内容融会贯通。建议你按照书中的内容顺序阅读，如果遇到已经非常熟悉的内容，你可以直接跳过。

第 1 章：搭建舞台

该章对工作环境以及深度学习中的常用组件进行配置。

第 2 章：概率论

概率论影响深度学习的方方面面，它是理解神经网络训练过程的关键。作为本书概率论的前半部分，该章介绍该领域的基础知识点。

第 3 章：概率论进阶

单靠一章难以覆盖重要的概率论的全部内容，该章继续探索概率论中与深度学习相关的知识点，包括概率分布和贝叶斯定理。

第 4 章：统计学

统计学对理解数据和评估模型非常重要，而且概率论也离不开统计学，要理解深度学习，就不得不理解统计学。

第 5 章：线性代数

线性代数是一门关于向量和矩阵的学科，而深度学习就以线性代数为核心。实现神经网络本身就是在运用向量和矩阵进行运算，所以理解相关概念和运算方法非常关键。

第 6 章：线性代数进阶

该章继续讨论线性代数知识，内容聚焦于矩阵的相关核心内容。

第 7 章：微分

或许训练神经网络的最核心理论基础就是梯度。要想理解和使用梯度，就必须掌握如何对函数求导。该章介绍求导和梯度的理论基础。

第 8 章：矩阵微分

在深度学习中，求导往往是针对向量和矩阵进行的。该章把导数的概念扩展到这些对象上。

第 9 章：神经网络中的数据流

要想理解神经网络如何对向量和矩阵进行运算，就必须理解数据在神经网络中是如何流转的。该章讨论这些内容。

第 10 章：反向传播

成功训练神经网络离不开两个关键算法：反向传播和梯度下降。该章通过介绍反向传播，帮助你对前面所学知识加以应用。

第 11 章：梯度下降

梯度下降使用反向传播过程中计算得出的梯度来训练神经网络。该章从简单的一维函数开始探讨梯度下降，一步步讲到全连接网络的情况。除此之外，该章还会介绍并对比梯度下降的各种变体。

附录：学无止境

本书虽然略过了概率论、统计学、线性代数和微分中的很多知识点，但附录部分会给你提供进一步学习相关领域的资源。

本书的配套代码可以从 GitHub 网站的 rkneusel9/MathForDeepLearning 库中下载。现在就让我们开始学习吧！

资源与支持

资源获取

本书提供如下资源：

- 配套代码文件；
- 本书思维导图；
- 异步社区 7 天 VIP 会员。

要获得以上资源，您可以扫描下方二维码，根据指引领取。

提交勘误

作者和编辑尽最大努力来确保书中内容的准确性，但难免会存在疏漏。欢迎您将发现的问题反馈给我们，帮助我们提升图书的质量。

当您发现错误时，请登录异步社区（www.epubit.com），按书名搜索，进入本书页面，点击“发表勘误”，输入勘误信息，点击“提交勘误”按钮即可（见下图）。本书的作者和编辑会对您提交的勘误进行审核，确认并接受后，您将获赠异步社区的 100 积分。积分可用于在异步社区兑换优惠券、样书或奖品。

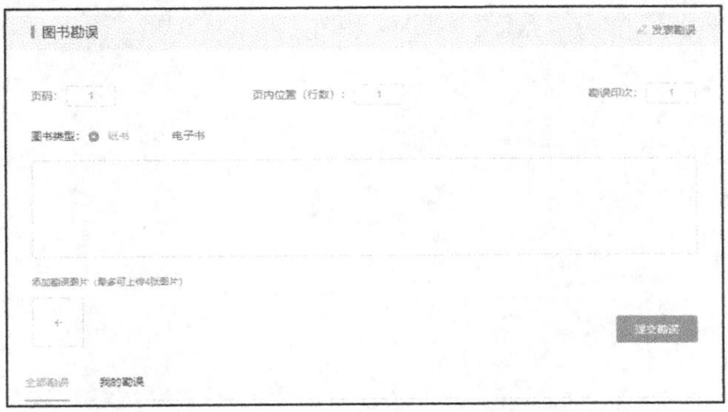

与我们联系

我们的联系邮箱是 contact@epubit.com.cn。

如果您对本书有任何疑问或建议，请您发邮件给我们，并请在邮件标题中注明本书书名，以便我们更高效地做出反馈。

如果您有兴趣出版图书、录制教学视频，或者参与图书翻译、技术审校等工作，可以发邮件给我们。

如果您所在的学校、培训机构或企业，想批量购买本书或异步社区出版的其他图书，也可以发邮件给我们。

如果您在网上发现有针对异步社区出品图书的各种形式的盗版行为，包括对图书全部或部分内容的非授权传播，请您将怀疑有侵权行为的链接发邮件给我们。您的这一举动是对作者权益的保护，也是我们持续为您提供有价值的内容的动力之源。

关于异步社区和异步图书

“异步社区”是由人民邮电出版社创办的 IT 专业图书社区，于 2015 年 8 月上线运营，致力于优质内容的出版和分享，为读者提供高品质的学习内容，为作译者提供专业的出版服务，实现作者与读者在线交流互动，以及传统出版与数字出版的融合发展。

“异步图书”是异步社区策划出版的精品 IT 图书的品牌，依托于人民邮电出版社在计算机图书领域 30 余年的发展与积淀。异步图书面向 IT 行业以及各行业使用 IT 技术的用户。

目　录

第1章 搭建舞台

传统数学课本通过习题的方式让读者掌握知识点，本书则希望通过动手实验来达到这一目的。书中会提供足够多的实验内容。读者无须准备纸笔，但需要尝试实现代码。

本章帮读者配置工作环境。全书代码运行于 Linux 操作系统，具体采用的发行版为 Ubuntu 20.04，不过大多数代码也能在新版 Ubuntu 和其他 Linux 发行版上运行。为了完整性考虑，我还会提供 macOS 和 Windows 环境下的配置方法。但我要指出，深度学习最理想的工作环境是 Linux，当然大多数情况下用 macOS 也可以。不建议使用 Windows，因为很多深度学习组件的移植版在 Windows 下的维护性较差，尽管最近这个问题逐渐开始好转。

我会首先介绍一下需要安装哪些软件包，然后带领读者快速浏览一下适用于 Python 3 的 NumPy 库，因为对几乎所有使用 Python 进行科学计算的人来说，NumPy 都是基础工具。接下来我会介绍 SciPy，它也是很多科学计算的必备工具，但我在此只做简要说明。最后我会谈一下有关 scikit-learn 的话题，它通常简称为 sklearn。scikit-learn 非常有用，它实现了很多传统的机器学习模型。

全书将借助可执行的示例代码来阐述概念。所有的例子都需要先执行以下代码：

```
import numpy as np
```

另外，有些示例会引用之前章节中出现过的代码。但是因为所有的例子都很简短，运行多个示例也不会占用多少资源，所以建议将每一章的各个示例都运行在单个 Python 会话中。当然，这也不是必需的。

1.1 组件安装

本节的最终目标是完成以下组件的安装，各个组件的版本最低要求如下：

- Python 3.8.5；
- NumPy 1.17.4；
- SciPy 1.4.1；
- matplotlib 3.1.2；
- sklearn 0.23.2。

如果版本更新，通常也可以。

下面我们快速看一下在不同的操作系统中如何安装这些组件。

1.1.1 Linux

在以下代码中，$表示 Linux 终端的命令符，而>>>则表示 Python 解释器的命令符。

如果你的计算机上安装的是 Ubuntu 20.04，那么系统将自带 Python 3.8.5。

可执行以下代码来查看操作系统版本号：

```
$ cat /etc/os-release
```

执行 python3 将启动 Python 解释器，执行 python 将默认启动 Python 2.7。

可执行以下代码来安装 NumPy、SciPy、matplotlib 和 sklearn：

```
$ sudo apt-get install python3-pip
$ sudo apt-get install python3-numpy
$ sudo apt-get install python3-scipy
$ sudo pip3 install matplotlib
$ sudo pip3 install scikit-learn
```

启动 Python 3，可通过导入 numpy、scipy、matplotlib 和 sklearn 模块来验证这些组件是否安装成功。然后调用__version__，确保安装的版本高于最低要求，例如：

```
>>> import numpy; numpy.__version__
'1.17.4'
>>> import scipy; scipy.__version__
'1.4.1'
>>> import matplotlib; matplotlib.__version__
'3.1.2'
>>> import sklearn; sklearn.__version__
'0.23.2'
```

1.1.2 macOS

在 Mac 上安装 Python 3，需要去 Python 官方网站下载 macOS 对应的最新版 Python 3。在我写本书的时候，Python 3 的最新版本是 3.9.2。下载后安装即可。

安装完成后，打开终端，确保安装成功：

```
$ python3 --version
Python 3.9.2
```

在安装完 Python 3 以后，就可以在终端直接用 pip3 来安装组件了。

```
$ pip3 install numpy --user
$ pip3 install scipy --user
$ pip3 install matplotlib --user
$ pip3 install scikit-learn --user
```

最后，你可以在 Python 3 中查看所安装组件的版本号。首先在终端执行 python3 以启动 Python，然后导入 NumPy、SciPy、matplotlib 和 sklearn 模块并输出它们的版本号，以确保安装的版本符合最低要求。

1.1.3 Windows

在 Windows 10 中，可按照以下步骤安装 Python 3 和各个组件。

（1）访问 Python 官方网站并单击页面上的 Downloads 和 Windows。

（2）在页面的底部选择 x86-64 对应的可执行程序。

（3）运行安装包，在安装过程中选择默认选项。

（4）选择 Install for All Users 和 Add Python to the Windows PATH，这一点很重要。

在按照上面的步骤完成安装后，系统会自动添加 Python 到 PATH 环境变量中，因此你可以直接在命令行中运行 Python。打开命令行（按 Windows + R 快捷键并输入 cmd），执行 python 命令。如果一切顺利，你会看到 Python 的交互命令符>>>。我这里安装的版本是 Python 3.8.2。注意在 Windows 中，退出 Python 对应的快捷键是 Ctrl+Z 而不是 Ctrl+D。

Python 安装程序会自动帮我们安装 pip。这样我们就可以直接在命令行中使用 pip 来安装所依赖的组件了。可通过在提示符后执行以下命令来安装 NumPy、SciPy、matplotlib 和 sklearn。

```
> pip install numpy
> pip install scipy
> pip install matplotlib
> pip install sklearn
```

在这里，各个组件的版本分别是 NumPy 1.18.1、SciPy 1.4.1、matplotlib 3.2.1 和 sklearn 0.22.2，它们全部满足最低版本要求。

要验证安装是否成功，可在命令行中启动 Python，尝试导入 numpy、scipy、matplotlib 和 sklearn 模块。如果没有报错，就说明安装成功。接下来就要写 Python 代码了，你可以选择任何你熟悉的编辑软件，或直接使用记事本。

在完成这些组件的安装后，我们就准备好进入下一步了。下面我们先来快速熟悉一下已经安装的这些组件。虽然全书有很多示例会用到这些组件，但阅读一下我建议的文档还是值得的。

1.2　NumPy

前面已经安装了 NumPy。现在我来介绍一下 NumPy 的一些基本概念和运算方法。你如果有兴趣，也可以自行查找完整的技术手册。

启动 Python，尝试执行以下代码：

```
>>> import numpy as np
>>> np.__version__
'1.16.2'
```

第一行代码导入 numpy 模块并将其重命名为 np。这种用简称来重命名模块的方式虽然不是必需的，却几乎成了通用做法。第二行代码则输出版本号，以确保安装的 NumPy 版本满足前面所说的最低要求。

1.2.1　定义数组

NumPy 以数组为运算对象，它可以方便地将列表转换为数组。想想看，与 C 和 Java 等语言中的数组类型相比，Python 中的列表类型虽然使用起来非常优雅，但是当使用列表模拟数组进行科学计算的时候，效率还是非常低的。NumPy 在这方面很有优势，使用 NumPy 的数组类型时实际上效率很高。下面的例子首先把列表转换为数组，然后展示了一些数组属性：

```
>>> a = np.array([1,2,3,4])
>>> a
array([1, 2, 3, 4])
>>> a.size
4
>>> a.shape
(4,)
>>> a.dtype
dtype('int64')
```

上面的例子将一个包含 4 个元素的列表传给了 np.array 函数，得到一个 NumPy 数组。数组最基本的属性包括 size 和 shape。这个数组的 size 属性为 4，表示包含 4 个元素；shape 属性则是包含 4 的一个元组，表示这是一个包含 4 个元素的一维数组或者说一维向量。如果数组是二维的，那么其 shape 属性将包含两个元素，分别对应每一维的大小。在下面的例子中，数组 b 的 shape 属性为(2, 4)，这表示它是一个 2 行 4 列的数组。

```
>>> b = np.array([[1,2,3,4],[5,6,7,8]])
>>> print(b)
[[1 2 3 4]
 [5 6 7 8]]
>>> b.shape
(2, 4)
```

1.2.2　数据类型

Python 中的数据类型大体分为两种：取值几乎可以是任意大小的整型以及浮点型。NumPy 数组则支持更多的数据类型。由于 NumPy 的底层是用 C 语言实现的，因此 NumPy 支持 C 语言中所有的数据类型。前面的例子向 np.array 函数传入了一个各元素为整数的列表，结果得到一个各元素为 64 位有符号整数的数组。表 1-1 展示了 NumPy 支持的数据类型。我们既可以让 NumPy 替我们选择数据类型，也可以显式指定数据类型。

表 1-1 NumPy 支持的数据类型，C 语言中等价的数据类型以及取值范围

NumPy 支持的数据类型	C 语言中等价的数据类型	取值区间
float64	double	$\pm[2.225\times10^{-308}, 1.798\times10^{308}]$
float32	float	$\pm[1.175\times10^{-38}, 3.403\times10^{38}]$
int64	long long	$[-2^{63}, 2^{63}-1]$
uint64	unsigned long long	$[0, 2^{64}-1]$
int32	long	$[-2^{31}, 2^{31}-1]$
uint32	unsigned long	$[0, 2^{32}-1]$
uint8	unsigned char	$[0, 2^{8}-1]$

我们来看一些为数组指定类型的例子：

```
>>> a = np.array([1,2,3,4], dtype="uint8")
>>> a.dtype
dtype('uint8')
>>> a = np.array([1,2,3,4], dtype="int16")
>>> a = np.array([1,2,3,4], dtype="uint32")
>>> b = np.array([1,2,3,4.0])
>>> b.dtype
dtype('float64')
>>> b = np.array([1,2,3,4.0], dtype="float32")
>>> c = np.array([111,222,333,444], dtype="uint8")
>>> c
array([111, 222, 77, 188], dtype=uint8)
```

在上面的例子中，数组 a 的元素为整型，而数组 b 的元素为浮点型。注意在第一个关于数组 b 的例子中，Python 自动为数组 b 的元素选择了 64 位浮点型。之所以会这样，是因为输入的列表里有一个浮点数 4.0。

关于数组 c 的例子看起来似乎是错误的，其实不然。如果给定的数据超出指定类型的表示范围，NumPy 并不会报错。在这个例子中，我们指定的 8 位整型只能表示[0, 255]取值范围内的整数。前面的两个数 111 和 222 属于这个范围；但后面两个数 333 和 444 都太大，NumPy 默认只保留这两个数的最后 8 位，分别是 77 和 188。NumPy 用这个例子给我们上了一课，让我们明白了该指定什么数据类型。虽然这类问题不常出现，但我们仍须牢记于心。

1.2.3 二维数组

如果说把列表转换为数组后得到的是一维向量，那么我们可以猜测，如果把一个列表的列表转换为数组，那么得到的将是一个二维向量。事实的确如此，我们猜对了。

```
>>> d = np.array([[1,2,3],[4,5,6],[7,8,9]])
>>> d.shape
(3, 3)
>>> d.size
9
```

```
>>> d
array([[1, 2, 3],
       [4, 5, 6],
       [7, 8, 9]])
```

可以看到，一个由三个子列表构成的列表被映射成了一个 3 × 3 的向量(即矩阵)。由于 NumPy 数组从 0 开始对元素编号，因此引用 d[1,2]返回的是 6。

1.2.4　全 0 数组和全 1 数组

NumPy 有两个非常有用的函数：np.zeros 和 np.ones。它们都用于定义指定大小的数组。前者用 0 作为数组全部元素的初始值，而后者则将数组元素全部初始化为 1。这是 NumPy 从头创建数组的主要方式。

```
>>> a = np.zeros((3,4), dtype="uint32")
>>> a[0,3] = 42
>>> a[1,1] = 66
>>> a
array([[ 0,  0, 0, 42],
       [ 0, 66, 0,  0],
       [ 0,  0, 0,  0]], dtype=uint32)
>>> b = 11*np.ones((3,1))
>>> b
array([[11.],
       [11.],
       [11.]])
```

这两个函数的第一个参数都是元组，用于指定各个维度的大小。如果传入标量，那么默认定义的是一个一维向量。以数组 b 为例，它是初始值为 1、大小为 3 × 1 的数组，通过与标量 11 相乘，可以使数组 b 的每个元素都为 11。

1.2.5　高级索引

上面的例子介绍了访问单个元素的简单索引方式。NumPy 支持更复杂的索引形式，常用的一种就是用单个索引查询整个子数组，举个例子：

```
>>> a = np.arange(12).reshape((3,4))
>>> a
array([[ 0, 1,  2,  3],
       [ 4, 5,  6,  7],
       [ 8, 9, 10, 11]])
>>> a[1]
array([4, 5, 6, 7])
>>> a[1] = [44,55,66,77]
>>> a
array([[ 0,  1,  2,  3],
       [44, 55, 66, 77],
       [ 8,  9, 10, 11]])
```

这个例子用到了 np.arange 函数，它等价于 Python 中的 range 函数。注意这里使用 reshape 方法将一个大小为 12 的一维向量转换成了一个 3 × 4 的矩阵。另外请注意，a[1]返回的是整个子数组，索引是从第一维开始进行的。a[1]其实是 a[1, :]的简化形式，其中的“:”表示某一维的全部元素。这种简化形式也可以用于赋值操作。

NumPy 还支持 Python 列表的所有切片索引方式，继续上面的例子：

```
>>> a[:2]
array([[ 0,  1,  2,  3],
       [44, 55, 66, 77]])
>>> a[:2,:]
array([[ 0,  1,  2,  3],
       [44, 55, 66, 77]])
>>> a[:2,:3]
array([[ 0,  1,  2],
       [44, 55, 66]])
>>> b = np.arange(12)
>>> b
array([ 0, 1, 2, 3, 4, 5, 6, 7, 8, 9, 10, 11])
>>> b[::2]
array([ 0, 2, 4, 6, 8, 10])
>>> b[::3]
array([0, 3, 6, 9])
>>> b[::-1]
array([11, 10, 9, 8, 7, 6, 5, 4, 3, 2, 1, 0])
```

首先，a[:2]返回数组 a 中前两行的全部元素，这里隐含了用“:”索引第二维元素，a[:2]与 a[:2,:]等价。关于数组 a 的第三个例子对两个维度都进行了索引，通过 a[:2, :3]返回了数组 a 的前两行和前三列元素。关于数组 b 的例子展示了如何每隔一个或两个元素进行查询。最后一个例子非常有用，这个例子使用一个负的增量实现了索引的倒序。当增量为−1 时，表示对所有元素倒序排列。如果增量为−2，则表示以倒序每隔一个元素进行一次查询。

NumPy 使用“:”来表示查询某一维的全部元素。NumPy 还支持用英文省略号来表示“尽可能多的‘:’符号”。为了举例说明，下面我们先定义一个三维数组：

```
>>> a = np.arange(24).reshape((4,3,2))
>>> a
array([[[ 0,  1],
        [ 2,  3],
        [ 4,  5]],
       [[ 6,  7],
        [ 8,  9],
        [10, 11]],
       [[12, 13],
        [14, 15],
        [16, 17]],
       [[18, 19],
        [20, 21],
        [22, 23]]])
```

可以把数组 a 看成 4 个 3 × 2 的子数组。如果要更新其中的第 2 个子数组，我们可以这么做：

```
>>> a[1,:,:] = [[11,22],[33,44],[55,66]]
>>> a
array([[[ 0,  1],
        [ 2,  3],
        [ 4,  5]],
       [[11, 22],
        [33, 44],
        [55, 66]],
       [[12, 13],
        [14, 15],
        [16, 17]],
```

```
          [[18, 19],
           [20, 21],
           [22, 23]]])
```

这里我们显式地用“:”进行各个维度的索引，可以看到“:”的使用让 NumPy 很有兼容性，NumPy 能够自动将列表的列表识别为数组并且执行相应的更新操作。接下来我们可以看到，用英文省略号也可以实现同样的效果。

```
>>> a[2,...] = [[99,99],[99,99],[99,99]]
>>> a
array([[[ 0,  1],
        [ 2,  3],
        [ 4,  5]],
       [[11, 22],
        [33, 44],
        [55, 66]],
       [[99, 99],
        [99, 99],
        [99, 99]],
       [[18, 19],
        [20, 21],
        [22, 23]]])
```

这里对第 3 个 3 × 2 的子数组也进行了更新。

1.2.6　读写磁盘

NumPy 数组可以通过调用 np.save 写到磁盘上，并通过调用 np.load 从磁盘上加载，比如：

```
>>> a = np.random.randint(0,5,(3,4))
>>> a
array([[4, 2, 1, 3],
       [4, 0, 2, 4],
       [0, 4, 3, 1]])
>>> np.save("random.npy",a)
>>> b = np.load("random.npy")
>>> b
array([[4, 2, 1, 3],
       [4, 0, 2, 4],
       [0, 4, 3, 1]])
```

我们先用 np.random.randint 创建了一个大小为 3 × 4，元素取值在 0 和 5 之间（包含 0 和 5）的随机整型数组（NumPy 有很多关于随机数的函数）。然后我们将该数组写到磁盘上，命名为 random.npy。数组文件必须以“.npy”为后缀，如果没有指定，NumPy 会自动添加该后缀。最后，我们通过调用 np.load 从磁盘上加载了保存的 NumPy 数组。

本书还会涉及其他的 NumPy 函数，我会在遇到时详细介绍这些函数。接下来，我们快速了解一下 SciPy。

1.3　SciPy

SciPy 为 Python 添加了大量的函数库。由于 SciPy 在后端使用 NumPy，因此通常这两个组件需要一起安装。关于 SciPy 的完整指南，可以查阅其官方文档。

在本书中，我们主要聚焦于 scipy.stats 模块。启动 Python，执行如下代码：

```
>>> import scipy
>>> scipy.__version__
'1.2.1'
```

以上代码将加载 SciPy 并方便你确认其版本是否符合最低要求，通常更新的版本在本书中也适用。

下面做几个简单的小实验。

```
>>> from scipy.stats import ttest_ind
>>> a = np.random.normal(0,1,1000)
>>> b = np.random.normal(0,0.5,1000)
>>> c = np.random.normal(0.1,1,1000)
>>> ttest_ind(a,b)
Ttest_indResult(statistic=-0.027161815649563964, pvalue=0.9783333836992686)
>>> ttest_ind(a,c)
Ttest_indResult(statistic=-2.295584443456226, pvalue=0.021802794508002675)
```

我们首先加载 NumPy，然后从 SciPy 的 stats 模块中导入 ttest_ind 函数。该函数能够接收两个集合作为参数，比如来自两个类别的数值集合，然后回答如下问题：这两个集合的均值是否相同？或者更准确地说，回答我们有多大把握相信这两组数据来自同样的生成过程。解决这个问题的一种经典算法就是 *t* 检验（*t*-test）。评估方式则是看结果中的 *p* 值，即 pvalue 一项。你可以把 *p* 值理解为，如果两组数据来自同样的生成过程，那么这两组数据的均值差有多大概率与我们观测的结果一致。如果概率接近 1，则可以基本相信这两组数据的生成过程相同。

a、b 和 c 是一维数组，其中的元素（有 1000 个值）都取自高斯曲线（也称为正态曲线）。我们会在后面详细说明数据的生成过程，这里你只需要理解每个数值都取自一条钟形曲线，这种曲线中间的部分相比边缘更有可能被取样。normal 函数的前两个参数分别定义均值和标准差，后者用于衡量曲线的宽度。也就是说，标准差越大，曲线的形状越扁平，曲线越宽。

在这个例子中，我们预期 a 和 b 是十分相似的两组数据，因为它们的均值都是 0.0，只不过它们取样的钟形曲线在形状上存在稍许差异。相比而言，c 的均值为 0.1。我们希望 *t* 检验算法的结果能够体现这两者之间的差异，也就是告诉我们 a 和 c 不大可能来自同样的生成过程。

函数 ttest_ind 执行 *t* 检验并输出包含 pvalue 一项的信息。正如我们所料，输入 a 和 b，得到的 *p* 值约为 0.98。这表示如果两组数据来自同一生成过程，那么这两组数据的均值差异有 98%的概率与我们给出的数据一致。相比而言，当输入 a 和 c 时，得到的 *p* 值约为 0.027。这表示如果两组数据的生成过程相同，那么它们的均值差异只有 3%的概率符合我们给出的数据。因而我们可以推断 a 和 c 来自不同的生成过程。我们称这两组数据具有统计显著性差异。

传统上，我们认为 *p* 值小于 0.05 就具有统计显著性了。然而使用这个阈值有些武断，最近在复现一些实验，尤其是软科学中的实验时，大家发现这个阈值应该设置得更为严格。以 *p* 值等于 0.05 为阈值，这意味着每 20 次实验中就有 1 次结论错误（1/20 = 0.05），这样的阈值过于宽泛。应该说，*p* 值接近 0.05 只能证明某个结论有可能是事实，值得我们投入更多精力（和更大规模的数据）去做进一步研究。

1.4 matplotlib

matplotlib 用于绘图。这里我们展示一下 matplotlib 绘制二维图像和三维图像的能力。我们先来看一个二维图像的例子：

```
>>> import numpy as np
>>> import matplotlib.pylab as plt
>>> x = np.random.random(100)
>>> plt.plot(x)
>>> plt.show()
```

上述代码首先加载了 numpy 模块（matplotlib 很适合处理 NumPy 数据），然后使用 np.random.random 生成了一个大小为 100、取值区间为[0, 1)的随机数组 x。最后使用 plt.plot 给数组 x 画图，并通过调用 plt.show 将绘制的图像输出。matplotlib 的输出是交互式的。你可以动手试试绘图窗口的各项功能。例如，图 1-1 展示了 Linux 环境下绘图窗口的样子。由于画的是一个随机数组，因此每次图像的序列都是不同的，但绘图窗口的功能区是固定的。

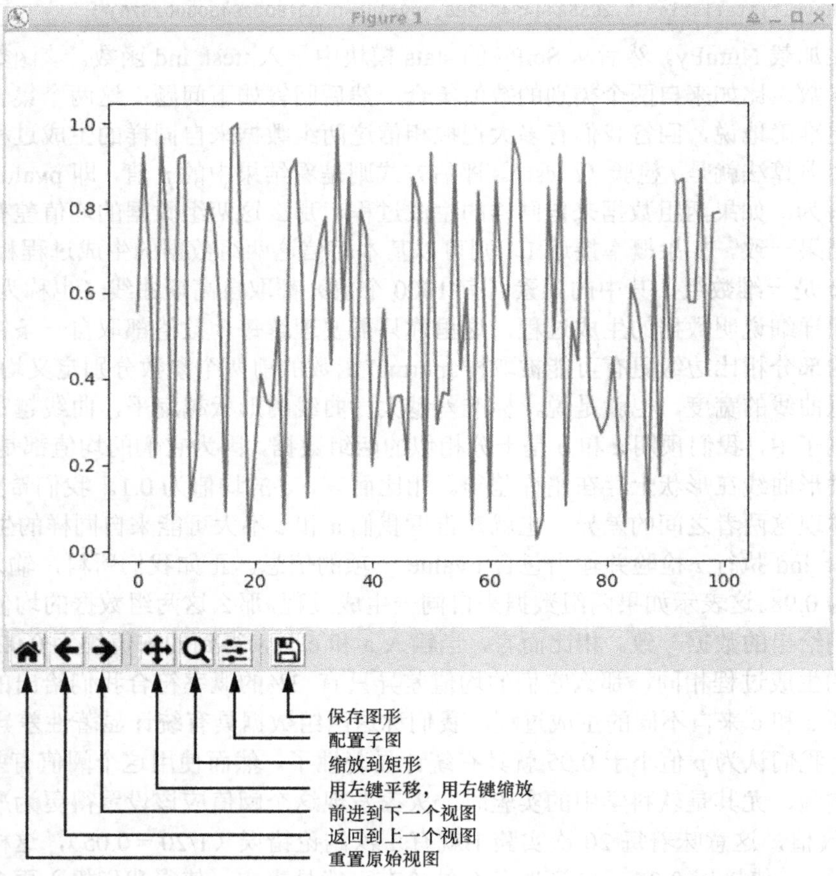

图 1-1　一个简单的 matplotlib 绘图窗口

下面我们再来试试三维数组：

```
>>> from mpl_toolkits.mplot3d import Axes3D
>>> import matplotlib.pylab as plt
```

```
>>> import numpy as np
>>> x = np.random.random(20)
>>> y = np.random.random(20)
>>> z = np.random.random(20)
>>> fig = plt.figure()
>>> ax = fig.add_subplot(111, projection='3d')
>>> ax.scatter(x,y,z)
>>> plt.show()
```

上述代码首先加载了三维坐标组件、matplotlib 以及 NumPy。然后用 NumPy 生成了 3 个取值区间为[0, 1)的随机数组，它们就是我们要画的三维数据点。接下来调用 plt.figure 和 fig.add_subplot 以设置三维投影图。参数 111 告诉 matplotlib 我们希望所有图片构成 1 × 1 的网格，并且把当前图片画到第一个格子里，所以 111 表明只有单张图片。参数 projection 用于设置三维绘图模式。最后用 ax.scatter 绘制散点图，并且通过调用 plt.show 将图片显示出来。使用 matplotlib 绘制的三维图像与二维图像一样，也是交互式的，可尝试用鼠标旋转图片。

1.5 scikit-learn

虽然本书的目标是覆盖深度学习的数学知识，而非实现深度学习模型本身，但我们时不时会发现，一两个简单的神经网络模型有助于我们理解问题。这时候我们就会用到 sklearn 中的 MLPClassifier 类。另外，sklearn 还提供了很多有用的组件用于评估模型的性能和绘制高维图像。

下面我们构建一个简单的神经网络，对 8 × 8 的手写体灰度小图进行分类。sklearn 内置了我们这里需要的数据集。以下是示例代码：

```
import numpy as np
from sklearn.datasets import load_digits
from sklearn.neural_network import MLPClassifier

❶ d = load_digits()
digits = d["data"]
labels = d["target"]

N = 200
❷ idx = np.argsort(np.random.random(len(labels)))
x_test, y_test = digits[idx[:N]], labels[idx[:N]]
x_train, y_train = digits[idx[N:]], labels[idx[N:]]

❸ clf = MLPClassifier(hidden_layer_sizes=(128,))
clf.fit(x_train, y_train)

score = clf.score(x_test, y_test)
pred = clf.predict(x_test)
err = np.where(y_test != pred)[0]
print("score : ", score)
print("errors:")
print(" actual : ", y_test[err])
print(" predicted: ", pred[err])
```

上述代码首先导入 numpy 模块，然后从 sklearn 中导入 load_digits 来返回图像数据集，并导入 MLPClassifier 来训练一个基于多层感知机的传统神经网络。接下来从返回的图像数据集中分别抽取图片和对应的数字标签❶。其中图片被存储为包含 8 × 8 = 64 个元素的向量，这表示将单张图片的二维像素矩阵按行展开，并且拼接成一行。由于整个图像数据集包含 1797 张图片，因此 digits 是一个 1797 行、64 列的二维 NumPy 数组，labels 则是一个包含 1797 个数字标签的一维向量。

随机地将图片的顺序打乱（这里需要注意保持图片和标签的对应关系❷），然后划分训练数据和测试数据（x_train、x_test）以及对应的标签（y_train、y_test）。拿出前 200 张图片作为测试样本，余下的 1597 张图片则作为训练样本。这样每个手写体数字就大约有 160 张图片用于训练，而有大约 20 张图片用于测试。

接下来创建一个 MLPClassifier 对象用于建模❸。指定单个隐层的大小为 128 个神经元，其他参数全部默认。由于输入为包含 64 个元素的向量，因此在通过隐层后，向量的大小将翻倍。我们不用指定输出层的大小，sklearn 会根据 y_train 的标签自动进行推测。训练模型非常简单，只需要调用 clf.fit 并且传入训练图片（x_train）和标签（y_train）。

训练这么小的数据集只需要几分钟就够了。训练结束后，模型学到的权重和截距被保存在对象 clf 中。我们先获得模型的 score，它表示模型总体的准确率，然后拿到模型在测试集上的预测结果（pred）。通过与真实标签（y_test）进行对比，我们可以得到预测错误的样本编号，将其保存到变量 err 中。最后把错误标签和对应的真实标签输出并进行对比。

每次执行上述代码时，我们都会重新将样本打乱，因而划分的训练集和测试集会发生变化。此外，神经网络在训练前都会随机初始化各个参数。因此，每次训练的结果都会不同。我第一次执行这段代码时，得到的总体准确率为 0.97（97%）。如果是随机猜测，准确率大约是 10%，所以我们可以说模型训练得还不错。

1.6　小结

在本章中，我首先介绍了如何设置工作环境，接下来概要性地介绍了各个 Python 组件，并且提供了用于深入学习的参考链接。有了让人安心和完善的工作环境后，我们将在第 2 章中一头扎进概率论。

第2章 概率论

我们的生活受各种可能事件的影响，但事实上，正如本章后续内容所述，我们通常并不善于处理概率问题。因此，我们需要通过学习概率论来避免犯错。尤其在深度学习中，因为要处理大量与概率论相关的问题，所以这一点尤为重要。本书的很多地方都会涉及概率，如神经网络的输出、各个类别的频次以及网络初始化所采用的随机分布等。

本章旨在将深度学习中与概率论相关的各种思想和术语展示给读者。我将从概率论的基础概念开始，介绍随机变量的定义，然后转向概率的运算法则。我会在这些内容中讨论有关联合分布和边缘分布的基础概念。在深度学习的研究中，你会不断使用这两个概念。在你掌握了这些内容后，我将开始介绍第一条链式法则（第二条链式法则将在第 6 章讨论）。第 3 章将继续探讨概率论的内容。

2.1 基础概念

概率是一个介于 0 和 1 之间的数（包含 0 和 1），用于衡量事件发生的可能性。如果事件一定不会发生，那么概率为 0。反过来，如果事件一定会发生，那么概率就为 1。这是概率通常的定义方式，但人们在日常生活中不大会说“明天下雨的概率是 0.25”，“明天有 25%的可能性下雨”这样的表达更贴近生活。在日常的表达中，人们可能更喜欢把概率值转换为百分数，本章也会这么做。

上面提到了与概率相关的一些词语，如“可能性”和“一定”。在非正式语境下，甚至在讨论深度学习的情况下，这些表述没什么问题，但如果需要给出精确的定义，我们就必须严格使用概率论中的术语，概率是一个取值区间为[0, 1]的数值。这里的方括号表示取值范围是包含边界的闭区间。如果值域不包含边界点，则需要指定用圆括号表示的开区间。例如，NumPy 函数 np.random.random()返回取值区间为[0, 1)的伪随机浮点数，这表明可以取 0，但是不能取 1。

下面介绍样本空间、事件和随机变量的基本概念。本节的最后将举例说明人类有多么不擅长处理概率问题。

2.1.1 样本空间和事件

简单来说，样本空间是表示某个事件所有可能结果的离散集或连续取值范围，事件则是指某件可能发生的事情。通常情况下，事件是某个物理过程的结果，比如抛硬币或掷骰子的结果。事件的所有可能结果构成了我们要处理的样本空间。每个事件是样本空间中的单个样本，样本空间则表示事件的所有可能。下面来看几个例子。

抛硬币的结果有正面（用 H 表示）和反面（用 T 表示）两种可能，因而抛硬币的样本空间是集合 $\{H, T\}$。对于掷骰子，骰子的形状是标准的，如果不考虑骰子立在边缘的情况，也就是假设骰子停止时总有某个面朝上，则整个样本空间就是 $\{1, 2, 3, 4, 5, 6\}$。这些都是样本空间为离散集的例子。但在深度学习中，大多数样本空间是包含浮点数的连续集，而非整数集或元素集。例如，如果神经网络的某个输入特征是在[0, 1]区间任意取值，那么[0, 1]就是该输入特征的样本空间。

我们可以研究特定事件发生的可能性。例如，在抛硬币实验中，我们可以讨论硬币正面朝上的可能性是多少。从直观上讲，只要硬币均匀，那么任意一面朝上的可能性都不会比另一面大，因此，我们可以认为正面朝上的概率为 0.5（即 50%）。同样，反面朝上的概率也是 0.5。最后，由于所有可能的结果只有正面或反面，因此把得到所有可能结果的概率相加，便可得到 $0.5 + 0.5 = 1.0$。对于任意样本空间，所有可能结果的概率和总是 1.0。

那么，在掷骰子实验中，掷出 4 的概率是多大？同理，由于各个面出现的机会均等，且只有一个面代表 4，因此概率应该是六分之一，也就是 $1/6 \approx 0.166667$，大约是 17%。

2.1.2 随机变量

我们用变量 X 来表示抛硬币的可能结果。X 称为随机变量，它取值于样本空间，并对应某种概率。在抛硬币实验中，样本空间是离散的，所以 X 是离散型随机变量，通常用大写字母表示。对于一枚硬币来说，X 取正反两面的概率相同，都是 0.5。对此，正式的表述如下：

$$P(X = H) = P(X = T) = 0.5$$

通常用 P 来表示其后面括号里事件发生的概率。连续型随机变量则取自连续的样本空间，通常用小写字母（如 x）来表示。我们通常讨论随机变量落在样本空间的某个范围内的概率，而不是讨论变量取某个实数值的概率。例如，如果用 NumPy 的 random 函数返回[0, 1)区间的某个值，则可以问该值落在[0, 0.25)区间的概率是多少。由于所有取值的概率都相等，因此可以说变量从区间[0, 1)取值的概率为 0.25，或者说 25%。

2.1.3 人类不擅于处理概率问题

我将从 2.2 节开始讨论概率论的数学知识。在此之前，我们先来看两个证明人类不擅于处理概率问题的例子。这两个例子都能难倒专家，倒不是因为专家不够专业，而是因为人类对概率的直观感受往往有很大偏差，即便是专家也无法摆脱这种直观上的偏差。

1. 蒙提·霍尔困境

这是我特别喜欢的一个问题，因为它能让一些拥有高段位的数学家都感到困惑。这个问题来自一个很早的美国电视游戏节目《让我们做个交易》。蒙提·霍尔是该节目最早的主持人，在游戏中，他会挑选一名观众作为参赛者，将其带到编号为 1、2 和 3 的三扇门前。其中一扇门的后面有一辆全新汽车，而另外两扇门的后面放着搞笑安慰奖，比如一头活生生的小羊羔。

参赛者首先要挑选其中一扇门，然后霍尔会下令打开另外两扇门中的一扇门，而这扇门后没有汽车。但不管这扇门后放着什么搞笑奖品，观众笑完后，霍尔都会询问参赛者，是继续保持之前的选择，还是重新挑选一扇门。这时困境来了：是应该保持不变，还是应该选另一扇没有打开的门呢？

你可以先思考一下这个问题。把书合上，走两圈，拿出纸笔，推导一番，等你有了自己的答案，再往后看。

正确的答案是：应该选另一扇门。因为这样选的话，你就会有 2/3 的可能性获得汽车。否则，你获得汽车的可能性就只有 1/3，也就是第一次就选对了。

当玛丽莲·沃斯·莎凡特于 1990 年首次提出这个问题并指出应该选另一扇门时，各种质疑的信件如洪水般涌向她，很多信件来自数学家，一些人非常生气地指出她是错的。但其实她并没有错。要证明这一点，只需要用计算机程序对游戏进行模拟即可。这里不讨论该程序要怎么写，但也不会太难。如果你写了这个程序并运行，那么随着模拟的游戏次数的增加，重新选门赢得奖励的可能性会收敛于 2/3。不过，我们也可以通过常识和概率论的基本概念来解决这个问题。

首先，如果我们保持原有的选择，那么赢得汽车的可能性显然应该与最初一致，都是 1/3。问题在于，如果我们改变选择会怎么样？

如果我们选择换一扇门，那么安慰奖仅在我们第一次选到汽车的情况下才可能最终被选到。为什么？假设我们最初没有选到汽车，而是选到了安慰奖，那么霍尔作为知道真相的人，一定不会下令打开藏有汽车的那扇门。所以，只要我们第一次选到了安慰奖，霍尔就会为我们打开另一扇有安慰奖的门，那么在最后剩下的一扇门里，一定藏有汽车。在这种情况下，只要我们选择换一扇门，就一定会赢。由于在三扇门中有两扇门里藏有安慰奖，因此我们第一次选错的概率为 2/3。然而我们看到，这时只要我们中途更换选择，就一定能赢。也就是说，我们可以通过这种策略，获得 2/3 的获胜概率。剩下的 1/3 则是第一次选对导致最终错失汽车的概率。

2. 是否患有癌症

这个例子在很多关于概率和统计的畅销书里都有提到，例如 *More Damned Lies and Statistics*（Joel Best；UC Press, 2004），以及 *The Drunkard's Walk*（Leonard Mlodinow；Pantheon, 2008）。这个例子基于一项真实的研究，研究 40 岁女性在乳房 X 光摄影检查中结果为阳性时患有乳腺癌的概率。注意，下面很多数据在当时的实验中是准确的，但现在可能已经失效，我们仅仅把它们当成一个例子来阐述。

我们知道以下三点事实。

（1）在所有 40 岁女性里，患有乳腺癌的概率为 0.8%（每 1000 人里有 8 人患有乳腺癌）。

（2）如果某位女性患有乳腺癌，那么她做乳房 X 光摄影检查的结果有 90%的概率为阳性。

（3）如果某位女性没有乳腺癌，那么她做乳房 X 光摄影检查的结果只有 7%的概率为阳性。

当一位女性来到诊所进行乳房 X 光摄影检查时，如果结果为阳性，那么基于以上三点事实，她实际患有乳腺癌的概率应该是多少？

根据事实（1），我们知道，如果我们找到 1000 位 40 岁女性，那么她们中平均有 8 位乳腺癌患者。在这 8 个人中，有 90%的人检查结果为阳性。这意味着约有 7 位乳腺癌患者的检查结果为阳性，因为 $8 \times 0.9 = 7.2$。剩下的 992 人都没有患乳腺癌。而根据事实（3），由于 $992 \times 0.07 = 69.44$，因此约有 69 位没有患乳腺癌的女性也会检查出阳性。总结起来，共有 $7 + 69 = 76$ 人得到阳性结果，7 人为真实患者，69 人为假阳性。综上，当乳房 X 光摄影检查结果为阳性时，患有乳腺癌的概率为 $7/76 \approx 0.092$，大约 9%。

但是当我们让医生们对这个概率进行估计时，他们所给出答案的中位数是 70%，并且有超出三分之一的回答是 90%。显然，概率题对人类来说太难了，即便受过大量训练的人也不容易做对。医生们回答错误的原因在于，他们没有考虑到 40 岁女性的总体患病率并不高。我们将在第 3 章介绍如何用贝叶斯定理解决这个问题，贝叶斯定理会把这个总体概率纳入考量。

现在，让我们从直观感受进入正式的数学理论。

2.2　概率法则

让我们从最基础的概率法则开始。我们在本章的后续内容以及随后的各章中都会使用这些基础法则。我们将学习事件的概率、全概率公式以及条件概率的含义。之后，我们将使用乘法法则解决生日难题。在生日难题中，我们将会计算一间教室里最少需要多少人，才能使至少有两个人的生日在同一天的概率大于 50%。答案将比你想象的少。

2.2.1　事件的概率

前面已经提到，样本空间中全部事件的概率和为 1。由于任意事件都属于样本空间，而样本空间包含事件的所有可能结果，因此样本空间中任意事件发生的概率总是小于或等于 1。可以推出，对于任意事件 A，有

$$0 \leqslant P(A) \leqslant 1 \tag{2.1}$$

并且对于样本空间中的所有事件 A_i，有

$$\sum_i P(A_i) = 1 \tag{2.2}$$

其中，$\sum$（读作 sigma）表示对右边的表达式关于所有的 i 进行求和。可以把这想象成用 Python 在 for 循环中重复执行右侧的表达式。

如果掷一枚有 6 个面的骰子，我们在直觉上会（正确）判断出任意面朝上的概率都相等，均为六分之一，或者写作 1/6。根据式(2.1)，$P(1)$（即掷出 1 的概率）应该在 0 和 1 之间。由于 $0 \leqslant 1/6 \leqslant 1$，因此满足条件。再根据式（2.2），样本空间中所有事件的概率和应该为 1。由于 $P(1) = P(2) = P(3) = P(4) = P(5) = P(6) = 1/6$ 并且 $1/6 + 1/6 + 1/6 + 1/6 + 1/6 + 1/6 = 1$，因此也满足条件。

如果事件 A 发生的概率为 $P(A)$，那么事件 A 不发生的概率为

$$P(\overline{A}) = 1 - P(A) \tag{2.3}$$

其中，$\overline{A}$ 读作"非 A"，表示 A 的补。有时候，你会看到用 $P(\neg A)$表示 $P(\overline{A})$，这里的"¬"是逻辑符号里的"非"。

可以从式（2.1）和式（2.2）推出式（2.3），因为每个事件发生的概率都小于 1，而任意发生的事件来自样本空间的概率恒为 1，所以任意不是 A 的事件发生的概率，一定等于 1 减去事件 A 发生的概率。

举个例子，掷一枚骰子，结果在区间[1, 6]的概率为 1，但结果为 4 的概率是 1/6。因此，结果不是 4 的概率就等于其他所有可能结果的概率之和，即

$$P(\overline{4}) = 1 - P(4) = 1 - \frac{1}{6} = \frac{5}{6} \approx 0.8333\cdots$$

也就是说，结果有 83%的概率不是 4。

如果我们掷两次骰子，然后把结果相加呢？此时样本空间的取值范围是 2 到 12 的整数区间。然而，此时并非所有求和结果的概率都相等，而这也是双骰子游戏的关键所在。要想计算各个求和结果的概率，我们就要列举它们各自出现的所有可能。然后把各自可能事件的总数除以全部事件的总数，得到各自的出现概率。表 2-1 展示了如何列举所有的可能结果。

表 2-1　两个骰子的各种可能组合对应的求和结果

求和结果	组合	组合的数量	概率（近似值）
2	1 + 1	1	0.0278
3	1 + 2, 2 + 1	2	0.0556
4	1 + 3, 2 + 2, 3 + 1	3	0.0833
5	1 + 4, 2 + 3, 3 + 2, 4 + 1	4	0.1111
6	1 + 5, 2 + 4, 3 + 3, 4 + 2, 5 + 1	5	0.1389
7	1 + 6, 2 + 5, 3 + 4, 4 + 3, 5 + 2, 6 + 1	6	0.1667
8	2 + 6, 3 + 5, 4 + 4, 5 + 3, 6 + 2	5	0.1389
9	3 + 6, 4 + 5, 5 + 4, 6 + 3	4	0.1111
10	4 + 6, 5 + 5, 6 + 4	3	0.0833
11	5 + 6, 6 + 5	2	0.0556
12	6 + 6	1	0.0278
	合计	36	1.0000

在表 2-1 中，掷两次骰子的结果一共构成 36 种可能组合。可以看到，两次加在一起为 7 的概率最大，因为它对应 6 种组合。2 和 12 的可能性最小，它们各自只对应 1 种组合。由于 7 对应 6 种组合，因此结果为 7 的概率为 $6/36 \approx 0.1667$。我们在第 3 章讨论概率分布和贝叶斯定理

时还会用到表 2-1。表 2-1 阐述了如下一般性法则：如果可以列举整个样本空间，那就可以计算任意事件的概率。

我们再看一个例子，如果这次同时掷三枚硬币，那么结果为零次正面、一次正面、两次正面和三次正面的概率分别是多少？我们可以通过列举法来计算，如表 2-2 所示。

表 2-2　掷三枚硬币的情况

结果为正面的次数	组合（*T* 表示反面，*H* 表示正面）	组合的数量	概率
0	*TTT*	1	0.125
1	*HTT, THT, TTH*	3	0.375
2	*HHT, HTH, THH*	3	0.375
3	*HHH*	1	0.125
	合计	8	1.000

根据表 2-2，我们可以计算出得到一次正面和两次正面的概率都是 37.5%。不妨用代码来检验一下：

```
import numpy as np
N = 1000000
M = 3
heads = np.zeros(M+1)
for i in range(N):
    flips = np.random.randint(0,2,M)
    h, _ = np.bincount(flips, minlength=2)
    heads[h] += 1
prob = heads / N
print("Probabilities: %s" % np.array2string(prob))
```

以上代码模拟了 1 000 000 次（N）掷三枚硬币（M）的实验。零次、一次、两次或三次正面朝上的次数被保存在变量 heads 中。每次实验都挑选 3 个位于区间[0, 1]（flips）的整数，然后统计正面（0）的次数。我们不用管反面的情况，只用 np.bincount 统计正面的次数并累加到变量 heads 中。接下来进行下一次实验，以此循环迭代。

当全部模拟实验完成后，用 heads 除以总实验次数，得到概率（prob）。最后，输出各个事件的概率值。对于零次正面、一次正面、两次正面和三次正面的概率，用一行代码就可以输出：

```
Probabilities: [0.125236, 0.3751, 0.37505, 0.124614]
```

这与上面推导的概率结果大体相同，因而我们大致可以相信自己的结果是正确的。

2.2.2　加法法则

我们从定义开始：若事件 *A* 和 *B* 不能同时发生，即一次最多只能发生其中一个事件，则称事件 *A* 和 *B* 互斥。例如，抛硬币的结果要么是正面，要么是反面，而不可能同时是正面和反面。互斥意味着若事件 *A* 发生，则事件 *B* 就被排除发生的可能，反之亦然。此外，如果两个事件发生的概率完全不相关，也就是说，无论事件 *B* 是否发生，事件 *A* 发生的概率都不受影响，则称事件 *A* 和 *B* 相互独立。

加法法则关注的是关于两个或两个以上互斥事件中任意一个事件发生的概率。例如，掷一枚标准的骰子，结果为 4 或 5 的概率是多少？我们知道掷出 4 和 5 的概率都是 1/6，而由于这两个事件互斥，我们在直觉上会认为掷出 4 或 5 的概率是两者概率之和，因为 4 和 5 作为事件的结果都属于样本空间，并且要么两者中有一方发生，要么两者都不发生。于是，我们可以得出

$$P(A \text{ or } B) = P(A \cup B) = P(A) + P(B) \text{（适用于多个互斥事件）} \tag{2.4}$$

这里的 $\cup$ 是指“或”或“并”。对于一个标准的骰子，掷出 4 或 5 的概率是 1/6 + 1/6 = 1/3，大约 33%。

掷两次硬币的结果的样本空间是 $\{HH, HT, TH, TT\}$，所以结果为两次正面或两次反面的概率是

$$P(HH \text{ or } TT) = P(HH) + P(TT) = \frac{1}{4} + \frac{1}{4} = \frac{1}{2}$$

关于加法法则还有更多内容，在进一步了解之前，我们先介绍一下乘法法则。

2.2.3 乘法法则

相比加法法则回答事件 A 发生或事件 B 发生的概率，乘法法则回答的是事件 A 发生且事件 B 也发生的概率：

$$P(A \text{ and } B) = P(A \cap B) = P(A)P(B) \tag{2.5}$$

这里的 $\cap$ 表示“且”或“交”。

如果事件 A 和 B 互斥，则可以很快得出 $P(A \cap B) = 0$，因为如果事件 A 以概率 $P(A)$ 发生，那么事件 B 发生的概率 $P(B) = 0$，因而两者的乘积为 0。同样，如果事件 B 发生，那么 $P(A) = 0$。

当然，并非所有事件都互斥。例如，假定世界上有 80%的人眼睛是棕色，并且其中有 50%是女性。那么，如果随机挑选一人，她是女性并且眼睛是棕色的概率是多少？让我们使用乘法法则来计算：

$$P(\text{女性}, \text{棕色眼睛}) = P(\text{女性}) \times P(\text{棕色眼睛}) = 0.5 \times 0.8 = 0.4$$

结果是：有 40%的概率随机选到棕色眼睛的女性。

深入思考一下就会发现，乘法法则是很有道理的。在当前的假设下，无论女性的占比（即概率）如何，棕色眼睛在女性中的占比都不会改变，是否选中女性对于是否选中棕色眼睛没有任何影响。

乘法法则并不局限于两个事件。考虑以下情况：根据保险公司的数据，我们知道一名美国人在任意一年中有 1 / 1 222 000 或大约 0.000082%的概率遭到雷击，那么一名拥有棕色眼睛的美国女性，在一年中遭到雷击的概率是多少？

还是用乘法法则：

$$\begin{aligned} P(\text{女性}, \text{棕色眼睛}, \text{遭到雷击}) &= P(\text{女性}) \times P(\text{棕色眼睛}) \times P(\text{遭到雷击}) \\ &\approx 0.5 \times 0.8 \times 0.00000082 \\ &\approx 0.00000033 = 0.000033\% \end{aligned}$$

美国总人口数约为 331 000 000，按照 0.000033%的比例预测，一年中会有 109 位棕色眼睛的女性遭到雷击。根据美国国家气象局的数据，一年中大约有 270 人遭到雷击。再根据上面的

计算结果，这里面应该有 40%的棕色眼睛女性，也就是 $270 \times 0.4 = 108$ 人。我们的计算结果还是很可靠的。

2.2.4　加法法则的修正版

前面说过，关于加法法则还有更多的内容，我们来看看缺失了哪一块。式（2.4）适用于互斥事件 A 和 B。那么，如果事件之间并不互斥呢？这种情况需要对公式进行修改：

$$P(A \text{ or } B) = P(A) + P(B) - P(A \text{ and } B) \tag{2.6}$$

我们来看一个例子。

假如一位考古学家发现一个小宝藏，里面有 20 枚古硬币。他注意到其中 12 枚是罗马币，8 枚是希腊币。他还注意到罗马币中有 6 枚银币，希腊币中有 3 枚银币，余下的都是青铜币。那么从这个宝藏里随机选中一枚罗马币或银币的概率是多少？

如果认为挑中银币和挑中罗马币是两个互斥事件，那么我们很可能会认为

$$\begin{aligned} P(\text{银币 or 罗马币}) &= P(\text{银币}) + P(\text{罗马币}) \\ &= \frac{9}{20} + \frac{12}{20} \quad \text{（这是错误的!）} \end{aligned}$$

两者之和为 $21/20 = 1.05$，由于概率值不可能大于 1，因此一定哪里有问题。

问题就在于宝藏里有一些罗马银币，它们被计数了两次—— 一次在 P(银币)中，另一次在 P(罗马币)中。因此，在最终的求和结果中应该减去重复计数的次数。由于一共有 6 枚罗马银币，因此随机选中罗马银币的概率是 P(罗马 and 银币) = 6/20。减去这个值，我们可以得到随机选中一枚罗马币或银币的概率是 75%。

$$\begin{aligned} P(\text{银币 or 罗马币}) &= P(\text{银币}) + P(\text{罗马币}) - P(\text{罗马 and 银币}) \\ &= \frac{9}{20} + \frac{12}{20} - \frac{6}{20} \\ &= \frac{15}{20} = 0.75 \end{aligned}$$

与加法法则类似，乘法法则中也有一些细节需要考虑，我们很快就会讨论这些内容。下面我们先试着用乘法法则解决 2.2.5 小节中的生日难题。

2.2.5　生日难题

问：一个房间里平均需要有多少人，才能使他们中有两个人的生日在同一天的概率大于 50%？这个问题被称为生日难题。让我们看看能否用概率的乘法法则来解决这个问题。

假定不考虑闰年，那么一年有 365 天。从直观上讲，随意挑选的两人在同一天出生的概率，等于 365 天里任意一天被选中的概率。由于样本空间是 365 天，而每一天被选中的可能性相同，因此有

$$P(\text{两人生日同一天}) = \frac{1}{365} \approx 0.00274$$

又因为挑选的两人要么生日相同，要么生日不同，所以得出

$$P(\text{两人生日不同}) = 1 - \frac{1}{365} = \frac{364}{365} \approx 0.9973$$

也就是说，一年的 365 天里，只有一天可用于匹配，剩下的 364 天都不可以。

0.3%的概率非常低，这意味着从 1000 对人里随意挑选一对，问他们是否同一天出生，平均只有三对人选给出肯定回答。也就是说，可能性并不高。

我们继续思考，为了计算方便，我们可以从另一个角度思考这个问题。考虑至少需要多少人，才能使他们中没有两个人的生日在同一天的概率小于 50%。

由于我们已经算出，任意两人不在同一天出生的概率是 $\frac{364}{365}$；因此，如果我们随机挑选两对人，那么这两对人选都不在同一天出生的概率是

$$\begin{aligned} P(\text{两对人选的生日都不同}) &= P(\text{第一对人选的生日不同}) \times P(\text{第二对人选的生日不同}) \\ &= \left(\frac{364}{365}\right)\left(\frac{364}{365}\right) \\ &\approx 0.9945 = 99.45\% \end{aligned}$$

这里用到了乘法法则。类似地，假如房间里有 3 个人——(A, B, C)，那就有 3 种配对方式，即(A, B)、(A, C)和(B, C)。可以算出：

$$P(\text{三对人选的生日都不同}) = \left(\frac{364}{365}\right)\left(\frac{364}{365}\right)\left(\frac{364}{365}\right)$$

同理，对于 n 对人选的生日都不同的情况：

$$P(n\text{对人选的生日都不同}) = \left(\frac{364}{365}\right)^n \tag{2.7}$$

所以，我们的任务就是找到最小的 n，使得所有人选的生日全都不同的概率小于 50%，而 n 是房间内人数 m 的函数。为什么是小于 50%呢？因为如果找到了最小的 n，使得所有 n 对人选都不在同一天出生的概率小于 50%，那就意味着至少有一对人选在同一天出生的概率大于 50%。

从 3 个人里随意挑选两人看是否同一天出生，一共有 3 种配对方式。如果从 4 个人里挑，一共有 6 种挑法。也就是说，配对方式的数量会随着人数的增加而增加。有没有办法直接根据总人数 m 计算出有多少种配对方式 n 呢？如果可以，我们就能根据找到的最小 n 计算出对应的 m，使得式（2.7）的概率值小于 50%。

从 m 个不同的对象里任意挑选两个对象，一共有多少种不同的挑选方法呢？换言之，从 m 个事物中同时挑选两个进行组合，一共有多少种组合方式呢？根据组合公式，对于从 m 个事物中同时挑选 k 个进行组合，总共的组合方式为

$$C(m,k) = \binom{m}{k} = \frac{m!}{k!(m-k)!}$$

有时这称为“从 m 中选 k”，在生日难题中，$k = 2$。让我们先计算出需要的对数 n，再根

据组合公式，看看当 $k=2$ 时，m 需要是多少才能得出 n 种组合。

可以用如下简单的 Python 循环来计算 n:

```
for n in range(300):
    if ((364/365)**n < 0.5):
        print(n)
        break
```

结果算出来 $n=253$。所以，我们平均需要 253 对人选才能使至少有一对人选在同一天出生的概率大于 50%。最后一步就是计算使得从中任意挑选两人的组合数为 253 的总人数 m。利用粗暴的试错法，可以得到

$$\binom{23}{2}=\frac{23!}{2!(23-2)!}$$
$$=\frac{23!}{2!(21!)}$$
$$=\frac{23(22)}{2}$$
$$=253$$

所以，平均需要 $m=23$ 人才能使至少有两人同一天出生的概率大于 50%。

这个计算过程真实可靠吗？代码可以告诉我们答案。首先，让我们通过代码来模拟随机挑选过程，并证明任意两人同一天出生的概率是否为 0.3%:

```
match = 0
for i in range(100000):
    a = np.random.randint(0,364)
    b = np.random.randint(0,364)
    if (a == b):
        match += 1
print("Probability of a random match = %0.6f" % (match/100000,))
```

上述代码模拟了 100 000 轮随机配对过程，其中，位于区间[0, 364]的随机整数代表一个人的出生日期。如果两个人的生日相同，则对 match 加 1。整个模拟过程结束后，输出概率值。这段代码的输出结果证明了我们计算出的 0.3%的概率是可信的:

```
Probability of a random match = 0.003100
```

那么关于使至少两个人同一天出生的概率大于 50%的最少人数的计算是否正确呢？这里需要使用两层循环。第一层循环遍历房间里的总人数 m，第二层循环在 m 个人中进行 n 次配对模拟。代码如下:

```
for m in range(2,31):
    matches = 0
    for n in range(100000):
        match = 0
        b = np.random.randint(0,364,m)
        for i in range(m):
            for j in range(m):
                if (i != j) and (b[i] == b[j]):
                    match += 1
        if (match != 0):
```

```
            matches += 1
    print("%2d %0.6f" % (m, matches/100000))
```

让 m 从 2 取到 30。对于每 m 个人，进行 100 000 次模拟。每次模拟时，将我们从房间里挑选的人的生日保存在变量 b 中，然后通过两两比较来判断是否有人在同一天出生。如果有，就对 match 加 1。只要 match 至少为 1，就增加 matches 并进行下一次模拟。最终，在对所有的总人数都完成模拟后，输出至少有一对匹配的概率值。

执行代码并将结果画图显示出来，可以得到图 2-1，其中的虚线代表 50%。第一个超过 50% 的点对应的人数是 23，这与我们的计算结果完全一致。

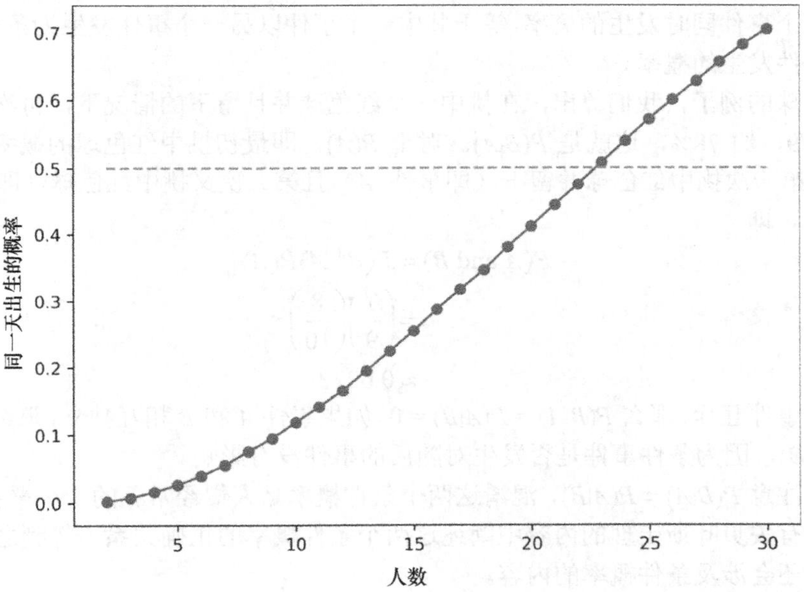

图 2-1　同一天出生的概率与房间里人数的函数关系

2.2.6 条件概率

假如我们有一袋弹珠，其中 8 个是红色的，剩下的 2 个是蓝色的。我们知道，如果随机挑选，则有 2/10（即 20%）的概率挑中蓝色球。假如我们先挑中了一个蓝色球，然后放回袋子，摇一摇，再挑一个弹珠，那么我们再次挑中蓝色球的概率是多少？因为袋子里仍然有 10 个弹球且其中的 2 个是蓝色的，所以概率依然是 20%。

如果事件 A 的发生（挑中一个蓝色球后放回袋子）不影响事件 B 发生的概率，则称这两个事件相互独立。例如，我们第一次挑中的弹珠的颜色并不影响第二次挑中蓝色球的概率。抛硬币的实验也是类似的。

现在考虑另一个场景。我们依旧从袋子里挑选弹珠，袋子里也依然是 8 个红色球和 2 个蓝色球。但这一次，我们先挑中了一个红色球，因为很喜欢这种颜色，所以我们将这个弹珠留下放到了一边。那么接下来，我们再次挑中一个红色球的概率是多少？这次情况变了。现在一共

只有 9 个弹珠，其中有 7 个红色球，所以我们再次挑中红色球的概率是 7/9，约 78%。而最初这一概率是 8/10，即 80%。事件 A（第一次挑中红色球）的发生，影响了事件 B（第二次挑中红色球）发生的概率，所以这两个事件不再相互独立，即事件 B 的概率被事件 A 改变了。我们用 $P(B|A)$来表示在给定事件 A 发生的条件下事件 B 发生的概率。这是一个条件概率，它以事件 A 的发生为条件。

有了条件概率，我们就可以对乘法法则进行更新。式（2.5）是乘法公式在独立情况（比如棕色眼睛女性的例子）下的表达式。而在非独立情况下，乘法公式为

$$P(A \text{ and } B) = P(B \mid A)P(A) \tag{2.8}$$

这说明两个事件同时发生的概率，等于其中一个事件以另一个事件发生为条件发生的概率，乘以另一个事件发生的概率。

回到挑弹珠的例子，我们算出，在挑中一个红色球并且留下的情况下，再次挑中一个红色球的概率是 7/9，约 78%，这就是 $P(B|A)$。对于 $P(A)$，即最初挑中红色球的概率，我们知道是 80%。因此，第一次挑中红色球并留下（即事件 A）且第二次又挑中红色球（即事件 B）的概率大约是 62%，即

$$\begin{aligned} P(A \text{ and } B) &= P(B \mid A)P(A) \\ &= \left(\frac{7}{9}\right)\left(\frac{8}{10}\right) \\ &\approx 0.6222 \end{aligned}$$

如果两个事件互斥，那么 $P(B|A) = P(A|B) = 0$。如果事件 A 和 B 相互独立，那么 $P(A|B) = P(A)$ 且 $P(B|A) = P(B)$，因为条件事件是否发生对随后的事件没有影响。

最后需要注意 $P(B|A) \neq P(A|B)$，混淆这两个条件概率是人们经常犯的一个严重错误。在第 3 章，我们将在有关贝叶斯定理的内容中阐述这两个条件概率的正确关系。等到之后讨论概率的链式法则时，还会涉及条件概率的内容。

2.2.7　全概率公式

如果样本空间可以划分为不相交的区域 B_i（B_1、B_2 等），使得整个样本空间可以被 B_i 的集合完全覆盖，并且各个 B_i 之间没有重叠区域，则可以计算某个事件在所有区域上的概率和：

$$P(A) = \sum_i P(A \mid B_i)P(B_i)$$

这里的 $P(A|B_i)$是事件 A 在区域 B_i 上的概率；$P(B_i)$是事件 B 在区域 B_i 上的概率，也就是区域 B_i 占样本空间的比例。在这种描述中，$P(A)$是事件 A 关于所有区域 B_i 的全概率。下面让我们通过例子来看看如何运用全概率公式。

假设有三个小镇 Kish、Kesh 和 Kuara，它们各自的人口数为 2000、1000 和 3000。此外，每个小镇上有蓝色眼睛的人占比分别是 12%、3%和 21%。我们想知道从这三个小镇随机挑选的一个人有蓝色眼睛的概率。不同小镇的蓝色眼睛人口比例不同，而不同小镇的人口数也不同，或许就是小镇的人口数造成了某些影响。但不管怎么说，为了计算 P(蓝色眼睛)，就要用到全概率公式：

$$
\begin{aligned}
P(\text{蓝色眼睛}) = & P(\text{蓝色眼睛} \mid \text{Kish})P(\text{Kish}) + \\
& P(\text{蓝色眼睛} \mid \text{Kesh})P(\text{Kesh}) + \\
& P(\text{蓝色眼睛} \mid \text{Kuara})P(\text{Kuara})
\end{aligned}
$$

这里的 $P(\text{蓝色眼睛} \mid \text{Kish})$是一个人住在 Kish 且拥有蓝色眼睛的概率，而 $P(\text{Kish})$是一个人住在 Kish 的概率，其他概率的含义类似。

以上就是计算全概率需要的所有变量。其中，从每个小镇挑中蓝色眼睛的人的概率是给定的，而一个人住在各个小镇的概率等于各小镇人口占三个小镇总人口的比例：

$$P(\text{Kish}) = 2000 / 6000 = \frac{1}{3}$$

$$P(\text{Kesh}) = 1000 / 6000 = \frac{1}{6}$$

$$P(\text{Kuara}) = 3000 / 6000 = \frac{1}{2}$$

由此

$$P(\text{蓝色眼睛}) = 0.12\left(\frac{1}{3}\right) + 0.03\left(\frac{1}{6}\right) + 0.21\left(\frac{1}{2}\right) = 0.15$$

这意味着，如果从这三个小镇随机挑选一位居民，将有 15%的概率挑中蓝色眼睛的人。注意选中各个小镇的概率加起来等于 1（$P(\text{Kish}) + P(\text{Kesh}) + P(\text{Kuara}) = 1$）。这是对样本空间进行完全划分的必要条件，所有的居民都必须被划分到这三个小镇之一。

2.3 联合概率和边缘概率

两个变量的联合概率 $P(X = x, Y = y)$是指变量 X 取值为 x，同时变量 Y 取值为 y 的概率。我们已经见到过联合概率的例子。在计算概率的过程中，当用到“且”（and）的时候，我们实际上就是在计算联合概率。联合概率是多个条件同时为真的概率。而边缘概率是指其中一个或多个子条件同时发生，并且与其他条件无关的事件发生的概率。换言之，边缘概率是指所有用“且”连接的随机变量的一组子集构成的联合概率。

本节将使用简单的表格法来描述联合概率和边缘概率，然后介绍概率的链式法则。链式法则能够将联合概率拆分为一系列更小的联合概率和条件概率的乘积。

2.3.1 联合概率表

根据色盲患者社区 Colour Blind Awareness 的数据，大约有 1/12 的男性和 1/200 的女性患有色盲症。男女之间之所以存在这样的差距，是因为患病基因在 X 染色体上，女性患者从父母双方同时遗传隐性患病基因，而男性患者只从父母一方遗传患病基因。

假定我们调查了 1000 人。我们可以记录男性色盲患者、女性色盲患者、男性非色盲患者和女性非色盲患者的人数，并且用这些数据制成表 2-3。

表 2-3　色盲患者人数

性别（sex）	是否为色盲患者（color-blind）		合计
	是（yes）	否（no）	
男性（male）	42	456	498
女性（female）	3	499	502
合计	45	955	1000

这种表格称为列联表。统计数据记录在表格中间的 2 × 2 区域。最右边的一列是按行求和的结果，最下面的一行是按列求和的结果。最右下角单元格中的求和结果必然等于 1000，也就是调研的总人数。

把列联表中的每个数除以调查的总人数 1000，可以得到表 2-4。

表 2-4　色盲患者概率

性别（sex）	是否为色盲患者（color-blind）		合计
	是（yes）	否（no）	
男性（male）	0.042	0.456	0.498
女性（female）	0.003	0.499	0.502
合计	0.045	0.955	1.000

这是一张联合概率表。利用这张表可以查询男性患有色盲的概率，表示为

$$P(\text{sex} = \text{male},\ \text{color-blind} = \text{yes}) = 0.042$$

类似地，我们有

$$P(\text{sex} = \text{female},\ \text{color-blind} = \text{no}) = 0.499$$

利用联合概率表，我们可以预估基于任意随机样本人群的统计结果。例如，如果我们调研 20 000 人，那么根据联合概率表中的数据，我们可以预期其中有 20 000 × 0.042 = 840 个男性色盲患者以及 20 000 × 0.003 = 60 个女性色盲患者。

假设我们想知道无论男女，任何一个人患有色盲症的概率。为此，我们需要对关于色盲的整列概率进行求和，得到的 4.5%就是无关性别的任何一个人患有色盲症的概率。类似地，按行求和后，我们可以计算出随机挑中一位女士的概率为 50.2%。请时刻牢记，我们这张表来自一个仅仅包含 1000 人的样本。你也许会猜，如果我们调研了 100 000 人，那么男女的比例会更接近 50/50，恭喜你猜对了。

单独计算挑中的人患有色盲症或者性别为女性的概率，都是在计算边缘概率。在前一种情况下，按列求和就排除了性别的因素；在后一种情况下，按行求和就排除了是否患有色盲症的因素。

在数学上，为了得到边缘概率，就需要对其他无关变量进行求和。如果已知关于两个随机变量的联合分布，则可以通过求和计算它们各自的边缘分布：

$$P(X = x) = \sum_i P(X = x, Y = y_i)$$

$$P(Y = y) = \sum_i P(X = x_i, Y = y)$$

利用前面的表格，我们有

$$P(Y=\text{color-blind})=P(X=\text{male}\,,\,Y=\text{color-blind})+$$
$$P(X=\text{female}\,,Y=\text{color-blind})$$

其中，通过关于性别求和，我们剔除了性别的影响。

接下来，我们研究另一张由三个随机变量构成的联合概率表。

1912 年 4 月，泰坦尼克号在从英国驶向美国纽约的首次航行中沉没于北大西洋。根据 887 位泰坦尼克号乘客的统计样本，我们得到表 2-5，它展示了如下三个变量的联合概率：是否幸存、性别、船舱等级。

表 2-5　泰坦尼克号乘客的联合概率表

是否幸存	性别	船舱等级		
		一等舱（cabin1）	二等舱（cabin2）	三等舱（cabin3）
否（dead）	男性（male）	0.087	0.103	0.334
	女性（female）	0.003	0.007	0.081
是（alive）	男性（male）	0.051	0.019	0.053
	女性（female）	0.103	0.079	0.081

让我们用表 2-5 计算几个概率值。注意，数值精度为小数点后三位，所以各个数值会与实际统计结果稍有出入。这种处理方式会让表格和等式的关系更直观。

首先，从表 2-5 中可以直接获取三个变量——是否幸存、性别、船舱等级，并取特定值对应的事件概率。例如：

$$P(\text{dead, male, cabin3})=0.334$$

这表示从乘客里随机挑选一人，他是一名未能幸存的三等舱男性乘客的概率约为 33%。那么头等舱的男性乘客呢？从表 2-5 中可以得到：

$$P(\text{dead , male, cabin1})=0.087$$

这表明头等舱的男性乘客的死亡率只有约 9%。

让我们用表 2-5 再计算几个联合概率和边缘概率。首先，乘客未能幸存的概率是多少？为此，我们需要关于性别和船舱等级求和：

$$\begin{aligned}P(\text{dead})&=P(\text{dead},M,1)+P(\text{dead},M,2)+P(\text{dead},M,3)+\\&\quad P(\text{dead},F,1)+P(\text{dead},F,2)+P(\text{dead},F,3)\\&=0.087+0.103+0.334+0.003+0.007+0.081\\&=0.615\end{aligned}\tag{2.9}$$

这里我们引入了简写形式，用 M 和 F 分别表示男性和女性，而编号 1、2 和 3 分别表示三种船舱等级。

让我们计算在给定乘客是男性的情况下，乘客未能幸存的概率 $P(\text{dead}|M)$。为此，我们需要用到式（2.8），其中的“and”表示这是一个联合概率。要计算 $P(B|A)$，就得对式（2.8）进行变形：

$$P(B|A)=\frac{P(A,B)}{P(A)}$$

在有些地方，我们会通过上面的式子给出条件概率的定义。注意 $P(A, B)$等同于 $P(A \text{ and } B)$，都表示联合概率。利用这个式子，我们可以得到在给定男性乘客的条件下，乘客未能幸存的概率：

$$P(\text{dead}\mid M)=\frac{P(\text{dead},M)}{P(M)}$$

其中，$P(\text{dead}, M)$是两个变量分别取值为 dead 和 M 的联合概率，而 $P(M)$是乘客为男性的概率。

注意，考虑概率问题时需要格外小心。$P(\text{dead}, M)$并不是男性乘客未能幸存的概率，而是在随机挑选一名乘客的情况下，这名乘客是男性且未能幸存的概率。$P(\text{dead}|M)$才是在给定乘客是男性的条件下，乘客未能幸存的概率。

要计算 $P(\text{dead}, M)$，就需要关于船舱等级求和：

$$\begin{aligned}P(\text{dead},M)&=P(\text{dead},M,1)+P(\text{dead},M,2)+P(\text{dead},M,3)\\&=0.087+0.103+0.334\\&=0.524\end{aligned}\tag{2.10}$$

要计算 $P(M)$，就需要关于幸存结果和船舱等级求和：

$$\begin{aligned}P(M)&=P(\text{dead},M,1)+P(\text{dead},M,2)+P(\text{dead},M,3)+\\&\quad P(\text{alive},M,1)+P(\text{alive},M,2)+P(\text{alive},M,3)\\&=0.087+0.103+0.334+0.051+0.019+0.053\\&=0.647\end{aligned}\tag{2.11}$$

最后计算 $P(\text{dead}|M)$：

$$P(\text{dead}\mid M)=\frac{P(\text{dead},M)}{P(M)}=\frac{0.524}{0.647}\approx 0.810$$

结果说明约有 81%的男性乘客未能幸免于难。

类似地，我们可以得到女性乘客的幸存概率为

$$P(\text{alive}\mid F)=\frac{P(\text{alive},F)}{P(F)}=\frac{0.263}{0.354}\approx 0.743$$

我们发现女性的幸存概率大于男性。作为练习，你可以自己推导 $P(\text{alive}|F)$用到的两个概率。

我们已经掌握如何计算男性乘客死亡的概率 $P(\text{dead}, M)$、乘客是男性的概率 $P(M)$，以及当乘客是男性时死亡的概率 $P(\text{dead}|M)$。现在我们根据表 2-2 来计算一名乘客死亡或者这名乘客是男性的概率 $P(\text{dead or } M)$。

根据式（2.6），这一概率应该为

$$\begin{aligned}P(\text{dead or } M)&=P(\text{dead})+P(M)-P(\text{dead},M)\\&=0.615+0.647-0.524\\&=0.738\end{aligned}$$

我们发现，式（2.9）和式（2.11）中重复的项刚好是式（2.10）中的求和项，所以在计算 $P(\text{dead or } M)$的时候，我们需要减去 $P(\text{dead}, M)$以避免重复。

总结起来，有如下两点：

- 联合概率是指两个或多个随机变量同时取某一组值时对应的概率，联合概率通常用表格表示；
- 一个随机变量的边缘概率是通过这个随机变量关于所有其他变量的所有可能取值进行求和得到的。

利用乘法法则和条件概率，我们可以在有两个随机变量时，通过给定的条件概率和非条件概率来计算联合概率。让我们看看如何用概率的链式法则将这一思想一般化。

2.3.2 概率的链式法则

式（2.8）向我们指明了如何在有两个随机变量的情况下，用条件概率来计算联合概率。利用概率的链式法则，我们可以将式（2.8）扩展到两个以上的随机变量。

链式法则定义了涉及 n 个随机变量的联合概率的一般形式：

$$P\left(X_n, X_{n-1}, \cdots, X_1\right) = \prod_{i=1}^{n} P\left(X_i \mid \bigcap_{j=1}^{i-1} X_j\right) \tag{2.12}$$

这里的 $\cap$ 指代联合概率中的“与”。式（2.12）看起来很深奥，但其实它不难理解，我们将用一些例子来解释。另外，虽然在定义中需要用 $\cap$ 指代联合概率中的“与”，但是在例子中，我会直接用逗号来表示，你很快就会看到这种表示方式。

下面是一个利用链式法则将涉及三个变量的联合概率拆解的例子：

$$\begin{aligned} P(X,Y,Z) &= P(X \mid Y,Z)P(Y,Z) \\ &= P(X \mid Y,Z)P(Y \mid Z)P(Z) \end{aligned}$$

第一行表明，X、Y 和 Z 的联合概率等于给定 Y 与 Z 的条件下 X 的概率乘以 Y 与 Z 的概率。这相当于把 X 和 Y 代入式（2.8）中的 B，并把 Z 代入式（2.8）中的 A。第二行继续对 $P(Y, Z)$ 运用链式法则，得到 $P(Y|Z)P(Z)$。该法则可以依次运用，如同链条，链式法则由此得名。

如果有 4 个变量呢？我们可以得到

$$\begin{aligned} P(A,B,C,D) &= P(A \mid B,C,D)P(B,C,D) \\ &= P(A \mid B,C,D)P(B \mid C,D)P(C,D) \\ &= P(A \mid B,C,D)P(B \mid C,D)P(C \mid D)P(D) \end{aligned}$$

让我们用链式法则做一道题。假如我人缘很好，办了一场 50 人的聚会。这 50 人里有 4 人秋天刚刚去过波士顿。现在我们从中随机挑选 3 人，这 3 人都没有在秋天去过波士顿的概率是多少？

我们用 A_i 来表示如下事件：挑中一个没有在秋天去过波士顿的人。因此，我们需要计算的是 $P(A_3, A_2, A_1)$，也就是挑中的 3 人都没有在秋天去过波士顿的概率。根据链式法则，我们可以将这个概率拆分为

$$P(A_3, A_2, A_1) = P(A_3 \mid A_2, A_1)P(A_2 \mid A_1)P(A_1)$$

我们仅靠直觉就知道如何计算以上等式的右边。首先看 $P(A_1)$，这是从参加聚会的人里面随便

挑中一个没有在秋天去过波士顿的人的概率。由于去过的只有 4 人，因此剩下的 46 人都没有去过，我们可以得出 $P(A_1)=46/50$。当我们挑选一人后，接下来就需要在剩下的 49 人里计算挑选第 2 个人在秋天去过波士顿的概率。因为剩下 49 人，并且我们第一次没有挑中在秋天去过波士顿的人，所以 $P(A_2|A_1)=45/49$。最后，由于已经挑选了两人，因此还剩 48 人，并且其中 44 人都没有在秋天去过波士顿。也就是说，$P(A_3|A_2,A_1)=44/48$。

现在我们可以回答最初的提问了，从参加聚会的人里面随机挑中的 3 人都没有在秋天去过波士顿的概率为

$$\begin{aligned}P(A_3,A_2,A_1)&=P(A_3|\ A_2,A_1)P(A_2|\ A_1)P(A_1)\\&=\left(\frac{44}{48}\right)\left(\frac{45}{49}\right)\left(\frac{46}{50}\right)\\&\approx 0.7745\end{aligned}$$

结果稍稍高于 77%。

我们可以用代码来模拟随机抽样的过程，看看我们的计算结果是否正确。

```
nb = 0
N = 100000
for i in range(N):
    s = np.random.randint(0,50,3)
    fail = False
    for t in range(3):
        if (s[t] < 4):
            fail = True
    if (not fail):
        nb += 1
print("No Boston in the fall = %0.4f" % (nb/N,))
```

程序模拟了 100 000 次，每次只要从 50 人里选中 3 个没有在秋天去过波士顿的人，就对 nb 加 1。选人的过程是生成 3 个位于区间[0, 50)的随机数，并且赋给 s。然后分别判断这 3 个数是否小于 4。只要其中任何一个数小于 4，我们就认为选中了一个在秋天去过波士顿的人，于是将 fail 置为 True。如果这 3 个数都不小于 4，那么这次模拟满足条件。等全部模拟结束后，输出满足条件的模拟次数的占比。

执行上述代码可以得到：

```
No Boston in the fall = 0.7780
```

这与我们的计算结果很接近，我们的计算结果是正确的。

2.4 小结

本章介绍了概率论的基础知识。我们首先讲述了样本空间和随机变量的基础概念，然后用几个例子说明了人类有多么不擅于处理概率问题。接下来，我们通过一个案例讲解了概率的运算法则。根据概率的运算法则，我们引出了联合概率和边缘概率，并最终给出了概率的链式法则。

第 3 章将继续讲解概率论。我们将从概率分布讲起，然后展示如何从分布中进行采样，最后以贝叶斯定理收尾。利用贝叶斯定理，我们可以正确比较不同的条件概率。

第3章

概率论进阶

第 2 章介绍了概率论的基础概念。本章继续探索概率论的知识，我们将聚焦于深度学习和机器学习中常见的两个关键话题：概率分布与采样，以及贝叶斯定理。其中，贝叶斯定理是概率论中最为重要的概念之一，它改变了概率领域很多研究者的思维范式，并深刻影响了概率论的实际应用。

3.1 概率分布

概率分布可以理解为生成所需数值的一个函数。数值的生成过程是随机的——我们不知道会出现哪个结果——但是任意数值出现的可能都遵循一般形式。例如，如果我们多次掷一个标准的骰子并且记录掷出的各个数字的次数，则可以预期在进行足够多次的实验以后，每个数字出现的可能性都相同。这其实也符合人们制作骰子的初心。我们把骰子的这种概率分布称为均匀分布，均匀分布表示骰子上的各个数字都会等概率地出现。想象一下在其他某种分布中，某个值或位于某区间的一个值相对其他值出现概率更大的情况，比如制作的骰子因为质地不均匀使得我们经常神奇地掷出数字 6。

深度学习中主要用到对概率分布进行采样的地方，就是在训练之前对网络参数进行初始化。目前主流的神经网络都用均匀分布或正态分布对参数中的权重项（有时也对偏置项）进行初始化。我们对均匀分布已经很熟悉了，关于正态分布——一种连续型分布，我会在后面讨论。

本节介绍几种概率分布。我们将关注这几种概率分布的形态特征以及如何使用 NumPy 对它们进行采样。我会从直方图讲起，你会看到，我们通常可以用直方图近似地描述概率分布的形态。接下来，我会讨论几种常见的离散型概率分布。这些概率分布的返回值都是整数，如 3 或 7。最后，我会转向连续型概率分布，它们的返回值都是浮点数，如 3.8 或 7.592。

3.1.1 直方图与概率

在第 2 章，我们见到过与表 3-1 相同的表。

表 3-1　两个骰子的各种可能组合所对应的求和结果

求和结果	组合	组合的数量	概率（近似值）
2	1 + 1	1	0.0278
3	1 + 2, 2 + 1	2	0.0556
4	1 + 3, 2 + 2, 3 + 1	3	0.0833
5	1 + 4, 2 + 3, 3 + 2, 4 + 1	4	0.1111
6	1 + 5, 2 + 4, 3 + 3, 4 + 2, 5 + 1	5	0.1389
7	1 + 6, 2 + 5, 3 + 4, 4 + 3, 5 + 2, 6 + 1	6	0.1667
8	2 + 6, 3 + 5, 4 + 4, 5 + 3, 6 + 2	5	0.1389
9	3 + 6, 4 + 5, 5 + 4, 6 + 3	4	0.1111
10	4 + 6, 5 + 5, 6 + 4	3	0.0833
11	5 + 6, 6 + 5	2	0.0556
12	6 + 6	1	0.0278
	合计	36	1.0000

表 3-1 列出了对掷两个骰子的结果进行求和的不同情况。现在不用管各个数值，而是要看这些可能的组合形成了什么形态。去掉最右边的两列，然后将表逆时针旋转，最后把各个求和项用“×”替换，我们就会得到下面的符号阵列：

					×					
				×	×	×				
			×	×	×	×	×			
		×	×	×	×	×	×	×		
	×	×	×	×	×	×	×	×	×	
×	×	×	×	×	×	×	×	×	×	×
2	3	4	5	6	7	8	9	10	11	12

可以看到，每个求和结果对应的组合数形成了清晰的对称形态。这类图形称为直方图。直方图是将所有的样本点划到不同分组，然后对每个分组进行统计并最终绘制而成的图形。在表 3-1 中，每个分组对应位于区间[2, 12]的一个整数，每个样本点就是求和结果为这个整数的一种可能组合方式。直方图通常画成垂直的柱形图，但有时也有其他画法。比如表 3-1 就可以看成水平的条形图。直方图中使用多少分组由绘图者决定。如果分组数太少，则每根柱子画出来就是一个大方块，这可能导致一些细节被隐藏，因为很多有趣的数据特征会被放入同一分组。

反过来，如果分组数太多，则直方图就会变得很稀疏。也就是说，很多分组里没有任何样本点。

下面我们来生成几个直方图。首先随机生成一组位于区间[0, 9]的整数，然后对其中每个整数出现的次数进行统计。这用代码实现起来很简单：

```
>>> import numpy as np
>>> n = np.random.randint(0,10,10000)
>>> h = np.bincount(n)
>>> h
array([ 975, 987, 987, 1017, 981, 1043, 1031, 988, 1007, 984])
```

上述代码首先将大小为 10 000 的元素取值区间为[0, 9]的整型数组赋值给 n，然后通过调用 np.bincount 对数组 n 中的每个整数进行统计。可以看到，运行结果中有 975 个 0 和 984 个 9。如果 NumPy 的伪随机数生成器没有问题，则可以预期在这 10 000 次采样中，整数 0 至 9 应该平均出现 1000 次。我们知道结果会有一定的偏差，但大体上应该如此。

上面统计得到的是整数 0 至 9 在数组 n 中出现的频次。如果将直方图中每根柱子的值除以所有柱子的值的和，就可以把统计随机数出现的频次变成统计它们出现的概率。在上面的例子中，我们可以得到整数 0 至 9 在数组 n 中出现的概率。

```
>>> h = h / h.sum()
>>> h
array([0.0975, 0.0987, 0.0987, 0.1017, 0.0981, 0.1043, 0.1031, 0.0988, 0.1007, 0.0984])
```

结果表明整数 0 至 9 在数组 n 中出现的概率确实接近 0.1 或者说十分之一。这种用各组频数除以总频数，从而估计各组概率的技巧，能够帮助我们根据样本估计概率分布。此外，这种技巧还让我们知道了不论使用何种数据生成过程得到直方图，对整个生成过程进行采样得到每种结果的可能性是多少。请注意这里的描述：我们可以通过从某个概率分布采样的样本来估计该概率分布。随着样本数量的增加，对概率分布的估计也会越来越接近生成这些样本的总体分布。虽然我们的估计永远不会等于总体分布，但是随着样本数量趋于无穷，我们将能够得到足够准确的估计结果。

我们常用直方图来描述一张图片的像素值的分布特征。使用文件 ricky.py 中的代码可以为图片绘制像素值的直方图（这里不展示代码，因为它们与我们讨论的问题无关）。图 3-1 中的两张图片包含在 SciPy 的 scipy.misc 模块中。左侧的图片（图片名为 ascent）显示了行人上楼梯的场景，右侧的图片（图片名为 face）显示了“狡猾的”小浣熊。

图 3-1 上楼梯的人和“狡猾的”小浣熊

图 3-2 是这两张图片的概率直方图，从中可以看出，这两张图片的灰度值分布存在显著的差异。对于图片 face，其灰度值分布更为分散和平坦，而图片 ascent 在灰度值为 128 的像素点附近有一个明显的尖峰，在其他几个明亮的像素点附近也有几个尖峰。这两个分布特征告诉我们，如果在图片 face 上随机挑选一个像素点，则这个像素点的灰度值很有可能接近 100；但如果在图片 ascent 上随机挑选一个像素点，则这个像素点的灰度值更有可能接近 128。

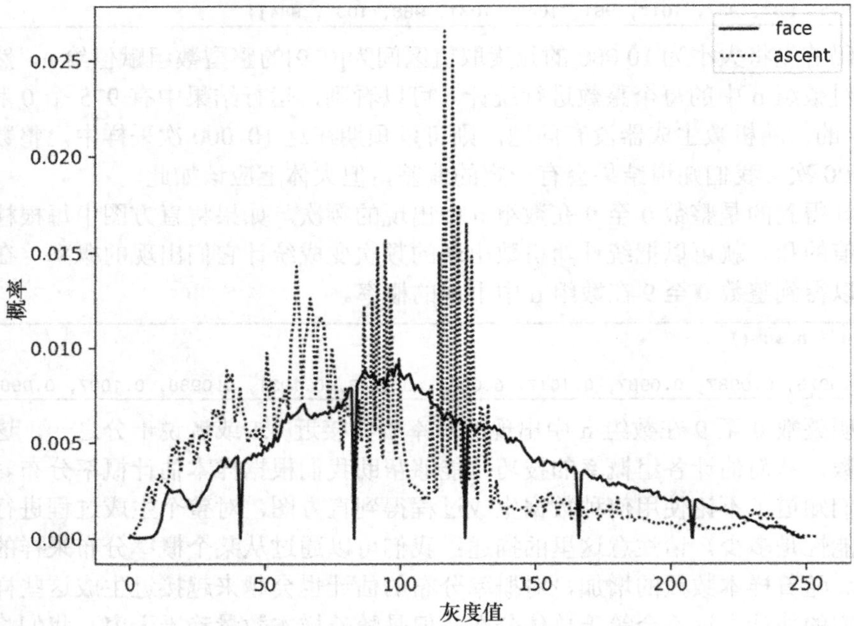

图 3-2　两张 512 像素 × 512 像素的样本图片的概率直方图

在这个例子中，直方图所做的依旧是对每个预定义分组中的样本进行统计。你会发现，利用图片的概率直方图，可以估计在随机挑选图片上的一个像素点后，这个像素点的灰度取值的各种可能性。就如同在前面的例子中，有了随机数的概率分布，我们就可以知道在区间[0, 9]随机生成某个整数的概率是多少。

直方图是概率分布的离散型表示，下面我们来看一些常见的离散型概率分布。

3.1.2　离散型概率分布

我们已经多次见到一种常见的离散型概率分布——均匀分布。在抛硬币和掷骰子的实验中，我们会很自然地使用这种分布。在均匀分布中，所有可能结果都会等概率地出现。对均匀分布进行模拟，从中进行采样并绘制样本的直方图，得到的将是一条接近水平的直线。换言之，所有结果出现的频次都大体相同。后面在讲到连续型概率分布时，我们还会讨论均匀分布。目前，读者只需要理解掷骰子的实验。

除了均匀分布之外，常见的离散型概率分布还有二项分布、伯努利分布、泊松分布等。

3

1. 二项分布

在离散型概率分布中，第二常见的当数二项分布。二项分布是指，如果重复多次实验，每次都有某事件以相同概率发生，那么在所有实验中该事件有望发生的次数。在数学上，如果某事件发生的概率为 p，则可以把 n 次实验中该事件发生 k 次的概率表示为

$$P(X=k)=\binom{n}{k}p^k(1-p)^{n-k}$$

例如，掷三次硬币，有三次正面朝上的概率是多少？根据乘法法则，我们知道概率为

$$P(HHH)=\left(\frac{1}{2}\right)\left(\frac{1}{2}\right)\left(\frac{1}{2}\right)=\frac{1}{8}=0.125$$

而根据二项分布的概率公式，我们也能得到相同的答案。

$$P(HHH)=\binom{3}{3}(0.5)^3(1-0.5)^{3-3}=0.125$$

如此看来，二项分布的概率公式似乎用处不大。然而，如果事件发生的概率不是 0.5 呢？例如，假设现在的事件是一名参与者在面对三扇门的游戏时想通过“不换门”策略一锤定音，而我们想知道 13 名参与者中有 7 人通过这一策略赢得比赛的概率。我们已经知道通过该策略获胜的概率为 1/3，即 p=1/3。现在要求 13 次（n=13）实验里有 7 人（k=7）获胜的概率。根据二项分布的概率公式，可以得到

$$P(X=7)=\binom{13}{7}\left(\frac{1}{3}\right)^7\left(1-\frac{1}{3}\right)^{13-7}\approx 0.0689$$

而如果改为采用“换门”策略，则可以得到

$$P(X=7)=\binom{13}{7}\left(\frac{2}{3}\right)^7\left(1-\frac{2}{3}\right)^{13-7}\approx 0.1378$$

二项分布的概率公式告诉了我们，以特定概率发生的事件在特定次实验中发生特定次的概率是多少。如果固定 n 和 p，但改变 k，使得 $0\leqslant k\leqslant n$，我们就有了所有 k 值对应的概率，从而得到整个概率分布。例如，首先固定 $n=5$、$p=0.3$，然后让 $0\leqslant k\leqslant 5$，便可以计算每个 k 值对应的概率：

$$P(X=0)=\binom{5}{0}(0.3)^0(1-0.3)^{5-0}=0.16807$$

$$P(X=1)=\binom{5}{1}(0.3)^1(1-0.3)^{5-1}=0.36015$$

$$P(X=2)=\binom{5}{2}(0.3)^2(1-0.3)^{5-2}=0.3087$$

$$P(X=3)=\binom{5}{3}(0.3)^3(1-0.3)^{5-3}=0.1323$$

$$P(X=4)=\binom{5}{4}(0.3)^4(1-0.3)^{5-4}=0.02835$$

$$P(X=5)=\binom{5}{5}(0.3)^5(1-0.3)^{5-5}=0.00243$$

对所有概率求和，结果为 1。这是必然的，因为整个样本空间的概率求和结果必为 1。注意，这里计算了 $n=5$ 时二项分布的所有可能取值的概率。这些概率值构成了概率质量函数（Probability Mass Function，PMF）。PMF 会返回所有可能结果对应的概率。

二项分布以 n 和 p 为参数。从上面的例子中可以看出，以 $n=5$、$p=0.3$ 为参数的二项分布的任意样本取值为 1 的可能性最大——占 36%的可能性。如何从二项分布中采样呢？在 NumPy 里，只需要调用 random 模块中的 binomial 函数即可。

```
>>> t = np.random.binomial(5, 0.3, size=1000)
>>> s = np.bincount(t)
>>> s
array([159, 368, 299, 155, 17, 2])
>>> s / s.sum()
array([0.159, 0.368, 0.299, 0.155, 0.017, 0.002])
```

上述代码为 binomial 函数传入了需要的参数，包括实验次数（5）和事件概率（0.3）。这里设置样本量 size 为 1000，这样就可以得到二项分布的 1000 个样本。通过调用 np.bincount，我们发现最常出现的返回值是整数 1，这与上面的计算结果一致。利用之前讲过的直方图求和技巧，我们可以算出返回整数 1 的概率为 0.368，这与上面的计算结果 0.36015 已经非常接近。

2. 伯努利分布

伯努利分布是一种特殊的二项分布。伯努利分布对应二项分布中的 n 固定为 1 的情况，表示只进行一次实验。伯努利分布的样本取值为 0 或 1，表示事件发生与否。例如，当 $p=0.5$ 时，执行如下代码：

```
>>> t = np.random.binomial(1, 0.5, size=1000)
>>> np.bincount(t)
array([496, 504])
```

结果很合理，因为 0.5 的概率相当于抛硬币。

当 $p=0.3$ 时，执行如下代码：

```
>>> t = np.random.binomial(1, 0.3, size=1000)
>>> np.bincount(t)
array([665, 335])
>>> 335/1000
0.335
```

结果与预期一致，与 0.3 比较接近。

当想要模拟已知概率事件的多次实验时，我们可以用二项分布来生成样本。而利用伯努利分布，我们可以得到取值结果为 0 或 1 的样本，但对应的事件概率未必是抛硬币时的 0.5。

3. 泊松分布

有时候，我们并不知道一个事件在某次实验中发生的概率，但我们知道这个事件在某个区间上（如某时间范围内）发生的平均次数。如果把这个平均值记为 λ（读作 lamda），那么在相同的区间上，事件发生 k 次的概率为

$$P(k)=\frac{\lambda^k e^{-\lambda}}{k!}$$

这就是泊松分布。泊松分布对于建模一段时间内的放射性衰变数或者 X 射线检测到的光子数非常有用。在 NumPy 中，可以利用 random 模块中的 poisson 函数来对泊松分布进行采样。例如，假定事件在给定区间上平均发生 5 次（$\lambda=5$），那么我们可以得到什么样的泊松分布呢？代码如下：

```
>>> t = np.random.poisson(5, size=1000)
>>> s = np.bincount(t)
>>> s
array([ 6, 36, 83, 135, 179, 173, 156, 107, 58, 40, 20, 4, 2, 0, 0, 1])
>>> t.max()
15
>>> s = s / s.sum()
>>> s
array([0.006, 0.036, 0.083, 0.135, 0.179, 0.173, 0.156, 0.107, 0.058,
       0.04 , 0.02 , 0.004, 0.002, 0.  , 0.  , 0.001])
```

在这里，我们发现了泊松分布与二项分布的不同之处。在二项分布中，事件的发生次数不会超过 n；而在泊松分布中，事件的发生次数可以大于 λ。在这个例子中，事件发生次数的最大值为 15，是平均值的 3 倍。你会发现，最常出现的事件发生次数在均值 5 的附近，但出现明显偏离均值的结果也是有可能的。

4. FLDR 算法

如果想要对任意离散分布进行采样，该怎么办呢？我们在前面讲过图片直方图的例子。在那个例子中，我们随机挑选图片上的像素点，这相当于对图片直方图表示的分布进行采样。但是，如何以任意权重生成整数呢？Saad 等人最新提出的速摇灌铅骰子（Fast Loaded Dice Roller，FLDR）算法可以帮助我们解决这个问题。

FLDR 算法允许你指定任意离散分布并对其进行采样。FLDR 算法是用 Python 实现的，可从 GitHub 网站上免费获取。我将展示如何用代码对一般的分布形式进行采样。你不用执行 setup.py 来安装程序，而只需要从 GitHub 网站上下载 fldr.py 和 fldrf.py。此外，你需要打开 fldrf.py 文件并修改其中的 import 语句，如下所示：

```
from fldr import fldr_preprocess_int
from fldr import fldr_s
```

FLDR 算法的使用分为两步。首先定义想要采样的分布。在这里，定义分布的方式是指定概率值。这一步属于预处理，对任何分布只需要做一次。然后就是对分布进行采样。下面举个例子来帮助你理解。

```
>>> from fldrf import fldr_preprocess_float_c
>>> from fldr import fldr_sample
>>> x = fldr_preprocess_float_c([0.6,0.2,0.1,0.1])
>>> t = [fldr_sample(x) for i in range(1000)]
>>> np.bincount(t)
array([598, 190, 108, 104])
```

上述代码首先导入了两个要用到的函数：fldr_preprocess_float_c 和 fldr_sample。然后调用 fldr_preprocess_float_c 函数，这里传入一个包含 4 个数的列表来定义分布。4 个数意味着样本的取值区间是[0, 3]。不同于均匀分布中的各个事件等概率地出现，这里指定 0 有 60%的机会出现，1 有 20%的机会出现，2 和 3 的出现机会则都是 10%。fldr_preprocess_float_c 函数会返回关于分布的信息，我们将这些信息保存到了 x 中，采样的时候会用到。

接下来调用 fldr_sample 函数，对分布进行一次采样。这里需要注意两点：首先，我们需要为 fldr_sample 函数传入 x；其次，由于 FLDR 算法不使用 NumPy，因此我们需要将 1000 个样本存储为 Python 中的标准列表类型（在这里，包含 1000 个元素的列表被赋值给了 t）。

最后生成直方图。你可以观察到，0 的样本占比接近 60%，而 3 的样本占比略高于 10%，这些都符合预期。

下面让我们用之前的小浣熊图片的直方图来检验 FLDR 算法是否适用于更复杂的分布。首先加载图片、生成直方图并转换为概率分布，然后传给 FLDR 算法来设置概率分布。完成设置后，从概率分布中生成 25 000 个样本，对这些样本计算直方图并画出样本直方图。最后通过与最初的直方图进行对比，判断 FLDR 算法是否能对我们指定的分布进行采样。代码如下：

```
from scipy.misc import face
im = face(True)
b = np.bincount(im.ravel(), minlength=256)
b = b / b.sum()
x = fldr_preprocess_float_c(list(b))
t = [fldr_sample(x) for i in range(25000)]
q = np.bincount(t, minlength=256)
q = q / q.sum()
```

执行这段代码后，我们可以得到小浣熊图片的最初直方图 b，以及 FLDR 算法生成的 25 000 个样本的直方图 q。图 3-3 显示了这两个直方图的形状。

在图 3-3 中，实线是传给 fldr_preprocess_float_c 函数的概率分布，代表小浣熊图片的灰度值（亮度）分布；虚线则是生成的 25 000 个样本的直方图。可以看出，后者大体与前者相同，只是因为样本量太少，所以结果稍有出入。作为练习，你可以尝试将样本量从 25 000 改为 500 000，然后重新绘制直方图。你会看到，得到的两个直方图几乎完全重叠。

离散型概率分布按照一定的可能性生成各个整数。关于离散型概率分布，我们暂且讨论到这里。接下来我们看看连续型概率分布，这种概率分布返回的不再是整数，而是浮点数。

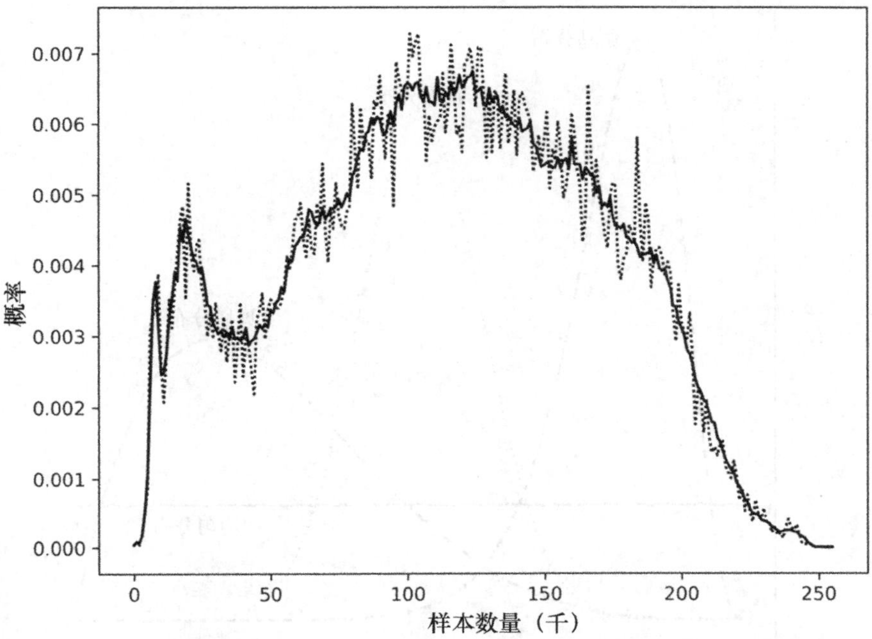

图 3-3 对比小浣熊图片的灰度值（亮度）分布（实线）与 FLDR 算法生成的分布（虚线）

3.1.3 连续型概率分布

本章还没有讨论过连续型随机变量的概率问题。这是因为以离散型随机变量阐述概率论背后的核心概念相对更容易理解。连续型概率分布与离散型概率分布一样，也有特定的形态。然而，不同于离散分布对于任意可取的整数都有一定的概率值，连续分布对于取值范围内每一点的概率值都为 0。由于连续分布的取值范围为实数域，因此每一点对应一个实数值，其概率为 0 是因为实数域中有无穷多个点，这意味着每个点被选中的概率趋于 0。正因为如此，我在这里只讨论在给定区间上取值的概率。

例如，最常见的连续型概率分布是区间[0, 1]上的均匀分布，均匀分布将返回这一区间上的任意实数值。虽然单看每一个实数值的概率为 0，但是我们可以讨论在给定区间（如区间[0, 0.25]）上取值的概率。

仍以区间[0, 1]上的均匀分布为例。我们知道，区间[0, 1]上所有点的概率加起来为 1.0。如果从这个分布上采样，那么得到的点位于区间[0, 0.25]的概率是多少呢？由于所有取值的可能性都相同，并且加起来为 1.0，因此返回结果必然有 25%的机会落在区间[0, 0.25]上。基于同样的道理，返回结果有 25%的机会落在区间[0.75, 1]上，也占四分之一的可行区间。

当我们谈论对某一区间上无穷小的事物进行求和时，我们说的就是积分。积分属于微积分的范畴，虽然本书不涉及积分的内容，但是在概念上，你可以把积分理解为，让一个离散分布的可能取值数量趋于无穷，然后对特定范围内所有取值点的概率进行求和。

图 3-4 给出了我将讨论的几种连续型概率分布示例。

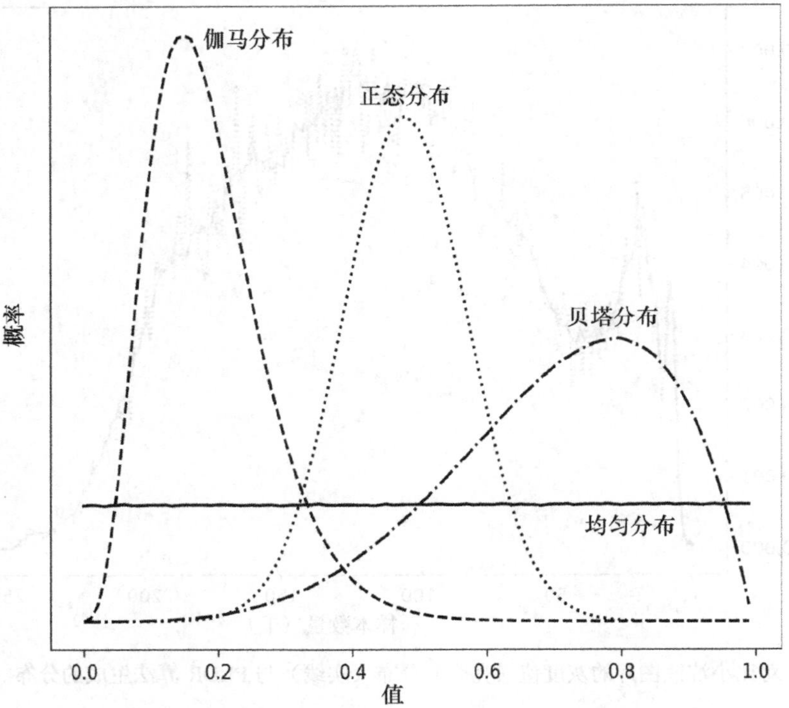

图 3-4　几种常见的连续型概率分布

要得到样本值落在某一区间的概率，就需要在该区间上对分布曲线下方的区域进行累加。这在本质上就是求积分，而积分符号“∫”其实是“求和”（sum）一词英文首字母的变体写法。实际上，积分也就是离散求和（借助 Σ 符号）的连续版本。

图 3-4 给出了几种最为常见的连续型概率分布，当然也有很多其他的连续型概率分布这里没有列出。

所有这些分布都有概率密度函数，它们是输出为概率的函数解析式，输出的概率则对应从分布上进行采样后得到的样本值出现的概率。用于生成图 3-4 所示曲线的代码被保存在文件 continuous.py 中。这些曲线是基于大量样本绘制的直方图对概率密度函数所做的估计。我有意这么做，是想证明 NumPy 的 random 函数确实实现了对这些分布的采样过程。

请稍微关注一下图 3-4 中的横轴。这些分布本来的取值范围是不同的，但为了统一显示，我将它们缩放到了同一区间。需要重点关注的是曲线的形状。你可以看到，均匀分布在整个区间上是均匀的。正态分布（常常称为高斯分布或钟形分布）则是深度学习中第二常见的分布。例如，He 初始化策略使用来自正态分布的样本初始化神经网络权重。

请思考一下在生成图 3-4 中的数据时使用的代码，它们展示了如何利用 NumPy 获得样本。

```
N = 10000000
B = 100
t = np.random.random(N)
u = np.histogram(t, bins=B)[0]
```

```
u = u / u.sum()
t = np.random.normal(0, 1, size=N)
n = np.histogram(t, bins=B)[0]
n = n / n.sum()
t = np.random.gamma(5.0, size=N)
g = np.histogram(t, bins=B)[0]
g = g / g.sum()
t = np.random.beta(5,2, size=N)
b = np.histogram(t, bins=B)[0]
b = b / b.sum()
```

注意

这里使用的是经典的 NumPy 函数而非基于新版生成器的函数。在其最新的版本中，NumPy 更新了伪随机数生成器的代码，但是新代码的使用成本会分散我们的精力。除非对伪随机数的生成非常较真，否则旧版的函数及其使用的 Mersenne Twister 伪随机数生成器对我们来说功能已经足够。

在绘图的过程中，首先让每个分布各生成 1000 万个样本点（N），然后把它们划入 100 个区间（B）。这里不用关心横轴的区间如何划分，我们感兴趣的是各曲线的形态特征。

random 函数能够生成均匀分布的样本，这一点前面已经讲过。将得到的样本传给 histogram 函数并运用“除以和”的技巧得到概率曲线需要的数据（u）。重复上述过程即可得到正态分布（n）、伽马分布（g）和贝塔分布（b）的曲线。

注意，normal、gamma 和 beta 函数都需要传入参数。也就是说，正态分布、伽马分布和贝塔分布都属于有参分布，它们的形状会受到参数的影响。对于正态分布而言，第一个参数代表均值 μ，第二个参数代表标准差 σ。正态分布曲线下方大约有 68%的区域位于距离均值一倍标准差的范围（即$[\mu-\sigma, \mu+\sigma]$）之内。正态分布在数学和自然科学中无所不在，关于正态分布的讨论可以单独写一本书。正态分布的形状关于均值两边对称。正态分布的标准差则控制着正态分布曲线的宽窄程度。

伽马分布也是有参分布，它的参数有两个：形状（k）和比例（θ）。在图 3-4 中，形状参数 $k=5$，比例参数 θ 使用的是默认值 1。随着形状参数 k 的值不断增大，伽马分布会越来越像正态分布，其凸起的部分会趋于分布的中心位置。比例参数 θ 影响的则是凸起部分的宽度。

类似地，贝塔分布的参数也有两个：a 和 b。在图 3-4 中，$a=5$、$b=2$。当 $a>b$ 时，曲线隆起的部分偏向右侧，反之偏向左侧；当 $a=b$ 时，贝塔分布变为正态分布。贝塔分布的灵活性使得其能够十分方便地模拟各种数据生成过程，只要能够找到 a 和 b，使得贝塔分布的形态与目标分布近似即可。然而，取决于对精度的要求，如果有足够细粒度的离散分布数据来近似连续分布，那么前面提到的 FLDR 算法或许在实战中更为合适。

表 3-2 列出了正态分布、伽马分布和贝塔分布的概率密度函数。作为练习，请考虑如何使用表 3-2 中的函数重新绘制图 3-4 中的曲线。要得到表 3-2 中积分 $B(a, b)$的结果，我们可以直接调用 scipy.special.beta 函数。至于 $\Gamma(k)$的值，则可以通过调用 scipy.special.gamma 函数来获得。此外，如果 Γ 函数的参数为整数，则有 $\Gamma(n+1)=n!$，于是有 $\Gamma(5)=\Gamma(4+1)=4!=24$。

表 3-2 正态分布、伽马分布和贝塔分布的概率密度函数

分布	概率密度函数
正态分布	$p(x)=\dfrac{1}{\sqrt{2\pi\sigma^2}}\mathrm{e}^{-(x-\mu)^2/\sigma^2}$
伽马分布	$p(x)=x^{k-1}\dfrac{\mathrm{e}^{-x/\theta}}{\theta^k\Gamma(k)},\Gamma(k)=\int_0^\infty t^{k-1}\mathrm{e}^{-t}\mathrm{d}t$
贝塔分布	$p(x)=\dfrac{1}{\mathrm{B}(a,b)}x^{a-1}(1-x)^{b-1},\mathrm{B}(a,b)=\int_0^1 t^{a-1}(1-t)^{b-1}\mathrm{d}t$

如果对如何从这些分布进行采样感兴趣，请参考我的另一本著作 *Random Numbers and Computers*（Springer，2018）。我在那本书中更为深入地讨论了这些分布以及其他一些分布，其中还包括如何用 C 语言实现采样过程。受限于篇幅，这里无法详细展开这些内容。接下来我将介绍概率论中最为重要的理论之一——中心极限定理。

3.1.4 中心极限定理

想象现在我们从某种分布上获得了 N 个样本，然后计算这些样本的均值 m。如果我们重复这个过程多次，则可以得到一组均值的集合 $\{m_0, m_1,\cdots\}$，其中的每一个均值都是来自该分布的一组样本。每个集合的样本容量 N 不必相同，但是 N 不能太小。从经验上讲，我们至少要有 30 个样本。

中心极限定理告诉我们，针对均值集合绘制的直方图或生成的概率分布，其形状接近正态分布，不管最初采样时使用的是什么分布，结果都是如此。

示例代码如下：

```
M = 10000
m = np.zeros(M)
for i in range(M):
    t = np.random.beta(5,2,size=M)
    m[i] = t.mean()
```

上述代码利用贝塔分布（B(5, 2)）得到了 10 000 个样本集，每个样本集中包含 10 000 个样本。每个样本集中样本的均值保存在 m 中。运行代码并打印 m 的直方图，可以得到图 3-5。

在图 3-5 中，概率分布的形状是很明显的高斯曲线。同样，这一形态并不取决于最初采样时使用的分布，而是中心极限定理的结果。图 3-5 还告诉我们，利用 B(5, 2)得到的多个样本集中每个样本集的均值所构成集合的均值为 0.714。也就是说，代码的运行结果显示，样本均值的均值（m.mean()）是 0.7142929。

有一个公式可用于计算贝塔分布的均值。根据这个公式可知，B(5, 2)的总体均值是 $a/(a+b) = 5/(5+2) = 5/7 \approx 0.7142857$。图 3-5 所示直方图的均值是对真正的总体均值的测量结果，构成直方图的每一个数据点都是 B(5, 2)分布上的一组样本的均值，而这些均值都是对总体均值的估计。

我再解释一下，以便你真正理解发生了什么。对于任意分布，如 B(5, 2)，如果对其采样后

得到一个由 N 个样本构成的样本集，则可以计算这个样本集的均值。然后重复这个过程多次，于是得到多个大小为 N 的样本集，其中的每个样本集都有自己的均值，然后为这些均值绘制直方图，得到一幅类似于图 3-5 的图像。这幅图像告诉我们，所有这些均值都聚集在某个均值的周围。这些均值的均值是对总体均值的测量结果。如果可以从最初的分布中进行无限次采样，那么我们对总体均值的测量结果会与总体均值无限接近。如果我们把代码中最初用于采样的分布改为均匀分布，那么得到的总体均值的测量结果为 0.5。类似地，如果我们改为使用均值为 11 的正态分布，那么得到的直方图会围绕在 11 的周围。

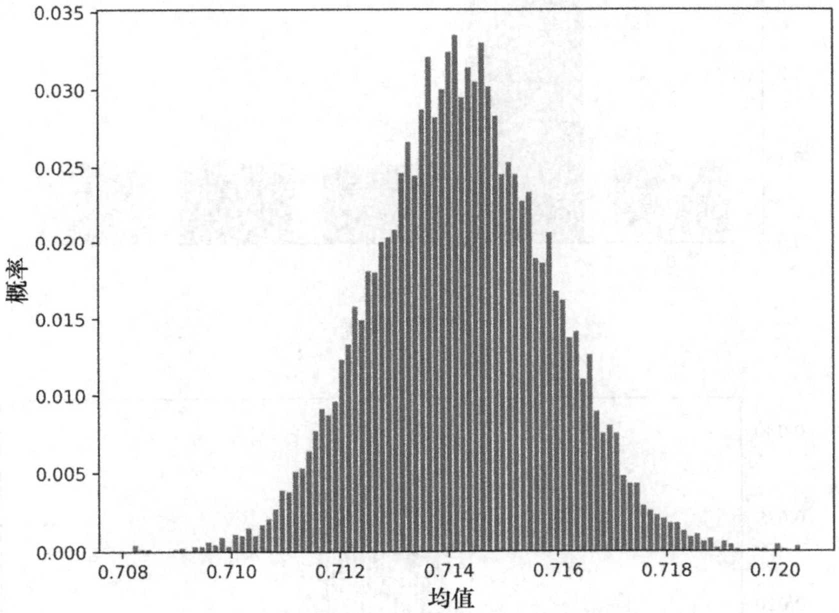

图 3-5 来自 B(5,2)的 10 000 组实验（每一组实验都包含 10 000 个样本）均值的分布

让我们再次证明上述内容，但这一次使用离散分布。用 FLDR 算法生成一个有偏的离散分布，代码如下：

```
from fldrf import fldr_preprocess_float_c
from fldr import fldr_sample
z = fldr_preprocess_float_c([0.1,0.6,0.1,0.1,0.1])
m = np.zeros(M)
for i in range(M):
    t = np.array([fldr_sample(z) for i in range(M)])
    m[i] = t.mean()
```

图 3-6a 展示了这个离散分布，图 3-6b 则展示了相应的样本均值的分布。

根据给定的概率质量函数，我们预期样本中出现频率最高的值应该是 1，给定的概率为 60%。然而，观察图 3-6a，右侧的尾部表示仍有 30%的机会取值于区间[2, 4]。计算它们的加权平均值 $0.6\times1 + 0.1\times2 + 0.1\times3 + 0.1\times4 = 1.5$，这刚好是图 3-6b 所示样本均值分布的中心。这表明中心极限定理有效。等到第 4 章讨论假设检验时，我们还会重温中心极限定理的内容。

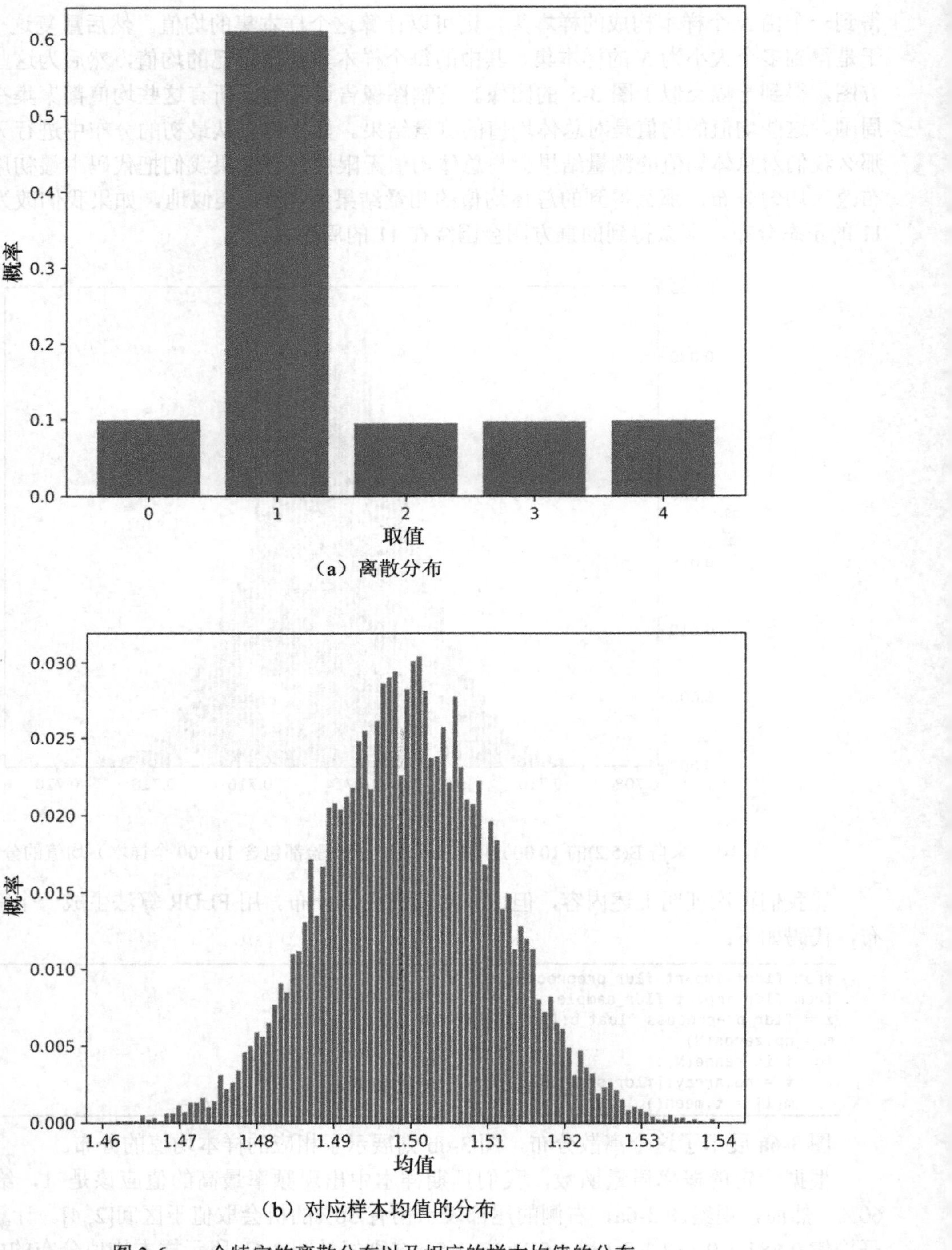

（a）离散分布

（b）对应样本均值的分布

图 3-6 一个特定的离散分布以及相应的样本均值的分布

3.1.5 大数法则

另一个与中心极限定理相关却常常容易混淆的就是大数法则。大数法则说的是，随着从分布中进行采样的样本数不断增加，样本的均值会逐渐趋于总体的均值。在这里，我们首先考虑从分布中采样的单个样本，然后论述该样本的均值有多接近总体的均值。而在中心极限定理中，我们有来自某个分布的多个样本集，3.1.4 小节论述了由这些样本集的均值构成的分布特征如何。

要证明大数法则，我们可以不断加大样本量，然后跟踪均值的变化，于是得到一个均值关于样本量（即采样次数）n 的函数。代码如下：

```
m = []
for n in np.linspace(1,8,30):
    t = np.random.normal(1,1,size=int(10**n))
    m.append(t.mean())
```

在这里，我们对均值为 1 的正态分布进行采样并且不断加大样本量。最初的样本量为 10，最终增加到 1 亿。如果将均值表示为关于样本量的函数并绘制函数曲线，我们就能发现大数法则有效。

图 3-7 展示了对均值为 1（虚线）的正态分布进行采样后，样本均值关于样本量的函数曲线。可以看到，随着样本量的加大，样本的均值趋于总体的均值。

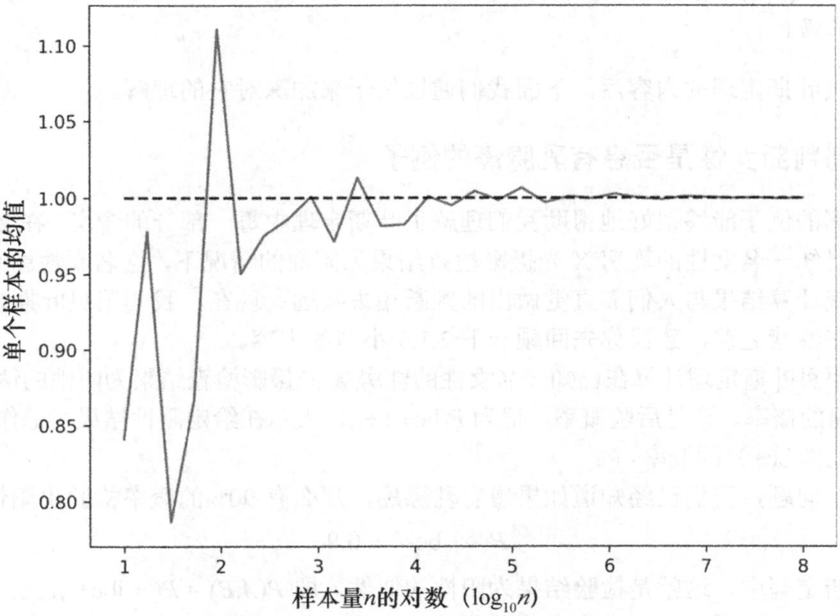

图 3-7 大数法则的实战运用

3.2 贝叶斯定理

在第 2 章，我们讨论过一个关于 40 岁女性是否患有乳腺癌的例子。当时我承诺完全可以用贝叶斯定理来得到 40 岁女性患乳腺癌的概率。现在我将兑现承诺，本节介绍贝叶斯定理的内容和应用。

根据式（2.8）所示的乘法法则，我们知道下面的两个式子成立：

$$P(B,A)=P(B\mid A)P(A)$$
$$P(A,B)=P(A\mid B)P(B)$$

此外，由于事件 A 和 B 的联合概率与这两个事件的命名顺序无关，因此有

$$P(A,B)=P(B,A)$$

于是有

$$P(B\mid A)P(A)=P(A\mid B)P(B)$$

对两边除以 $P(A)$，可以得到

$$P(B\mid A)=\frac{P(A\mid B)P(B)}{P(A)} \tag{3.1}$$

这就是贝叶斯定理。贝叶斯定理是概率论中贝叶斯方法的核心，可以用来方便地比较两个条件概率的关系，比如 $P(B|A)$ 和 $P(A|B)$ 的关系。有时候，贝叶斯定理又称为贝叶斯法则。

贝叶斯定理是由英国统计学家托马斯·贝叶斯提出的。贝叶斯定理的完整表述如下：

后验概率 $P(B|A)$ 等于先用似然 $P(A|B)$ 乘以先验概率 $P(B)$，再用边缘概率 $P(A)$ 进行归一化。$P(A)$ 又称为证据。

知道了贝叶斯定理的内容后，下面我们通过例子来加深对它的理解。

3.2.1　回到判断女性是否患有乳腺癌的例子

医疗检测的例子能够很好地帮助我们理解贝叶斯定理中每一部分的含义。在 2.1.3 小节，我们计算了在已知一名女性的乳房 X 光摄影检查结果为阳性的情况下，这名女性患有乳腺癌的概率，我们发现计算结果与人们靠直觉做出的判断相去甚远。现在，我们用贝叶斯定理重新分析这个问题。在继续之前，建议你先回顾一下 2.1.3 小节的内容。

我们想用贝叶斯定理计算在已知一名女性的乳房 X 光摄影检查结果为阳性的情况下，这名女性患有乳腺癌的概率。这是后验概率，记为 $P(\text{bc+}\mid +)$，表示在给定阳性结果（记作+）的条件下患乳腺癌（记作 bc+）的概率。

对于这个问题，我们已经知道如果患有乳腺癌，那么有 90%的概率检验出阳性，记为

$$P(+\mid \text{bc+})=0.9$$

在贝叶斯定理中，这就是检验结果为阳性的似然，即 $P(A|B)=P(+|\text{bc+})$。

此外，我们还知道任意女性患有乳腺癌的概率是 0.8%，记为

$$P(\text{bc+})=0.008$$

这就是贝叶斯定理中的先验概率，即 $P(B)$。

现在，除了 $P(A)$，式（3.1）中的每一项我们都有了。那么在这个例子中，$P(A)$ 是什么？$P(A)$ 就是 $P(+)$，即检验结果为阳性的边缘概率，不考虑 B 的取值。$P(A)$ 又称为证据，表示检验结果

为阳性是我们手头掌握的已知信息。

对于这个问题，我们已知未患乳腺癌的女性仅有 7%的可能性被检测出阳性，这个概率就是 $P(+)$吗？不，是 $P(+ |\text{bc}-)$，也就是在未患乳腺癌的条件下检测出阳性的概率。

现在我已经两次提到 $P(A)$是边缘概率了。如何计算边缘概率和全概率呢？我们需要利用联合概率函数，关于所有非目标事件求和，从而得到目标事件的边缘概率。在这个例子中，我们需要得到的目标事件是检测结果为阳性，为了计算这一事件的边缘概率，我们需要对所有其他无关事件进行求和。那么无关事件是什么？答案就是女性患有乳腺癌和女性未患乳腺癌。为此，我们需要计算

$$P(+) = P(+\mid \text{bc}+)P(\text{bc}+) + P(+\mid \text{bc}-)P(\text{bc}-)$$

除了 $P(\text{bc}-)$，其他项都已知。$P(\text{bc}-)$是任意女性未患乳腺癌的先验概率，显然 $P(\text{bc}-) = 1 - P(\text{bc}+) = 0.992$。

有时候，贝叶斯定理中的分母也会被显式地表示为联合概率求和的形式。但即便没有写明，它也隐含在 $P(A)$的计算过程中。

最后，我们有了贝叶斯定理需要的全部内容：

$$\begin{aligned}P(\text{bc}+\mid +) &= \frac{P(+\mid \text{bc}+)P(\text{bc}+)}{P(+\mid \text{bc}+)P(\text{bc}+) + P(+\mid \text{bc}-)P(\text{bc}-)} \\ &= \frac{0.9\times 0.008}{0.9\times 0.008 + 0.07\times 0.992} \\ &\approx 0.094 \approx 9\%\end{aligned}$$

这与我们之前的计算结果一致。回顾 2.1.3 小节的内容，医生们在回答这个问题的时候，他们很可能认为阳性结果下女性患乳腺癌的概率 $P(A|B)$是 90%。之所以如此，在于医生们误把 $P(A|B)$当成了 $P(B|A)$。贝叶斯定理则利用先验概率和边缘概率，正确地把它们两者关联在了一起。

3.2.2 更新先验

我们的计算未必只有一轮。考虑一下，如果一名女士在拿到阳性的检测结果后，决定换一家诊所再做一次 X 光检查，并且重新找一位放射科医生来解读报告。当检测结果再一次为阳性时，说明什么？她是否仍应该相信自己只有 9%的概率患乳腺癌呢？从直觉上，我们认为她应该更有理由相信自己可能患乳腺癌了。但是这种相信的程度是否可以量化？在贝叶斯看来，只需要用第一次计算得到的后验概率 $P(\text{bc}+ \mid +)$作为新的先验概率 $P(\text{bc}+)$，计算新的后验概率即可。毕竟，在有了第一次检验的结果为阳性的情况下，她患有乳腺癌的先验概率也提高了。

让我们基于第一次的检测结果来计算新的后验概率：

$$\begin{aligned}P(\text{bc}+\mid +) &= \frac{P(+\mid \text{bc}+)P(\text{bc}+)}{P(+\mid \text{bc}+)P(\text{bc}+) + P(+\mid \text{bc}-)P(\text{bc}-)} \\ &= \frac{0.9\times 0.094}{0.9\times 0.094 + 0.07\times 0.906} \\ &\approx 0.572 \approx 57\%\end{aligned}$$

57%明显高于 9%，因此我们虚构的这位女士现在应该更有理由相信自己患有乳腺癌。

除了注意第二次检验后这位女士患乳腺癌的后验概率相比第一次检验有显著提高以外，我们还应该注意是哪些因素的改变最终导致结果发生如此大的变化。首先，患乳腺癌的先验概率从 0.008 变成 0.094，即更新为第一次检验的后验概率。其次，$P(\text{bc}-)$也从 0.992 变成 0.906，为什么？因为先验概率变了，而 $P(\text{bc}-) = 1 - P(\text{bc}+)$。记住，$P(\text{bc}+)$和 $P(\text{bc}-)$的和必为 1——要么患有乳腺癌，要么未患乳腺癌——这构成了整个样本空间。

在这个例子中，我们基于第一次检验的计算结果更新先验，而在第一次计算中，最初的先验是已知条件。那么我们应该如何选择先验呢？通常情况下，我们会（或者至少在最初的计算中）基于对问题的理解来选择先验。我们通常选用的先验是均匀分布，这种先验又称为均匀先验，这种情况说明没有任何有效信息可以用来预判哪些结果更有可能发生。但在这个例子中，我们其实可以通过对全体女性做随机抽样的实验来对先验进行估计。

如前所述，不要太把具体的数字当回事，它们仅用于举例说明问题。此外，虽然这位女士确实可以选择再做一次 X 光检验，但真实情况是，如果第一次就检验出阳性，那么接下来合理的做法应该是马上进行活体检查。最后，虽然我拿女士是否患乳腺癌来举例，但其实男士也有可能患乳腺癌，虽然概率极低，大约在 1%以下。男性患乳腺癌的致死率比女性还高，尽管原因到目前为止都不为人知。

3.2.3　机器学习中的贝叶斯定理

贝叶斯定理已被广泛应用于机器学习和深度学习。其中比较经典的应用场景就是把它当作分类器使用，而且贝叶斯定理有时表现非常好，这就是大名鼎鼎的朴素贝叶斯分类器。早期的朴素贝叶斯分类器曾被有效应用于垃圾邮件过滤任务。

假设我们有一个数据集，其中包含类别标签 y 和向量特征（feature vector）$\boldsymbol{x}$。朴素贝叶斯分类器的任务是针对给定的向量特征，返回其属于各个类别的概率。有了这些概率值，我们就可以选择概率最大的类别作为分类结果。也就是说，我们想要对每个类别 y 计算 $P(y \mid \boldsymbol{x})$。这是一个条件概率，因此可以套用贝叶斯定理：

$$P(y \mid \boldsymbol{x}) = \frac{P(\boldsymbol{x} \mid y)P(y)}{P(\boldsymbol{x})} \tag{3.2}$$

根据式（3.2），向量特征 $\boldsymbol{x}$ 是类别 y 的实例的概率，等于类别 y 产生向量特征 $\boldsymbol{x}$ 的概率，乘以类别 y 自身出现的先验概率，再除以向量特征 $\boldsymbol{x}$ 关于所有类别的边缘概率。记住，分母 $P(\boldsymbol{x})$ 隐含了边缘概率的求和计算过程。

计算公式虽然有了，但具体该怎么用呢？由于已经有了一个数据集，因此我们可以用它来估计 $P(y)$。只要各个类别在模型未来应用场景中的分布与数据集中的分布一致，我们的估计就是合理的。另外，由于类别标签是已知的，因此我们可以把数据集划分到各个类别中，形成更小的子集。这样我们就可以方便地得到各个类别下的似然 $P(\boldsymbol{x} \mid y)$。我们可以完全忽略边缘概率 $P(\boldsymbol{x})$。下面让我们来看看为什么在这里可以忽略 $P(\boldsymbol{x})$。

式（3.2）是针对某一类标签的，如 $y = 1$ 的标签。数据集中所有的类别标签都有相应的等

式。前面讲过，分类器的任务是为向量特征计算所有类别下的后验概率，然后选择其中的最大者作为分类结果。式（3.2）中的分母其实只是归一化系数，用于确保结果是一个概率值。但在这里，我们只关心不同类别下后验概率的相对次序关系。由于 $P(\boldsymbol{x})$ 对所有的 y 都相等，因此对于不同的类别而言，$P(\boldsymbol{x})$ 相当于一个常数，它只影响 $P(y\,|\,\boldsymbol{x})$ 计算结果的绝对值，而不影响不同类别下计算结果的次序关系。因此，我们可以忽略 $P(\boldsymbol{x})$ 而聚焦于分子，即似然和先验概率的乘积。虽然这样计算出来的 $P(y\,|\,\boldsymbol{x})$ 的最大者并不正确，但把它用于分类是没有问题的。

既然可以忽略 $P(\boldsymbol{x})$，而 $P(y)$ 又可以方便地利用数据集进行估计，因此剩下要做的就是对 $P(\boldsymbol{x}\,|\,y)$ 进行计算。对于给定类别 y 下向量特征 $\boldsymbol{x}$ 的似然，我们又该如何计算呢？

首先，我们可以想想 $P(\boldsymbol{x}\,|\,y)$ 是什么。$P(\boldsymbol{x}\,|\,y)$ 是向量特征的条件概率，向量特征是什么？向量特征实际上是所有类别表现出来的不同特征对应的向量表示。可暂时忽略条件 y 的部分，因为我们知道一定有某个条件 y 是成立的。

y 固定了，于是只剩下 $P(\boldsymbol{x})$。向量特征是由一组单一特征所构成集合的向量表示，也就是用 $\boldsymbol{x} = (x_0, x_1, x_2, \cdots, x_{n-1})$ 来表示包含 n 个特征的向量。因此，$P(\boldsymbol{x})$ 实际上是一个联合概率——所有单一特征同时等于它们各自取值的联合概率。$P(\boldsymbol{x})$ 可以写成

$$P(\boldsymbol{x}) = P(x_0, x_1, x_2, \cdots, x_{n-1})$$

这有什么用？实际上，如果再作进一步假设，我们就可以方便地对联合概率进行函数分解。假设向量特征中的各个单一特征彼此相互独立。回忆一下，独立意味着 x_1 的值完全不受向量特征中其他特征取值的影响。这个假设通常是不成立的，例如对于图像来说，其中的各个像素点一定不是独立取值的。尽管如此，我们还是假设向量特征中的特征满足独立性。这个假设是有点朴素，要不怎么叫朴素贝叶斯！

如果各个特征彼此独立，那么每个特征的取值都不受其他特征取值的影响。这样我们就可以利用乘法法则将联合概率分解为

$$P(\boldsymbol{x}) = P(x_0)P(x_1)P(x_2)\cdots P(x_{n-1})$$

这个公式的用处就大了。因为我们有带标签的数据集，所以可以统计不同分类标签下各个单一特征出现的次数，这样就可以估计给定类别下单个特征的条件概率。

让我们通过一个虚构的数据集把上述内容贯穿起来，假定有 3 个类别（类别 0、1 和 2）和 4 个特征。先把数据集划分到不同的类别下，再估计各个特征的概率。于是对于每一个类别，便得到 $P(x_0)$、$P(x_1)$ 等一组数据。结合对各个类别下先验概率的估计，即通过统计数据集中各个类别的数量并除以总的样本数量后得到的结果，就可以为新的特征 $\boldsymbol{x}$ 计算它所属类别的后验概率，即

$$\begin{aligned} P(0\,|\,\boldsymbol{x}) &= P(\boldsymbol{x}\,|\,0)P(0) \\ &= P(x_0)P(x_1)P(x_2)P(x_3)P(0) \end{aligned}$$

其中，$P(x_0)$ 只是特征在类别 0 下的概率，而 $P(0)$ 是通过数据集对类别 0 的先验概率做出的估计，$P(0|\boldsymbol{x})$ 则是待分类特征 $\boldsymbol{x}$ 属于类别 0 的未经归一化的后验概率。这里所说的未经归一化指的是忽略贝叶斯定理中的分母，前面解释过，贝叶斯定理中的分母只影响结果的绝对值，而不影响各个类别之间的相对次序关系。

重复上述过程，我们可以得到 $P(1\mid \boldsymbol{x})$和 $P(2\mid \boldsymbol{x})$，请确保在为各个类别计算概率时使用的是单个特征在对应类别下的概率值（即 $P(x_0)$、$P(x_1)$等数据）。最后，取 3 个后验概率中最大者对应的类别，作为特征 $\boldsymbol{x}$ 的分类结果。

在上面的论述中，我们假设特征的取值是离散的。通常这一假设并不成立，但是我们有很多处理技巧。其中一种处理技巧就是对连续的值进行分组以实现离散化。例如，如果原始特征取区间[0, 3]上的连续值，则可以定义一个新的特征，它的取值为 0、1 和 2。将连续值的小数位截断，即可将连续的原始特征分到新特征的不同组中。

另一种处理技巧是假设特征取自某个分布，这样就可以利用分布函数计算某个类别下 $P(x_0)$的值。由于特征往往基于真实世界中某些测量的结果，而真实世界中的很多事物都服从正态分布；因此我们通常假设各个特征都服从正态分布，这样我们就可以通过估计各个类别下每个特征的均值 μ 和标准差 σ 来得到特征的分布函数。

贝叶斯定理不仅在概率计算中非常有用，而且在机器学习中的应用也卓有成效。虽然关于贝叶斯方法和频率法的纷争已经日渐消弭，但是分歧仍然存在。在实践中，大多数研究者意识到这两种方法都很有价值，而且很多时候需要同时运用两派提供的工具。在第 4 章，我将从频率法的角度重新审视统计学的内容。我之所以这么做，是因为在过去的一百年里，大量已发表的科学研究成果都用到了统计学，包括深度学习社群。统计学至少在研究人员展示实验结果的时候会用到。

3.3 小结

本章介绍了概率分布的知识，包括什么是概率分布以及如何对分布进行采样，这里面包括离散和连续两种情况。本章还介绍了在探索深度学习的过程中，你有可能遇到的各种不同分布。我掀开了贝叶斯定理的面纱，你看到了如何将不同的条件概率正确地关联在一起，还看到了在医疗检验不够完美的情况下如何用贝叶斯定理更好地估计乳腺癌发生的真实可能性。最后，本章介绍了如何用贝叶斯定理以及第 2 章介绍的概率法则，构建虽然简单却往往十分有效的朴素贝叶斯分类器。

接下来，我们将进入统计学的世界。

第4章 统计学

坏的数据集会导致坏的模型。在建模之前，我们需要对掌握的数据有所了解，然后基于对数据的理解构建有效的数据集，这样构建出来的模型才可能符合我们的预期。了解基础的统计学知识能让我们更好地理解数据。

统计量是根据样本计算的一个数值，用于衡量样本某一方面的特征。在深度学习中，当提到样本时，通常指的是数据集。或许最常用的统计量就是算术平均数，又称为均值。数据集的均值是描述整个数据集的单个数值。

在本章中，你将看到各种不同的统计量。我会从数据类型讲起，然后介绍如何利用不同的统计量对数据集的各种特征进行描述。接下来，你将学习分位数并通过画图来理解其含义。本章还会讨论异常点和缺失值。由于数据集通常并不完美，因此我们得有办法检测到异常值，并且要能够处理缺失数据。讨论完异常数据后，本章紧接着讨论变量之间的相关性。最后，我会在针对假设检验的讨论中结束本章。假设检验要回答的是诸如“两组数据有多大可能来自相同的数据生成过程”的问题。假设检验已被广泛应用于科学研究中，包括深度学习。

4.1 数据类型

数据类型有 4 种：定类数据、定序数据、定距数据和定比数据。

4.1.1　定类数据

定类数据常常又称为类别数据，指的是取值不同且没有排序关系的数据。例如，对于眼睛的颜色，棕色、蓝色和绿色是没有排序关系的。

4.1.2　定序数据

对于定序数据，不同取值之间存在排序关系，但是它们之间的差距并没有数学含义。例如，如果有一份调查问卷让你选择“强烈不同意”“不同意”“中立”“同意”或“强烈同意”，则很明显不同答案之间存在排序关系。但是，我们不能说“同意”是“强烈不同意”的 3 倍，而只能说“强烈不同意”位于“同意”（以及“中立”和“不同意”）的左侧。

定序数据的另一个例子就是人们的受教育程度。如果一个人处于小学三年级水平，另一个人处于小学六年级水平，则我们可以说后者的受教育程度比前者高，但我们不能说后者的受教育程度是前者的两倍，因为“两倍的受教育程度”是没有实际含义的。

4.1.3　定距数据

定距数据之间的差距则有实际的数学含义。例如，如果一杯水的温度是 40℉[①]，而另一杯水的温度是 80℉，则我们可以说这两杯水的温差是 40℉，但我们不能说第二杯水有第一杯水两倍的热量，因为华氏度中的 0℉是人为选定的。为了证明这一点，我们可以换一种温度计量单位，如摄氏度。换算后，此时第一杯水的温度大约是 4.4℃，而第二杯水的温度大约是 26.7℃。显然，不能说因为换了温度计量单位，第二杯水的热量马上就变成第一杯水热量的差不多 6 倍。

4.1.4　定比数据

定比数据之间的差距不仅有实际的数学含义，而且存在真实的零点。高度就是定比数据，因为高度为 0 指的就是没有高度。类似地，年龄也是定比数据，因为年龄为 0 指的就是没有年龄。但是，如果我们使用一种新的年龄尺度，并且把一个人拥有选举权的年龄定为 0 岁，那么年龄就变成了定序数据，而不再是定比数据。

回到前面那个关于温度的例子。前面说温度是定距数据，但事实上并非总是如此。如果使用华氏度或摄氏度作为温度计量单位，则它们确实是定距数据。然而，如果使用开尔文作为温度计量单位（开尔文是绝对温标，符号是 K），那么它们就会变成定比数据。为什么？因为 0 K 表示没有温度。如果将第一杯水的温度 40℉换算为 277.59 K，并把第二杯水的温度 80℉换算为 299.82 K，我们就可以说第二杯水比第一杯水热 1.08 倍，因为 $277.59 \times 1.08 \approx 299.8$。

图 4-1 列举了上面介绍的各种数据类型以及它们之间的关系。

在图 4-1 中，自左向右的每一步都为原有数据类型添加了新特性：从定类数据到定序数据添加了有序性，从定序数据到定距数据添加了差值有意义的性质，从定距数据到定比数据则添

① ℉是华氏度的符号，摄氏度的符号是℃。华氏度和摄氏度的换算关系如下：华氏度 = 32 + 摄氏度×1.8。

加了真实的零点。

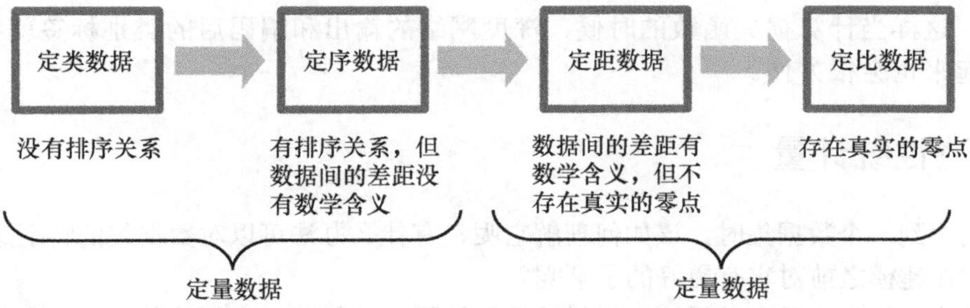

图 4-1 前面介绍的 4 种数据类型以及它们之间的关系

在使用统计学处理实际问题的时候，我们需要了解数据的类型以避免进行无意义的运算。例如，发放 5 分制的点评问卷，结果显示问题 A 的平均分为 2 分，而问题 B 的平均分为 4 分，此时我们不能说问题 B 的评分是问题 A 的两倍，而只能说问题 B 的评分高于问题 A。因为在点评场景下，“两倍”这个词的意义很模糊，甚至可能毫无意义。

定距数据和定比数据既有可能是连续值（浮点数），也有可能是离散值（整数）。在深度学习领域，模型通常不会对连续值和离散值加以区分，因此我们不用对离散数据做特殊处理。

4.1.5 在深度学习中使用定类数据

如果数据里有定类数据，如颜色的集合（其中包括红色、绿色和蓝色），并且我们想把这些数据作为特征传给深度网络，则需要先对它们进行预处理。前面已经讲过，定类数据是没有排序关系的，所以我们不能简单地将红色、绿色、蓝色分别赋值为 1、2、3，因为如果这么做的话，深度网络默认就会把它们当成定距数据来处理。比如，深度网络会认为蓝色 = 3，这显然是没有意义的。如果想在深度网络中使用定类数据，则需要把它们转换为具有意义的定距数据。这种转换称为独热编码（one-hot encoding）。

所谓独热编码，指的是将单个定类变量编码为一个向量，这个向量中的每一维对应定类数据的一类取值。对于颜色的例子，单个定类变量将被编码为一个三维向量，其中的每一维对应一种颜色。然后每种颜色只在对应的维度取值为 1，而在其他的维度取值为 0：

取值		**向量**
红色	→	[1 0 0]
绿色	→	[0 1 0]
蓝色	→	[0 0 1]

现在，这个向量各维度的取值有了实际的意义，比如表示红色（1）或不是红色（0）、表示绿色（1）或不是绿色（0），以及表示蓝色（1）或不是蓝色（0）。此外，取值 0 和 1 的差距也有了数学意义，因为一种颜色（如红色）的出现（取 1）肯定比它不出现（取 0）

具有更多信息（差距为+ 1），其他颜色也是如此。现在我们就可以把定距数据传给深度网络了。在一些组件（如 Keras）中，类别标签数据默认会被预处理为独热编码，之后才被输入深度网络。这样当计算损失函数的时候，深度网络的输出和编码后的类别标签就都是向量，并且计算起来也会很方便。

4.2 描述性统计量

当我们得到一个数据集时，该如何理解它呢？有什么办法可以对数据集的特征进行描述，从而让我们在建模之前对它有更好的了解呢？

要回答这些问题，我们就需要学习描述性统计量。当得到一个新的数据集时，你首先要做的就是通过计算统计量来描述数据。如果不了解数据集就去建模，那就相当于买二手车时，在没有检查轮胎、试驾或打开引擎盖检查的情况下就直接成交。

人们对于哪些统计量能有效地描述数据有着不同的观点。本节重点关注均值、中位数以及一些衡量变化的统计量（如方差、标准差和标准误）。极差和众数也经常被提到。极差是指数据集中最大值和最小值的差，众数则是指数据集中出现频次最大的数。通常情况下，通过观察直方图就可以知道众数在哪里，因为直方图展示了数据分布的形态。

4.2.1 均值和中位数

大多数人在小学阶段就知道怎么计算平均数了：将所有数字相加后除以数字的个数。这是算术平均，更精确的表述是等权算术平均。如果数据集由一组值构成，如$\{x_0, x_1, x_2, \cdots, x_{n-1}\}$，则算术平均就是将所有值相加后除以值的总数 n，这可以表示为

$$\overline{x} = \frac{1}{n}\sum_{i}^{n-1} x_i \tag{4.1}$$

其中，$\overline{x}$ 表示样本的均值。

式（4.1）计算的是等权算术平均值。每个值的权重为 1/n，所有值的权重和为 1。有时候，我们想给不同的元素赋予不同的权重；也就是说，它们不应该等权相加。此时，我们可以采用加权平均，即

$$\overline{x} = \sum_{i}^{n-1} w_i x_i$$

其中，w_i 是 x_i 的权重，并且有 $\sum_i w_i = 1$。权重不是数据集的一部分，它们应该来自其他地方。美国的很多大学都在使用的平均学分绩点（Grade Point Average，GPA）就是求加权平均的一个例子：学生每门课程的期末考试等级都要乘上对应的学分，将所有学分加起来之后，再除以总学分。从代数上看，这等价于用期末考试等级乘以权重 $w_i = c_i / \sum_i c_i$，其中的 c_i 就是课程 i 的学分，而 $\sum_i c_i$ 是这一学期的总学分。

1. 几何平均

到目前为止，算术平均值是最常用的均值，然而还有其他的均值，如几何平均值。两个数 a 和 b 的几何平均，就是将这两个数相乘后开根号：

$$\bar{x}_g = \sqrt{ab}$$

一般来说，n 个正数的几何平均等于将它们相乘后开 n 次方：

$$\bar{x}_g = \sqrt[n]{x_0 x_1 x_2 \cdots x_{n-1}}$$

在金融领域，几何平均被用于计算平均增长率。在图像处理领域，几何平均可以作为滤波器来降低信噪。在深度学习领域，几何平均被用于计算马修斯相关系数（Matthews Correlation Coefficient，MCC）。MCC 是用于评估深度学习模型的一个指标，计算方法是对称为 informedness 和 markedness 的指标求几何平均值。

2. 调和平均

两个数 a 和 b 的调和平均值是它们倒数的算术平均值的倒数：

$$\bar{x}_h = \left(\frac{1}{2}\left(\frac{1}{a}+\frac{1}{b}\right)\right)^{-1}$$

一般情况下，有

$$\bar{x}_h = \left(\frac{1}{n}\sum_{i}^{n-1}\frac{1}{x_i}\right)^{-1} = \frac{n}{\frac{1}{x_0}+\frac{1}{x_1}+\cdots+\frac{1}{x_{n-1}}}$$

在深度学习中，我们在计算 F1 指数的时候会用到调和平均值。调和平均值是评价分类器的常用指标。F1 指数是召回率和精度的调和平均值：

$$\begin{aligned} \text{F1} &= \left(\frac{1}{2}\left(\frac{1}{\text{召回率}}+\frac{1}{\text{精度}}\right)\right)^{-1} \\ &= 2\times\frac{\text{召回率}\ \times\ \text{精度}}{\text{召回率}\ +\ \text{精度}} \end{aligned}$$

尽管很常用，但并不建议用 F1 指数来评价深度学习模型。要想弄明白这一点，请思考一下召回率和精度的计算方式：

$$\text{召回率} = \frac{\text{TP}}{\text{TP}+\text{FN}}$$

$$\text{精度} = \frac{\text{TP}}{\text{TP}+\text{FP}}$$

其中，TP 表示真阳性（分类正确的正例），FN 表示假阴性（分类错误的反例），FP 表示假阳性（分类错误的正例）。以上指标来自评估模型的测试集。针对用于解决二分类问题的分类器，则还有一个更重要的指标——TN（表示真阴性，即分类正确的反例）。F1 指数忽略了 TN，但是要想充分了解模型的表现，就必须兼顾正例和反例的分类效果。F1 指数通常具有误导性，因为它能让结果表现得更为乐观。另外，更好的指标还包括前面提到的 MCC 或科恩 κ 相关系数，科恩 κ 相关系数类似于 MCC，而且两者的结果经常很接近。

3. 中位数

在讨论有关数据差异性的指标之前，我先介绍一个经常被用于描述数据集的统计量——中位数（median），它很快就会在本章的后面再次出现。数据集的中位数是指排在中间位置的数。如果将数据集按数值排序，则有一半的数在中位数之前，另一半的数在中位数之后。以如下数据集为例：

$$X = \{55, 63, 65, 37, 74, 71, 73, 87, 69, 44\}$$

对数据集 X 排序后，可以得到

$$\{37, 44, 55, 63, 65, 69, 71, 73, 74, 87\}$$

相信你很快就会发现问题了。前面讲过，中位数位于数据集中间的位置。但是，数据集 X 有 10 个元素，它没有刚好位于中间位置的数，中间位置落在 65 和 69 之间。对于包含偶数个元素的数据集来说，中位数等于位于最中间的两个数的算术平均值，因此数据集 X 的中位数为

$$\text{median}(X) = x_{\text{median}} = \frac{65 + 69}{2} = 67$$

数据集 X 的算术平均值是 63.8，那么均值和中位数之间有什么差别呢？

根据定义，中位数对数据集进行了二分，所以中位数两边的样本量相同，中位数与样本量的大小有关；而均值是对所有数值相加后求平均值，所以均值对每个样本的取值更为敏感。相比而言，中位数对数值的排序更为敏感。

在数据集 X 中，数值大多为六十几或七十几，只有数值 37 相对较小，正是数值 37 拉开了均值和中位数的差距。这方面典型的例子就是统计收入。以美国为例，美国家庭年收入的中位数是 62 000 美元，而最新的一项调查显示美国家庭年收入的平均值接近 72 000 美元。造成这种差距的原因是一少部分人的收入比其他人高很多，这一少部分人拉高了整体的平均值。因此，对于收入，使用中位数进行统计更为合理。

图 4-2 是为来自 1000 个模拟样本绘制的直方图，其中标记了均值（实线）和中位数（虚线）。它们并不相等——数值的长尾性拉高了均值。统计一下就会发现，有 500 个样本落在虚线的左边，另外 500 个样本则落在虚线的右边。

有没有均值等于中位数的情况？有。如果数据集的分布是完全对称的，那么均值就等于中位数。这方面经典的例子就是正态分布。以图 3-4 所示的正态分布为例，其中的图形是左右对称的。正态分布是特例，你在本章中会经常看到它。你现在只需要记住，数据集的分布越接近正态分布，均值就越接近中位数。

反过来，请你也记住，如果数据集的分布与正态分布相去甚远（见图 4-2），那么中位数很可能更适合用来描述数据集的特征。

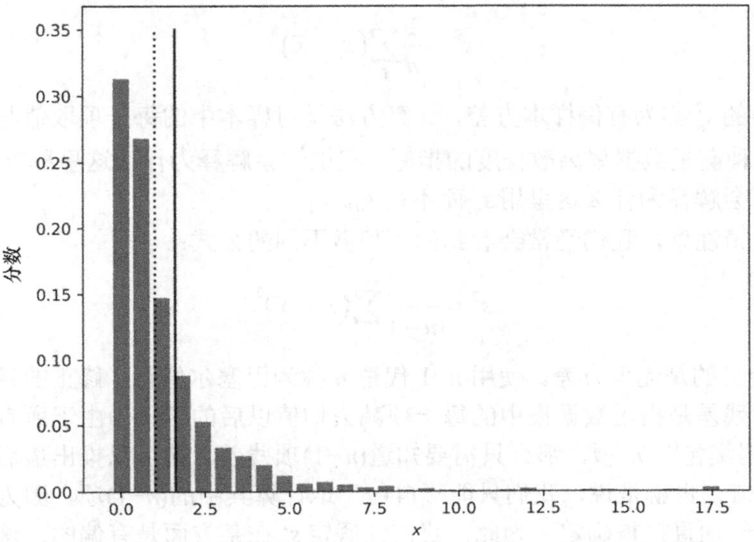

图 4-2 为给定数据集绘制的直方图（均值用实线标记，中位数用虚线标记）

4.2.2 用于衡量变化的统计量

有一个人初学射箭。他向靶心射出 10 支箭，其中 8 支击中靶子，2 支完全射偏，击中的 8 支箭均匀地分散在靶心的周围。另一个人（一名专业射手）也射出 10 支箭，全部击中靶子，并且每支箭都距离靶心很近。考虑这两个人射中的平均位置。由于专业射手全部击中靶子且每支箭都在靶心附近，因此平均下来，他的成绩接近靶心位置。初学者虽然没有命中一次靶心，但是因为他射出的箭刚好几乎对称地分散在靶心四周，所以平均下来，他的成绩也在靶心附近。

然而，初学者射出的箭分散在靶心四周，它们的位置变化很大。专业射手射出的箭则紧密地聚集在一起，它们的位置变化很小。对这种变化幅度进行量化是理解和描述数据集的一种有效方式，下面让我们看看具体如何才能做到这一点。

1. 离差和方差

衡量数据集变化的方式之一是找到极差，极差指的是数据集中最大值和最小值的差。但极差是一种粗粒度的衡量指标，因为它只用到数据集中的极值，而不关心其他数据值。另一种相对好一些的方式是计算数据值与均值距离的平均数，公式为

$$\mathrm{MD}=\frac{1}{n}\sum_{i}^{n-1}\left|x_i-\overline{x}\right| \tag{4.2}$$

式（4.2）中的 MD 称为平均离差。这是一种很自然的选择，完全符合我们的想法：我们想知道平均来看，每个样本距离均值有多远。虽然平均离差在计算上没有什么问题，但我们很少在实践中运用它。其中一个原因与代数和微积分有关。计算离差用到的绝对值在数学上会造成诸多不便。

放弃这种看似自然的选择，下面让我们用平方代替绝对值：

$$s_n^2 = \frac{1}{n}\sum_{i}^{n-1}\left(x_i - \overline{x}\right)^2 \tag{4.3}$$

式（4.3）中的 s_n^2 称为有偏样本方差，计算方法是对样本中的每一项取值与均值差的平方求均值。这是另一种衡量数据集离散程度的指标。我很快会解释为什么这里称方差是“有偏”的。另外，我在后面会解释为什么这里用 s_n^2 而不是 s_n。

在那之前，请注意，我们经常会看到如下稍微不同的公式：

$$s^2 = \frac{1}{n-1}\sum_{i}^{n-1}\left(x_i - \overline{x}\right)^2 \tag{4.4}$$

式（4.4）定义的是无偏方差。使用 $n-1$ 代替 n 称为巴塞尔修正。修正的目的与残差的自由度有关，这里的残差是指用数据集中的每一项减去均值以后的结果。由于所有的残差项求和为 0，因此如果数据集包含 n 项，那么只需要知道$(n-1)$项残差，就可以推出最后一项。这表示残差的自由度是 $n-1$。也就是说，我们只能“自由”地计算其中的$(n-1)$项，因为所有项加起来等于 0，所以最后一项直接被确定。为此，我们先假定 s_n^2 在某方面是有偏的，这样在公式中使用 $n-1$ 代替 n 就能得到无偏性更好的方差。

那么，为什么要讨论方差的有偏和无偏呢？这个偏差指的是什么？我们需要时刻牢记一点，数据集是来自总体的一组样本，是对总体在数据生成过程中的采样。真实的总体方差 σ^2 是总体围绕总体均值 μ 的离散程度。然而我们并不知道 μ 和 σ^2，所以我们需要从样本中估计这两个值。样本的均值是 $\overline{x}$，$\overline{x}$ 是对 μ 的估计。于是很自然地，我们也会对偏离 $\overline{x}$ 的量的平方求均值，作为对 σ^2 的估计，这就是式（4.3）中的 s_n^2。然而，s_n^2 不是对 σ^2 的最佳估计，因为 s_n^2 是有偏的，这种说法虽然正确，但相关的证明超出了本书的讨论范围。你只需要知道在进行巴塞尔修正后，就可以得到对总体方差的更佳估计。综合以上原因，我们用式（4.4）中的 s^2 来刻画数据集围绕均值的变化情况。

总而言之，我们应该用 $\overline{x}$ 和 s^2 来量化数据集的变化。下面我来回答另一个问题——为什么符号选用了 s^2 而不是 s？因为对方差开根号就可以得到标准差，对总体来说就是 σ，对样本来说就是 s，后者是对前者的估计。由于大多数情况下我们会使用标准差，因此标准差用 σ 和 s 表示，方差则用它们的平方表示，这样书写起来更加方便。

随着样本量的增加，无偏方差和有偏方差将趋于相等，因为随着 n 的增大，n 和 $n-1$ 的差异影响会越来越小。下面的几行代码可以证明这一点：

```
>>> import numpy as np
>>> n = 10
>>> a = np.random.random(n)
>>> (1/n)*((a-a.mean())**2).sum()
0.08081748204006689
>>> (1/(n-1))*((a-a.mean())**2).sum()
0.08979720226674098
```

在这里，当样本量只有 10 的时候，有偏方差和无偏方差的结果差距从小数点后的第 3 位可以看出来。把样本量从 10 增加到 10 000：

```
>>> n = 10000
>>> a = np.random.random(n)
>>> (1/n)*((a-a.mean())**2).sum()
0.0830435057748255З
>>> (1/(n-1))*((a-a.mean())**2).sum()
0.08305181095592111
```

这时，有偏方差和无偏方差的结果差距从小数点后的第 5 位才能看出来。因此，在通常需要面对大数据量的深度学习领域，采用 s_n 和采用 s 的区别微乎其微。

绝对离差中位数

标准的离差定义是基于均值的。但是我们已经看到，均值对极端异常值的影响很敏感，所以标准定义下的离差也有同样的问题，因为需要计算每一个样本点与均值的差异。一种降低极端异常值影响的方法是计算绝对离差中位数（Median Absolute Deviation，MAD），具体的计算方法是对数据点与中位数差的绝对值求中位数：

$$\text{MAD} = \text{median}(|X_i - \text{median}(X)|)$$

实现过程非常简单：首先计算数据的中位数，然后用每一个数据减去中位数，接下来对结果取绝对值，最后对得到的数据再求中位数。代码如下：

```
def MAD(x):
    return np.median(np.abs(x-np.median(x)))
```

MAD 并不常用，但缘于其受极端异常值影响较小的特性，MAD 的应用正变得越来越普遍，尤其是对于离群点的检测。

2. 标准误和标准差

这里还有一个用于衡量变化的指标需要讨论——均值的标准误（Standard Error of the Mean，SEM），简称标准误（Standard Error，SE）。让我们回到对总体的理解，以便搞明白什么是 SE 以及如何使用 SE。如果我们得到的数据集是来自总体的一个样本集，那么我们可以对这个样本集求样本均值 $\bar{x}$。如果我们重复得到多个样本集，并且计算每一个样本集的样本均值，就会产生一个来自总体的样本均值的集合。这听起来很熟悉，因为这正是我们在第 3 章阐述中心极限定理时使用的方法。在样本均值的集合上计算标准差，得到的就是标准误。

根据标准差计算标准误的公式很简单：

$$\text{SE} = \frac{s}{\sqrt{n}}$$

这其实就是用样本量开根号对样本的标准差进行了缩放。

那么，什么时候应该用标准差，什么时候应该用标准误呢？使用标准差的目的是了解样本围绕均值的分布状况，而使用标准误的目的是衡量样本均值对总体均值的估计精度。从某种意义上说，标准误同时与两个概念有关。首先，标准误与中心极限定理有关，因为中心极限定理告诉我们，来自总体的多个样本集的均值将形成正态分布，而标准误能够控制正态分布的集中度，也就是精度。其次，标准误与大数定律有关，因为大数定律告诉我们，数据规模越大，样本均值越接近总体均值，标准误是对总体均值的更好估计。

从深度学习的角度看，我们可能会使用标准差来描述训练集的特征。假设我们要训练和测试多个模型，由于深度网络在初始化时具有的随机性，我们可以对多个模型关于某些指标（如准确率）求平均。在这种情况下，我们有可能除了输出准确率的均值之外，还会输出准确率的标准误。随着我们训练的模型越来越多，我们会更加相信准确率的均值，认为其能够更真实地反映这种模型架构真正所能达到的某种准确性，因而从指标上，我们预期这些模型的准确率的标准误会下降。

梳理一下，本节讨论了不同的描述性统计量，比如不同的均值（算术平均值、几何平均值、调和平均值）、中位数、标准差以及偶尔才用到的标准误。有了这些，我们就可以开始理解数据了。接下来，让我们看看如何通过画图来进一步理解数据。

4.3 分位数和箱形图

在计算中位数的时候，我们需要找到中间值才能把数据集划分成两部分。在数学上，我们说使用中位数对数据集做了二等分。

分位数则用于将数据划分到固定大小的分组中，这个固定的大小就是划分到每个分组的数据量。由于中位数将数据划分到两个大小相同的分组中，因此中位数是一个二分位数，有时也称为第 50 个百分位数，这意味着有 50%的数据小于这个值。类似地，第 95 个百分位数是指有 95%的数据小于这个值。研究人员常常会计算四分位数并将其命名为 quartile。四分位数会将数据划分到 4 个分组中，使得 25%的数据在第一个分组中，50%的数据在前两个分组中，75%的数据在前三个分组中，剩下 25%的数据则在最后一个分组中。

让我们通过一个例子来理解分位数的含义。在这个例子中，我们通过模拟得到了一组考试数据，其中包含 1000 个考试分数。数据位于文件 exams.npy 中。我们将使用 NumPy 计算分位数，并在直方图上标记分位数的位置。

下面首先计算分位数的位置：

```
d = np.load("exams.npy")
p = d[:,0].astype("uint32")
q = np.quantile(p, [0.0, 0.25, 0.5, 0.75, 1.0])

print("Quartiles: ", q)
print("Counts by quartile:")
print(" %d" % ((q[0] <= p) & (p < q[1])).sum())
print(" %d" % ((q[1] <= p) & (p < q[2])).sum())
print(" %d" % ((q[2] <= p) & (p < q[3])).sum())
print(" %d" % ((q[3] <= p) & (p < q[4])).sum())
```

这段代码以及绘图代码都位于文件 quantiles.py 中。

我们首先加载了模拟的考试数据，并把第一个考试分数保存在了 p 中。注意，p 被定义为一个整型数组，因为只有这样才能将 p 传给 np.bincount 函数以绘制直方图（这里没有展示绘制代码）。接下来，我们调用了 NumPy 的 np.quantile 函数以计算分位数。np.quantile 函数接收两个参数：第一个参数指定要计算分位数的原始数组；第二个参数指定需要计算的各个分位数，其中每个分位数的取值范围是[0, 1]。这些取值表示分位数在原始数组中由最大值和最小值所形成区间的位置占比。例如，传入分位数 0.5，我们希望返回的是数组 p 中由最小值和最大值所形成区间的中间位置的元素，利用该元素，我们就可以把数据划分到两个大小相同的分组中。

因此，为了将数据集四等分，我们需要分位数 0.25、0.5 和 0.75 的返回结果，从而使数组 p 中有 25%、50%和 75% 的元素分别小于相应分位数的返回结果。此外，我们还需要分位数 0.0 和 1.0 的返回结果，也就是数组 p 中的最小值和最大值。我们这么做只是为了方便随后对各个分组中的数据进行计数。注意，我们也可以利用函数 np.percentile 得到分位数的返回结果。np.percentile 函数的返回结果与 np.quantile 函数相同，只不过前者需要传入的是百分位数而不是分数。因此，我们需要将[0, 25, 50, 75, 100]传给 np.percentile 函数。

将分位数的返回结果保存在 q 中，如下所示：

```
18.0, 56.75, 68.0, 78.0, 100.0
```

这里的 18.0 是最小值，100.0 是最大值。三个分位点分别是 56.75、68.0 和 78.0，注意第二个分位点刚好就是中位数 68.0。

最后，我们统计了数组 p 在各个区间的取值个数。由于总共有 1000 个值，因此我们预期每个区间应该有 250 个值，但因为数学并非总是与我们的数据相契合[①]，结果如下：

```
250, 237, 253, 248
```

这说明有 250 个值小于 56.75，237 个值落在区间[56.75, 68.0)上，其他类似。

上述代码用到一个聪明的小技巧，它值得我们解释一下。要统计数组 p 在某个区间的取值个数，我们不能用 np.where 函数，因为该函数不支持复合条件语句。但是，如果我们使用像 10 <= p 这样的表达式，则会得到一个大小与数组 p 相同的布尔数组，其中的每个元素在满足条件时为 True，否则为 False。因此，使用 10 <= p 和 p < 90 会返回两个布尔数组。要得到能同时满足以上两个条件的元素，就需要对这两个布尔数组执行逻辑与（&）运算。这样最后就得到了一个大小与数组 p 相同且取值为 True 的元素都位于区间[10, 90)的数组。要统计其中元素的个数，只需要调用 sum 函数即可，因为 sum 函数默认将布尔数组中的 True 视为 1，而将 False 视为 0。

图 4-3 所示的直方图标记了各个分位数的位置。

上面的例子再次表明通过直方图可视化数据对于理解数据太有帮助了。我们应该尽可能多地通过直方图来了解数据。图 4-3 在直方图上叠加了分位数，这让我们对分位数以及分位数与原始数据的关系有了更好的理解，但直方图并非分位数的经典描述方法。更典型的做法是使用箱形图，箱形图的优点是可以展示数据集的多个方面的特征。举个例子，用上面的考试分数绘制箱形图，这一次用到了全部三轮的考试分数，之前我们把后两轮考试分数忽略了。

下面先把箱形图画出来，后面再解释。要用 exams.npy 中的三轮考试分数绘制箱形图，可以执行如下代码：

```
d = np.load("exams.npy")
plt.boxplot(d)
plt.xlabel("Test")
```

① 因为我们采用了左闭右开区间，所以分位点上的值都算到右边的分组，这也导致最大值不参与统计，结果并非每个区间都有 250 个值。——译者注

```
plt.ylabel("Scores")
plt.show()
```

上述代码将加载包含全部考试分数的数据集并调用 matplotlib 中的 boxplot 函数。执行结果如图 4-4 和图 4-5 所示。

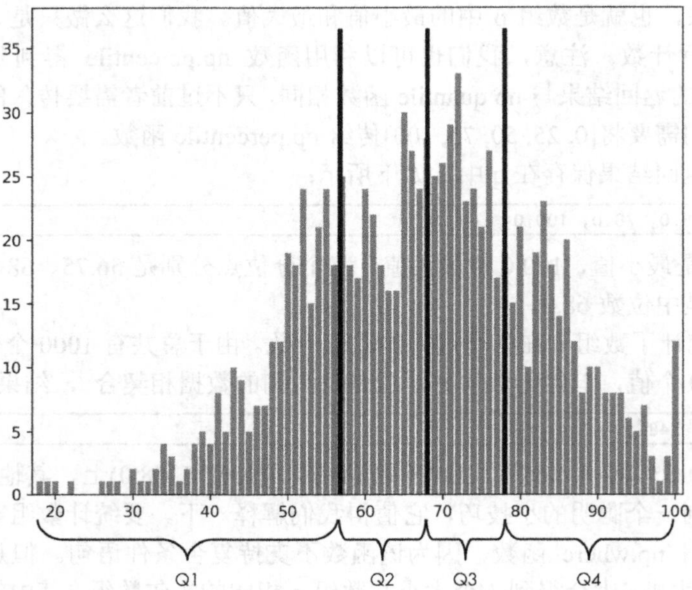

图 4-3　标记了各个分位数的位置的直方图

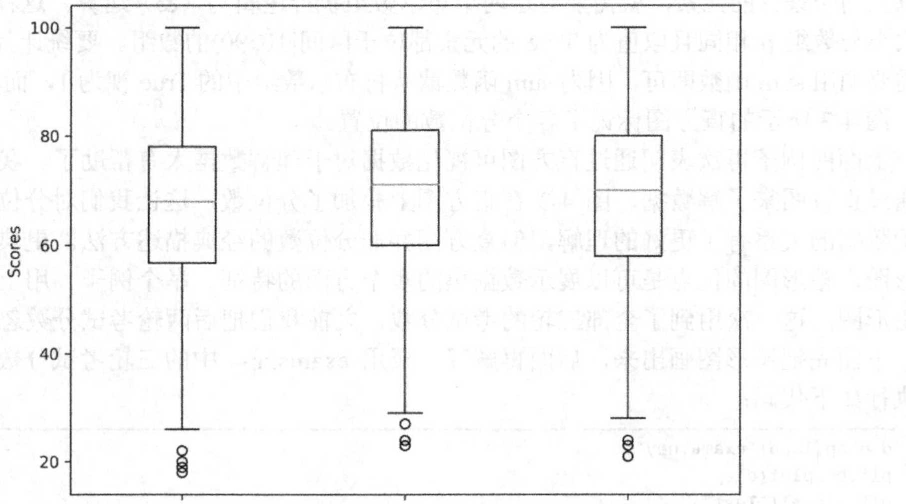

图 4-4　为三轮考试分数绘制的箱形图

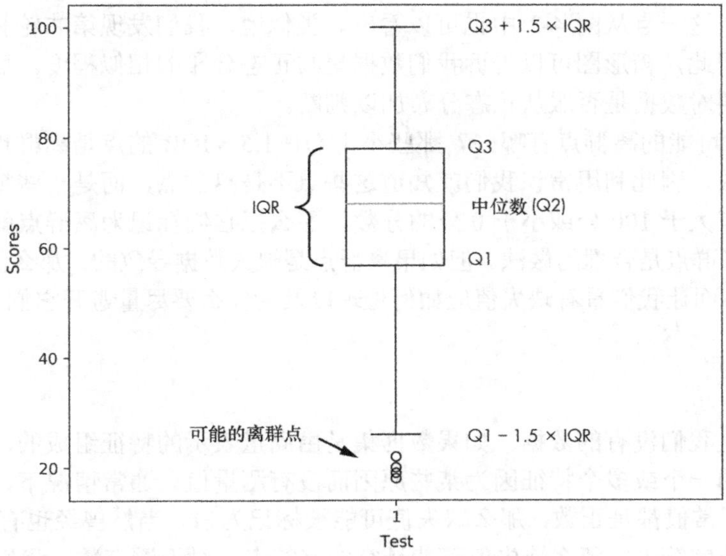

图 4-5 标记了详细信息的第一轮考试分数的箱形图

图 4-4 是用 exams.npy 中的三轮考试分数绘制的箱形图。图 4-5 是单独对第一轮考试分数进行绘图的结果，其中以标签的形式注明了描述信息。

箱形图能够可视化地对数据进行概括。在图 4-5 中，箱形框对应第 1 个四分位点（Q1）和第 3 个四分位点（Q3）之间的范围。Q3 和 Q1 的数值差称为四分差（InterQuartile Range，IQR）。IQR 越大，围绕中位数的数据越发散。相比直方图，现在箱形图中的纵轴对应考试分数。水平绘图也很容易，但一般默认垂直绘图。中位数（Q2）被标记在靠近箱形框中间的位置。注意，箱形图不会显示数据的均值。

另外，箱形图中还有两条胡须线（whisker），它们在 matplotlib 中称为 flier。我们可以看到，这两条胡须线分别对应 Q3 上方和 Q1 下方 1.5 倍 IQR 的位置。最后，箱形图中还有一些小圆圈，它们被标记为“可能的离群点”。传统上，我们把胡须线以外的点视为可能的离群点。这意味着它们可能是脏数据，要么误选进数据集，要么来自有问题的传感器。比如，用 CCD 相机拍摄出来的照片上的亮点和暗点就很有可能被视作离群点。当评估一个有可能用到的数据集时，我们需要格外关注离群点，并且应尽可能用最佳方式对它们进行处理。通常情况下，离群点只占很少的一部分，我们可以直接丢弃它们而不会对结果产生什么影响。然而有时候，离群点其实是真实数据，它们甚至对某些分类非常关键。在这种情况下，我们就需要保留这些数据，并且要让模型尽可能有效地使用它们。此时，我们需要综合自己的经验、直觉和常识来对各种可能的情况加以判断。

下面我们解释图 4-4 中的三轮考试分数图示。首先，每轮考试分数的上胡须线都对应 100 分，这很合理：100 分是理想分数，而且数据集中也包含 100 分。另外，我们注意到箱形框并非在垂直方向上平分两条胡须线，但我们知道有 50%的数据位于 Q1 和 Q3 之间，而其中又各有 25%的数据位于 Q2 的上下两侧，因而可以得出数据并非正态分布的结论，即数据的分布曲线与正态曲线不同。这一点从图 4-3 中也可以看出。类似地，我们发现第二轮和第三轮考试分数也非正态分布。因此，箱形图可以告诉我们数据集与正态分布的相似程度。后面在讲解假设检验时，我们仍需要对数据是否服从正态分布加以判断。

那么在这里，可能的离群点有哪些？那些小于 Q1−1.5 × IQR 的点是离群点吗？由于我们的数据代表考试分数，因此利用常识我们就知道这些点不是离群点，而是一些糟糕的考试成绩。但如果数据集中有大于 100 分或小于 0 分的分数，那么把它们标记为离群点就非常合适了。

有时，丢掉离群点是合理的做法。但如果离群点是缺失数据导致的，那么仅靠丢掉样本可能无法解决问题。下面让我们看看缺失值应如何处理以及为什么要尽量避开它们。

4.4　缺失数据

缺失数据就是我们没有的数据。如果数据集是由向量表示的特征组成的，那么缺失值可能表现为某些样本的一个或多个特征因为某些原因而没有测量值。通常情况下，缺失值有特殊的编码方式。如果正常值都是正数，那么缺失值可能被标记为−1，当然曾经也有人使用−999 进行标记。如果特征是字符串，那么缺失值可能是空的字符串。对于浮点数，我们可能会使用 NaN（代表 not a number，意为“非数值”）来标记缺失值。在 NumPy 中，我们可以很方便地使用 np.isnan 来判断数组中是否有 NaN：

```
>>> a = np.arange(10, dtype="float64")
>>> a[3] = np.nan
>>> np.isnan(a[3])
True
>>> a[3] == np.nan
False
>>> a[3] is np.nan
False
```

注意，直接使用 == 或 is 与 np.nan 进行比较是不起作用的，必须使用 np.isnan。

至于如何检测缺失值，则与具体的问题相关。假设我们已经确定数据中存在缺失值，那么如何处理它们呢？

让我们生成一些带有缺失值的数据，然后利用我们目前掌握的统计学知识，看看如何处理它们。下面的代码位于文件 missing.py 中。首先生成包含 1000 个样本的数据集 N，其中的每个样本都具有 4 维特征：

```
N = 1000
np.random.seed(73939133)
x = np.zeros((N,4))
x[:,0] = 5*np.random.random(N)
x[:,1] = np.random.normal(10,1,size=N)
x[:,2] = 3*np.random.beta(5,2,N)
x[:,3] = 0.3*np.random.lognormal(size=N)
```

数据保存在 x 中。为了让结果可以复现，这里固定了随机数生成种子。样本的第 1 维特征来自均匀分布，第 2 维特征来自正态分布，第 3 维和第 4 维特征则分别来自贝塔分布和对数正态分布。

目前，x 中还没有缺失值。让我们随机生成一些 NaN 并添加进去：

```
i = np.random.randint(0,N, size=int(0.05*N))
x[i,0] = np.nan
i = np.random.randint(0,N, size=int(0.05*N))
x[i,1] = np.nan
i = np.random.randint(0,N, size=int(0.05*N))
x[i,2] = np.nan
i = np.random.randint(0,N, size=int(0.05*N))
x[i,3] = np.nan
```


现在，数据集中的每一维都有 5%的值被置为缺失值。

如果一个庞大的数据集中有少量缺失值，那么直接丢弃它们是没有多大问题的。然而，如果其中 5%的样本都有缺失值，那么我们可能并不想丢掉这么多数据。更麻烦的是，如果缺失值和某个类别之间存在相关性，怎么办呢？直接丢掉这些样本有可能在某种程度上导致数据集有偏，模型的表现将受到影响。

怎么解决这个问题呢？既然已经花了那么多篇幅讲述如何利用描述性统计量对数据集进行概括，那么我们是否可以参考这些描述性统计量？当然可以，我们可以看一下剔除缺失值后特征的分布形态，以帮助我们判断如何替换缺失值。其中最简单的做法就是用均值填充缺失值，但我们也可以根据分布形态是否接近正态分布来决定是否改用中位数进行填充。这听起来会用到箱形图。幸运的是，matplotlib 中的 boxplot 函数会自动剔除缺失值。因此，简单地调用 boxplot(x)就可以绘制剔除缺失值后的箱形图。图 4-6 给出了剔除缺失值后的箱形图。

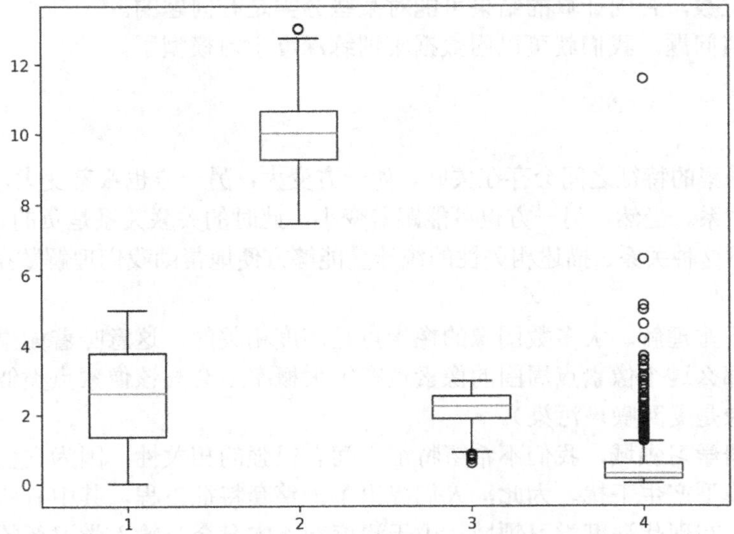

图 4-6 剔除缺失值后的箱形图

在图 4-6 中，各维特征的分布形状与箱形框的形状一一对应。其中，第 1 维特征是均匀分布的，所以你看到的是关于均值/中位数都对称的箱形框（均匀分布的均值和中位数相等）。第 2 维特征是正态分布的，所以你看到的箱形框的形状与第 1 维特征的类似，但是因为样本只有 1000 个，所以不完全对称也是合理的。第 3 维特征的贝塔分布偏向上半部分，这一点从图 4-6 中也可以观察到。最后，第 4 维特征的对数正态分布偏向较小的值，这导致很多长尾数据处在上胡须线以上，被视为“离群点”，这是一个不应该将数据当作离群点的反面示例。

由于非正态分布的特征的存在，我们选择用中位数而不是均值来填充缺失值。代码很简单，如下所示：

```
good_idx = np.where(np.isnan(x[:,0]) == False)
m = np.median(x[good_idx,0])
bad_idx = np.where(np.isnan(x[:,0]) == True)
x[bad_idx,0] = m
```

在之前的代码中，i 存储了第 1 维特征中非缺失值的索引。我们可以使用这些索引计算中位数 m。接下来，将 i 置为与缺失值对应的索引，然后根据 i 填充中位数。我们可以对其他特征做相同的处理，更新整个数据集后，即可得到没有缺失值的新数据集。

上面这种处理方式会大幅改变特征的原始分布吗？不会，因为我们只更新了 5%的数据。例如，对于符合贝塔分布的第 3 维特征，更新前后均值和标准差的对比如下：

```
non-NaN mean, std = 2.169986, 0.474514
updated mean, std = 2.173269, 0.462957
```

由此可见，当数据中的缺失值多到因为担心导致有偏而不能简单丢弃时，最安全的做法是用均值或中位数进行填充。至于使用均值还是中位数，则可以求助于描述性统计量、箱形图或直方图。

此外，如果数据集是带标签的，如深度学习中用到的有标签数据，那就应该对每个类别单独计算均值和中位数，否则计算的结果可能对某些分类是有问题的。

解决完缺失值问题，我们就可以用数据集训练深度学习模型了。

4.5　相关性

有时候，数据集的特征之间会存在关联，如一方变大，另一方也跟着变大，尽管它们之间未必是简单的线性关系。当然，另一方也可能跟着变小，此时的关联关系是负的。术语“相关性”十分适合用来描述这种关系。描述相关性的统计量能够方便地帮助我们理解数据的特征之间有何种关联。

例如，我们不难理解，大多数图像的像素点是高度相关的。这意味着如果在图像上随机选择一个像素点，那么这个像素点周围的像素点在很大概率上会与该像素点类似，否则图像看起来就会不自然（像是受到噪声污染）。

在传统的机器学习领域，我们不希望特征之间有很强的相关性，因为它们不但不提供新的信息，反而会对模型产生干扰。为此，人们提出了一整套特征工程，其中有些环节就是为了去除相关性的影响。在现代深度学习领域，由于深度网络本身会为输入学习新的特征表示，因此并不严格要求对输入去除相关性。这也在一定程度上解释了为什么图片作为输入在深度网络中表现良好，在传统的机器学习模型上却经常失效。

无论是传统的机器学习模型还是现代深度网络，作为描述和探索数据集的一环，对特征间相关性的分析都值得研究和理解。本节讨论两种相关性：皮尔森相关性和斯皮尔曼相关性。这两种相关性都用单一数值来衡量数据集中两个特征之间的相关程度。

4.5.1 皮尔森相关性

皮尔森相关系数是位于区间[−1, +1]的实数值 r，表示的是两个特征之间线性相关的强度。线性指的是两个特征之间的关系在多大程度上可以用一条直线来描述。如果一个特征随着另一个特征的改变也进行完全相同的改变，那么相关系数就是+1。反过来，如果进行完全相反的改变，那么相关系数就是−1。如果相关系数为 0，则表示两个特征之间不具有线性关系，它们（可能）相互独立。

之所以加入“可能”的字眼，是因为两个特征之间也可能存在非线性关系，这时皮尔森相关系数也是 0，但是这两个特征并不相互独立。不过这种情况不常出现，所以为了方便，我们称相关系数接近 0 意味着两个特征相互独立。相关系数越接近 0，无论是正的还是负的，特征之间的相关性越弱。

皮尔森相关系数的计算公式中包含两个特征的均值及其乘积的均值。用于计算皮尔森相关系数的函数需要输入两个特征，也就是数据集中的两列数据。我们称这些输入是向量 $\boldsymbol{X}$ 和 $\boldsymbol{Y}$。注意，因为它们是数据集中的特征向量，所以 X_i 和 Y_i 总是成对出现，也就是说，它们来自同一样本的特征向量。

皮尔森相关系数的计算公式为

$$\operatorname{corr}(\boldsymbol{X},\boldsymbol{Y})=\frac{E(\boldsymbol{XY})-E(\boldsymbol{X})E(\boldsymbol{Y})}{\sqrt{E\left(\boldsymbol{X}^2\right)-E(\boldsymbol{X})^2}\sqrt{E\left(\boldsymbol{Y}^2\right)-E(\boldsymbol{Y})^2}} \tag{4.5}$$

这里引入了一个新的常用记号。$\boldsymbol{X}$ 的均值就是 $\boldsymbol{X}$ 的样本期望，表示为 $E(\boldsymbol{X})$。正因为如此，我们在式（4.5）中看到了 $\boldsymbol{X}$ 的均值 $E(\boldsymbol{X})$以及 $\boldsymbol{Y}$ 的均值 $E(\boldsymbol{Y})$。你可能已经猜到了，$E(\boldsymbol{XY})$是 $\boldsymbol{X}$ 和 $\boldsymbol{Y}$ 按元素相乘的积的均值。类似地，$E(\boldsymbol{X}^2)$是 $\boldsymbol{X}$ 与其自身点乘的均值，$E(\boldsymbol{X})^2$ 则是 $\boldsymbol{X}$ 的均值的平方。明白了这些记号，你自己很快就能实现计算两个特征向量之间皮尔森相关系数的代码：

```
import numpy as np
def pearson(x,y):
    exy = (x*y).mean()
    ex = x.mean()
    ey = y.mean()
    exx = (x*x).mean()
    ex2 = x.mean()**2
    eyy = (y*y).mean()
    ey2 = y.mean()**2
    return (exy - ex*ey)/(np.sqrt(exx-ex2)*np.sqrt(eyy-ey2))
```

在上述代码中，pearson 函数实现的功能与式（4.5）完全一致。

下面设置一个场景，对比 pearson 函数与 NumPy 和 SciPy 中对应功能的实现代码。下面的代码（包括 pearson 函数的定义代码）位于文件 correlation.py 中。

首先，创建 3 个相关的向量 x、y 和 z。我们可以将它们想象成数据集中的 3 个特征，因而代码中的 x[0]将会与 y[0]和 z[0]配对。

代码如下：

```
np.random.seed(8675309)
N = 100
```

```
x = np.linspace(0,1,N) + (np.random.random(N)-0.5)
y = np.random.random(N)*x
z = -0.1*np.random.random(N)*x
```

注意，为了复现结果，这里将随机数生成种子固定了。第一维特征 x 是在 0～1 的线段上叠加噪声的结果。第二维特征 y 会跟踪 x，但其中含有噪声，因为我们给它乘上了生成于区间[0, 1)的随机数。最后，第三维特征 z 与 x 负相关，因为我们给它乘上了−0.1 的相关系数。

图 4-7a 给出了这 3 个特征的折线图，以展示它们之间是如何互相跟踪的。图 4-7b 则展示了两两配对构成的散点图，其中的每个点都以一个特征为横轴，并以另一个特征为纵轴。

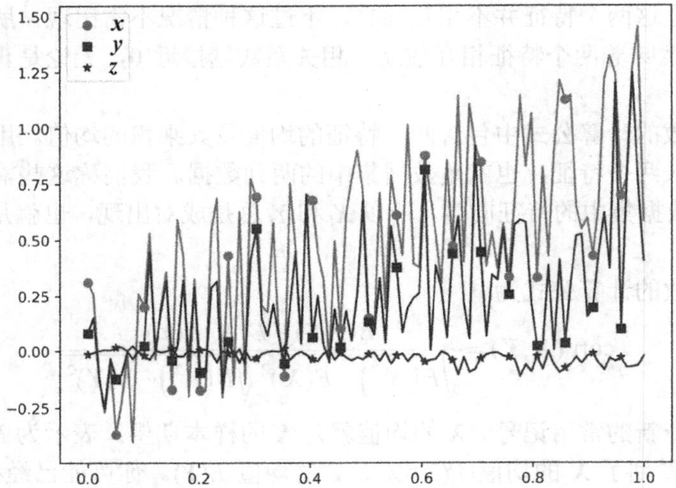

（a）折线图

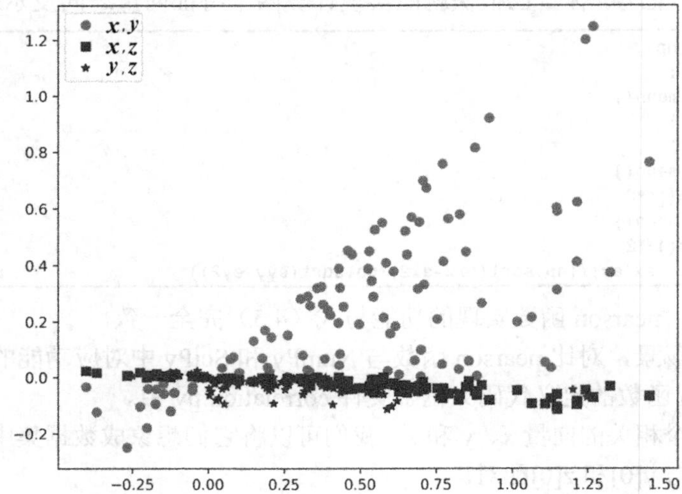

（b）散点图

图 4-7　用于描述三组特征跟踪关系的折线图及特征两两配对构成的散点图

NumPy 中用于计算皮尔森相关系数的函数是 np.corrcoef，与我们实现的 pearson 函数不同，前者将返回一个相关性矩阵，用于表示输入的所有变量两两之间的相关性。例如，使用 pearson 函数可以得到 x、y 和 z 的相关性为

```
pearson(x,y): 0.682852
pearson(x,z): -0.850475
pearson(y,z): -0.565361
```

而在调用 NumPy 中的函数之前，我们需要把这 3 个特征堆叠成一个 3 × 100 的数组，然后将其传入 np.corrcoef 函数，得到的返回结果为

```
>>> d = np.vstack((x,y,z))
>>> print(np.corrcoef(d))
[[ 1.          0.68285166 -0.85047468]
 [ 0.68285166  1.         -0.56536104]
 [-0.85047468 -0.56536104  1.        ]]
```

在上面的返回结果中，矩阵的对角线元素是特征与其自身的相关系数，也就是 1.0（因为特征与其自身一定是完全线性相关的）。x 和 y 的相关系数位于矩阵的[0] [1]位置，结果与使用 pearson 函数时一致。类似地，x 和 z 的相关系数位于矩阵的[0] [2]位置，y 和 z 的相关系数则位于矩阵的[1] [2]位置。需要注意的是，相关性矩阵是对称的，因为 corr(***X***, ***Y***) = corr(***Y***, ***X***)。

SciPy 中对应的实现函数是 stats.pearsonr，它与我们自己实现的 pearson 函数类似，但是会额外返回 p 值。我在本章的后面会进一步讨论 p 值。在这里，p 值可以理解为，对于计算出来的相关系数 r，在一个不相关的系统中，有多大的可能性会生成至少如此相关（相关系数大于或等于 r）的数据。在我们的例子中，p 值接近于 0，这说明在一个不相关的系统中，几乎没有可能生成我们的数据。

前面我们说过，图片上某一像素点附近的像素点通常高度相关。让我们用一张真实的图片来看看是否真的如此。我们将使用 sklearn 自带的一张风景图，并且只使用 RGB 中的绿色通道像素特征。代码如下：

```
>>> from sklearn.datasets import load_sample_image
>>> china = load_sample_image('china.jpg')
>>> a = china[230,:,1].astype("float64")
>>> b = china[231,:,1].astype("float64")
>>> c = china[400,:,1].astype("float64")
>>> d = np.random.random(640)
>>> pearson(a,b)
0.8979360
>>> pearson(a,c)
-0.276082
>>> pearson(a,d)
-0.038199
```

对比输出的结果可以发现，第 230 行和第 231 行高度相关，而第 230 行和第 400 行的相关性就比较弱了，而且是负相关。最后，与我们预期的一致，第 230 行与随机向量的相关系数接近 0。

皮尔森相关系数已经得到广泛的使用，以至于我们常常提到相关系数时指的就是皮尔森相关系数。下面我们来看看另一种相关性——斯皮尔曼相关性，并对比斯皮尔曼相关性与皮尔森相关性。

4.5.2 斯皮尔曼相关性

另一个用于衡量相关性的指标是斯皮尔曼相关系数$\rho \in [-1, +1]$。斯皮尔曼相关系数是基于特征取值的次序而非特征取值本身进行计算的。

为了得到X中各元素的次序，就需要将X中的每一个元素替换为该元素在排序后的新向量中的位置。如果X为

```
[86, 62, 28, 43, 3, 92, 38, 87, 74, 11]
```

则其中元素的次序为

```
[7, 5, 2, 4, 0, 9, 3, 8, 6, 1]
```

在排序后的X中，86是第8个元素（从0开始计数），而3是第1个元素。

皮尔森相关性衡量的是数据之间的线性关系，而斯皮尔曼相关性衡量的是输入之间是否存在单调的关联关系。

有了各个特征取值的次序后，斯皮尔曼相关系数就可以定义为

$$\rho = 1 - \left(\frac{6}{n\left(n^2 - 1\right)} \right) \sum_{i=0}^{n-1} d_i^2 \tag{4.6}$$

其中，n为样本量，$d = \text{rank}(X) - \text{rank}(Y)$表示$X$和$Y$中对应元素的次序的差值。注意式(4.6)只适用于排序结果唯一的情况（即X或Y中都不包含重复的值）。

为了计算式（4.6）中的d，我们需要得到X和Y中元素的次序，然后将两者按元素相减。斯皮尔曼相关性其实就是X和Y中元素次序的皮尔森相关性。

下面的例子给出了斯皮尔曼相关性的一种实现方式：

```python
import numpy as np
def spearman(x,y):
    n = len(x)
    t = x[np.argsort(x)]
    rx = []
    for i in range(n):
        rx.append(np.where(x[i] == t)[0][0])
    rx = np.array(rx, dtype="float64")
    t = y[np.argsort(y)]
    ry = []
    for i in range(n):
        ry.append(np.where(y[i] == t)[0][0])
    ry = np.array(ry, dtype="float64")
    d = rx - ry
    return 1.0 - (6.0/(n*(n*n-1)))*(d**2).sum()
```

为了得到次序向量，我们首先需要对X进行排序，得到t。然后针对X中的每一个元素x，寻找其在t中的位置。这可以通过调用np.where函数来实现，取返回结果的首个元素，也就是第一次匹配的位置。在构建完X中元素的次序向量rx后，将其转换为浮点型的NumPy数组。对Y执行同样的过程，得到Y中元素的次序向量ry。将这两个次序向量相减，即可得到式(4.6)中的d。最后，套用式（4.6），得到皮尔森相关系数ρ并返回。

注意斯皮尔曼相关性的这个版本只是式（4.6）的实现，适用于X和Y中没有重复元素的

情况。我们的例子使用的是随机的浮点数，因此产生相同元素的概率是很低的。

对比我们自行编写的 spearman 函数与 SciPy 中相应的实现函数 stats.spearmanr 可以发现，类似于 SciPy 对皮尔森相关性的实现，stats.spearmanr 函数也会返回一个 p 值。

```
>>> from scipy.stats import spearmanr
>>> print(spearman(x,y), spearmanr(x,y)[0])
0.694017401740174 0.6940174017401739
>>> print(spearman(x,z), spearmanr(x,z)[0])
-0.8950855085508551 -0.895085508550855
>>> print(spearman(y,z), spearmanr(y,z)[0])
-0.6414041404140414 -0.6414041404140414
```

spearman 函数的返回结果与 stats.spearmanr 函数的返回结果基本一致，直到小数点后的最后几位我们才看出它们之间的不同。

你需要时刻牢记皮尔森相关性和斯皮尔曼相关性的区别。例如，考虑一条斜线与 S 型（sigmoid）函数之间的相关性：

```
ramp = np.linspace(-20,20,1000)
sig = 1.0 / (1.0 + np.exp(-ramp))
print(pearson(ramp,sig))
print(spearman(ramp,sig))
```

在这里，ramp 从−20 到 20 是线性增长的，而 sig 服从 S 型函数的几何形状（“S”曲线）。两者的皮尔森相关系数会很高，因为两者都会随着 x 的增加而增加，但是两者并非完全线性相关。上述代码的执行结果为

```
0.905328
1.0
```

上述结果表明皮尔森相关系数为 0.9，但是斯皮尔曼相关系数完美地等于 1.0，这是因为随着 ramp 的增加，sig 也一定会增加，但也仅仅是增加，未必增加相同的大小。斯皮尔曼相关性捕捉到了参数之间的非线性关系，而皮尔森相关性只是暗示了出现这种结果的可能性。如果是在传统的机器学习算法中进行特征工程，那么斯皮尔曼相关性将能够更好地帮助我们判断哪些特征应丢弃，而哪些特征应保留。

到此，我们结束关于如何利用统计量对数据进行描述和理解的讨论。接下来我们学习如何用假设检验来解读实验结果，并回答诸如“两组样本是否来自同一总体分布”的问题。

4.6 假设检验

有两组学习细胞生物学的学生，每组 50 人，两组之间相互独立。这些学生都是从一个更大的学生群体中随机挑选并分配到各个组的，所以可以认为两组之间没有任何差异。现在，第一组学生在常规授课之余，还会完成一套计算机培训课。而第二组学生仅仅完成常规授课。最后对两组学生都进行期末测试，将考试分数记录在表 4-1 中。现在我们想知道参加计算机培训课对学生的考试分数是否有显著的影响。

为表 4-1 中的数据绘制箱形图，效果如图 4-8 所示。

要想知道两组期末考试分数之间是否存在显著的差异，我们需要对某种假设进行检验。检

验的方法称为假设检验，假设检验是现代统计学的重要组成部分。

表 4-1 学生的考试分数

组别	分数
第一组学生	81 80 85 87 83 87 87 90 79 83 88 75 87 92 78 80 83 91 82 88 89 92 97 82 79 82 82 85 89 91 83 85 77 81 90 87 82 84 86 79 84 85 90 84 90 85 85 78 94 100
第二组学生	92 82 78 74 86 69 83 67 85 82 81 91 79 82 82 88 80 63 85 86 77 94 85 75 77 89 86 71 82 82 80 88 72 91 90 92 95 87 71 83 94 90 78 60 76 88 91 83 85 73

假设检验是一个非常宽泛的话题，涉及的内容极广，以至于我们在此只能进行简要介绍。由于本书围绕深度学习展开，因此我们只介绍深度学习研究者有可能遇到问题的场景。我们只考虑两种假设检验：方差非齐的非配对 t 检验（一种参数检验）以及曼-惠特尼 U 检验（一种非参数检验）。随着内容的推进，你将逐渐理解这两种检验的含义以及相应的限制条件，同时也会理解参数检验和非参数检验的含义。

要想真正理解假设检验，就必须弄明白假设的含义。因此，我将从假设的含义讲起，在讲述过程中，你将明白我将话题局限于以上两种假设检验的根本原因。介绍完假设的含义，我将依次介绍 t 检验和曼-惠特尼 U 检验。其间，我会利用表 4-1 中的数据进行讲解。

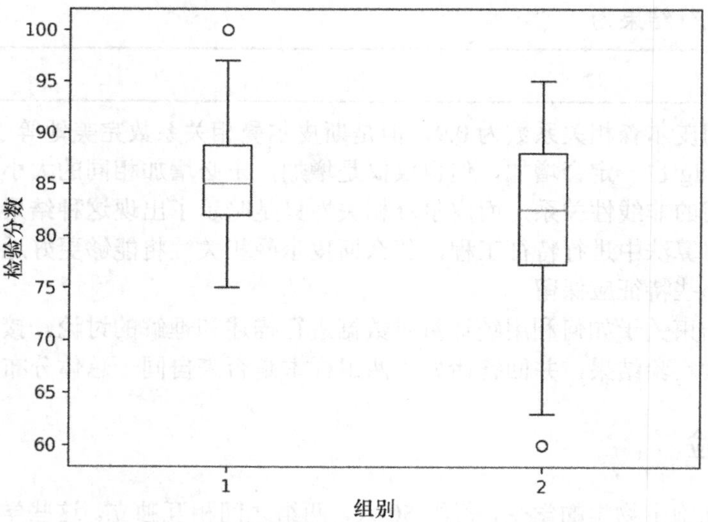

图 4-8 表 4-1 中数据的箱形图

4.6.1 假设

要判断两组数据是否来自同一总体分布，我们可以看看它们各自的统计量。图 4-8 为我们展示了两组数据的箱形图。看起来这两组数据的均值和标准差都不同。这是怎么看出来的？一方面，箱形图为我们展示了中位数的位置；另一方面，胡须线则在一定程度上体现了方差。两者相结合暗示了均值可能不同，因为两者的中位数明显不同，而这两组数据又大体关于中位数对称。另外，上下胡须线的间距不同，这暗示了这两组数据的标准差也可能不同。让我们对数据集的均值提出假设。

假设检验中的假设有两类。第一类是原假设（H_0），即假设两组数据来自同一总体分布，无法对两组数据加以区分。第二类是备择假设（H_a），即假设两组数据来自不同的总体分布。由于我们要对均值提出假设，因此 H_0 表达的是生成两组数据的总体分布的均值相同。类似地，如果拒绝 H_0，则意味着接受 H_a，这说明我们有足够的证据显示两个均值不同。由于并不知道真正的总体均值，因此我们选择使用样本均值和标准差来代替。

4

关于假设检验，我们需要牢记的核心要点之一，就在于我们不是以 H_0 是否为真作为结论，而是以我们是否有充足的理由拒绝或接受 H_0 为结论。

我们现在是对两组独立样本是否来自同一总体分布进行检验。假设检验也有很多其他的用法，但它们很少在深度学习中用到。为了完成这里的任务，我们需要计算样本的均值和标准差。我们要回答的问题是："两组数据的均值是否有显著的差异？"

由于我们只关心两组数据是否来自同一总体，因此我们可以将自己的检验简化为双边检验（又称双尾检验）。通常情况下，当进行检验时，比如后面要讲的 t 检验，我们需要拿计算出来的检验统计量（如 t 值）与其分布做比较，以判断计算得到的 t 值有多大可能出现。如果我们计算的是检验统计量高于和低于分布某一百分比的位置，那么就是在进行双边检验；而如果我们对可能性的计算只关注检验统计量高于分布某一百分比的位置，或者只关注检验统计量低于分布某一百分比的位置，那么就是在进行单边检验。

我们提出的假设和检验的方法如下。

（1）有两组独立的数据用于对比。

（2）对两组数据是否有相同的标准差不作要求。

（3）我们的原假设是两组数据的总体分布的均值相等（即 $H_0: \mu_1 = \mu_2$）。我们将使用样本的均值 $(\overline{x}_1, \overline{x}_2)$ 和标准差 (s_1, s_2) 来辅助自己决定是否拒绝 H_0。

（4）假设检验要求数据是独立同分布的，这可以理解为要求样本完全随机产生。

理解了假设的含义后，下面让我们从最常用的 t 检验开始。

4.6.2 *t* 检验

t 检验使用 t 统计量进行检验。对 t 统计量与 t 分布进行比较，可以得到 p 值，p 值是我们在对 H_0 进行判断时需要使用的一个概率值。关于 t 检验以及与之相关的 z 检验，背后有一大段复杂的历史，此处忽略不谈。但我建议你有机会的话深入研究一下假设检验的内容，或者至少阅读一两本严肃讲述假设检验的规范方法以及如何对结果进行解读的书。

t 检验是一种参数检验，这意味着我们需要对数据及其分布做一定的假设。就 t 检验来说，我们需要假设数据是独立同分布的且服从正态分布（直方图）。我之前讲过，世界上的很多物理现象都服从正态分布，因此我们有理由认为来自真实世界的测量值也服从正态分布。

人们提出了很多用来检验数据集是否服从正态分布的方法，但我在此将忽略它们，因为关于它们的有效性尚存在诸多争议。我建议你同时使用 t 检验和曼-惠特尼 U 检验（但这种方式多少有些粗暴）来对是否接受 H_0 加以判断。注意，同时进行这两种检验有可能得到不一致的结果：一方认为有足够的理由拒绝原假设，另一方则持不同意见。通常来说，如果非参检验拒绝 H_0，则不管 t 检验的结果如何，我们都可以大胆地拒绝 H_0。反过来，如果 t 检验拒绝 H_0，但是曼-惠特尼 U 检验相反，那么只要你相信数据服从正态分布，你就可以选择相信 t 检验的结果。

t 检验有不同的版本。由于前面已经说过我们要处理的是样本量和方差都不同的两组数据，因此这里选用的版本是韦尔奇 t 检验，韦尔奇 t 检验不要求两组数据的方差相同。

韦尔奇 t 检验的 t 值被定义为

$$t=\frac{\overline{x}_1-\overline{x}_2}{\sqrt{\frac{s_1^2}{n_1}+\frac{s_2^2}{n_2}}}$$

其中，n_1 和 n_2 是两组数据的样本量。

统计量 t 以及与之相关的称为自由度的值，将一起产生对应的 t 分布曲线，这里所说的自由度与我们之前提到的自由度虽然相似，却不完全相同。为了得到 p 值，我们需要计算曲线下方的面积，包括正 t 值上方和负 t 值下方的面积。由于对整个概率分布函数进行积分的结果为 1，因此在 $t\sim+\infty$ 以及 $-\infty\sim-t$ 上对分布函数进行积分的结果就是 p 值。后面我们将使用自由度来计算置信区间。

p 值告诉了我们什么？p 值其实是说，在原假设为真（即两个均值相等）的情况下，两个均值的差异还能有多大概率大于或等于我们测量的结果。通常情况下，如果这个概率低于一定的阈值，我们就拒绝原假设，并且声称我们有充分的理由认为两组数据的均值不同——它们来自不同的总体分布。当决定拒绝 H_0 时，我们称差异是统计显著的。用于接受或拒绝 H_0 的阈值称为 α，通常 $\alpha=0.05$。这个阈值有一定的问题，后面我们会讨论问题在哪儿。

这里需要记住的关键点是 p 值对应于原假设成立的情况，具体是指当 H_0 为真时，我们还能观测到两组数据有这么多差异的可能性。如果 p 值很小，那么只有两种可能：要么原假设不成立，要么采样误差导致出现让人感到意外的结果。由于 p 值对应 H_0 为真的假设，因此如果 p 值很小，那么我们更倾向于相信原假设不成立，而非意外结果导致。然而，单独使用 p 值未必能证明原假设不成立，我们还需要引入其他信息。

前面曾提到，阈值 $\alpha=0.05$ 是有问题的，原因主要是这个阈值太宽松了，有可能导致过多真的原假设被拒绝。James Berger 和 Thomas Sellke 在他们发表的文章“Testing a Point Null Hypothesis: The Irreconcilability of P Values and Evidence”（*Journal of the American Statistical Association*, 1987）中提到，当 $\alpha=0.05$ 时，真的原假设中大约有 30%被拒绝。如果选择 $\alpha\leqslant0.001$，那么错误地拒绝真的原假设的可能性会降到 3%。坦白地说，如果使用阈值 $\alpha=0.05$，那么仅通过一次实验并不具有说服力。如果想让结论高度可靠，那就得选用至少不低于 0.001 的 p 值。而如果选择 $p=0.05$，那么我们得到的将仅仅是建议，需要结合多次实验才能做出判断。如果重复多次实验都得到接近 0.05 的 p 值，那么此时拒绝原假设相对更为合理。

1. 置信区间

常伴随 p 值一同出现的概念是置信区间（Confidence Interval，CI）。置信区间是指用于对比的两组样本，其均值差异会以一定概率落在给定的区间。通常情况下，我们会给出 95%的置信区间。由于我们的假设其实就是检验两组样本的均值差异是否为 0，因此如果置信区间包含 0，那就说明我们不能拒绝原假设。

在韦尔奇 t 检验中，自由度 df 为

$$\mathrm{df}=\frac{\left(\frac{s_1^2}{n_1}+\frac{s_2^2}{n_2}\right)^2}{\frac{\left(s_1^2/n_1\right)^2}{n_1-1}+\frac{\left(s_2^2/n_2\right)^2}{n_2-1}} \tag{4.7}$$

我们可以基于此计算置信区间 CI_α：

$$\mathrm{CI}_\alpha=\left(\overline{x}_1-\overline{x}_2\right)\pm t_{1-\alpha/2,\mathrm{df}}\sqrt{\frac{s_1^2}{n_1}+\frac{s_2^2}{n_2}} \tag{4.8}$$

其中，$t_{1-\alpha/2,\mathrm{df}}$ 称为临界值，也就是在给定置信度（α）和根据式（4.7）计算得到自由度 df 时的 t 值。

该如何理解 95%的置信区间呢？想象一个来自总体的数值：两组数据均值的真实差异。95%的置信区间指的是，如果我们可以重复地对两组数据的总体分布进行采样（每次采样都算一个置信区间），则计算出的置信区间中有 95%会包含这个来自总体的数值，也就是两组数据均值的真实差异。注意，置信区间并不是总体数值的 95%概率区间。

除了用于检验是否包含 0，置信区间还可以用于根据其宽度来描述效果的大小。在这里，效果与均值差异有关。虽然我们可以根据 p 值得到统计显著的差异性，但是从效果上看，这可能是没有实际意义的。只有当置信区间很窄时效果才比较大，因为此时用很窄的区间就能覆盖真实总体，这样当然会有更好的检验效果。你很快就会看到如何在可能的时候计算其他有效的用于衡量效果的指标。

最后，如果 p 值小于 α，则 CI_α 不会包含 H_0。换言之，p 值给出的结论和置信区间给出的结论总是一致的——它们彼此之间不会矛盾。

2. 效果量

根据 p 值得到统计显著的结论是一回事，p 值代表的差异性在真实世界中是否有意义则是另一回事。科恩 d 是一个经典的效果量衡量指标。在这里，由于我们进行的是韦尔奇 t 检验，因此相应的科恩 d 的计算公式为

$$d=\frac{\overline{x}_2-\overline{x}_1}{\sqrt{\frac{1}{2}\left(s_1^2+s_2^2\right)}} \tag{4.9}$$

虽然对科恩 d 的解读通常是主观的，但尽管如此，我们还是应该给出其结果。从主观上，我们可以认为不同的 d 值对应的效果大致如下：

d 值	效果
0.2	弱
0.5	中等
0.8	强

科恩 d 的定义是有意义的。首先，均值差异的大小自然体现了效果；其次，用平均方差进行归一化则能够将其置于连续区间。通过式（4.9）可以看出，p 值对应的统计显著结果可能导致很弱的效果，这种效果甚至可能没有任何实际意义。

3. 评估检验结果

下面汇总以上内容，对表 4-1 中的数据进行 t 检验。代码位于文件 hypothesis.py 中。用于生成数据的代码如下：

```
np.random.seed(65535)
a = np.random.normal(85,6,50).astype("int32")
a[np.where(a > 100)] = 100
b = np.random.normal(82,7,50).astype("int32")
b[np.where(b > 100)] = 100
```

我们再次固定随机数种子以便复现。为 a 生成一组均值为 85、标准差为 6.0 的正态分布样本。为 b 生成一组均值为 82、标准差为 7.0 的正态分布样本。这两组数据都把 100 以上的数截断为 100（毕竟这是考试分数，不会出现高于 100 分的情况）。

接下来进行 t 检验，执行如下代码：

```
from scipy.stats import ttest_ind
t,p = ttest_ind(a,b, equal_var=False)
print("(t=%0.5f, p=%0.5f)" % (t,p))
```

输出的结果如下：$t = 2.40234$，$p = 0.01852$。2.40234 是统计量，0.01852 是计算出来的 p 值。计算出来的 p 值小于 0.05，这说明我们有较小的把握拒绝原假设，并相信 a 和 b 中的数据来自不同的分布。当然，这一点我们事先就知道，毕竟数据是随机生成的。

注意这里用到了 SciPy 中的 ttest_ind 函数，该函数用于检验非配对的独立样本。另外请注意，我们在调用 ttest_ind 函数的时候添加了参数 equal_var = False，这是韦尔奇 t 检验的执行方式。在这种方式下，我们不用对两组数据的方差是否相同进行假设。我们其实知道这两组数据的方差不同，因为 a 中数据的标准差为 6.0，而 b 中数据的标准差为 7.0。

我们还需要开发 CI 函数以计算置信区间，因为 NumPy 和 SciPy 都没有提供计算置信区间的函数。CI 函数是对式（4.7）和式（4.8）的实现：

```
from scipy import stats
def CI(a, b, alpha=0.05):
    n1, n2 = len(a), len(b)
    s1, s2 = np.std(a, ddof=1)**2, np.std(b, ddof=1)**2
    df = (s1/n1 + s2/n2)**2 / ((s1/n1)**2/(n1-1) + (s2/n2)**2/(n2-1))
    tc = stats.t.ppf(1 - alpha/2, df)
    lo = (a.mean()-b.mean()) - tc*np.sqrt(s1/n1 + s2/n2)
    hi = (a.mean()-b.mean()) + tc*np.sqrt(s1/n1 + s2/n2)
    return lo, hi
```

计算临界值 t 需要用到 stats.t.ppf 函数，该函数需要传入 $\alpha/2$ 和自由度 df。当置信度 $\alpha = 0.05$

时，对应的临界值 t 是 97.5%分位数，也就是分位点函数 stats.t.ppf 的返回值。这里之所以将 α 除以 2，原因在于双边检验需要包含 t 分布两边的区域。

我们得到的置信区间是[0.56105, 5.95895]。注意结果不包含 0，因此置信区间表明这两组数据存在统计显著性差异（可以显著拒绝）。然而，由于置信区间很宽，这意味着结果可能并不完全可靠。由于单靠置信区间的范围很难判断结果的有效性，因此我们还需要计算科恩 d 以判断这么宽的置信区间是否能得出合理的结论。以下代码是对式（4.9）的实现：

```
def Cohen_d(a,b):
    s1 = np.std(a, ddof=1)**2
    s2 = np.std(b, ddof=1)**2
    return (a.mean() - b.mean()) / np.sqrt(0.5*(s1+s2))
```

结果得到 $d = 0.48047$，这相当于中等水平的效果。

4.6.3 曼-惠特尼 *U* 检验

t 检验要求数据服从正态分布。如果数据不服从正态分布，则需要进行非参检验。非参检验不用对数据的内在分布形式进行假设。曼-惠特尼 U 检验有时也称为 Wilcoxon rank-sum 检验，作为一种非参检验，曼-惠特尼 U 检验用于判断两组数据是否来自相同的总体分布。曼-惠特尼 U 检验并不依赖于数据的取值，而是利用了数据的排序信息。

曼-惠特尼 U 检验的原假设可以表述如下：从第一组数据随机取样的结果大于从第二组随机数据取样结果的概率等于 0.5。也就是说，如果两组数据来自同一总体，那么预期在对这两组数据进行随机取样时，取值相对较大的可能性不会偏向其中任何一方。

曼-惠特尼 U 检验的备择假设可以表述如下：从第一组数据随机取样的结果大于从第二组数据随机取样结果的概率不等于 0.5。注意，上述表述中并没有出现概率大于或小于 0.5 的字样，而仅仅说概率不等于 0.5。因此，曼-惠特尼 U 检验也是双边检验。

注意，曼-惠特尼 U 检验的原假设与 t 检验的原假设不同。对于 t 检验，我们的目的是回答两组数据的总体均值是否相同（实际上也就是回答均值差异是否为 0）。然而，如果两组数据来自不同的总体分布，那么这两种检验方式都会拒绝原假设。因此，我们可以用曼-惠特尼 U 检验代替 t 检验，尤其当数据并非来自正态分布时。

为了得到 U 值，也就是曼-惠特尼统计量，我们首先需要把两组数据混合在一起，然后进行排序。如果有一些数据相等，就取这些数据排序值的均值作为它们的排序值。接下来，将排序值再分成两组（请记得保存原始数据和混合数据的对应关系），分别对每组数据的排序值（这里的排序值是混合后的排序值）求和，得到 R_1 和 R_2 并计算如下两个指标：

$$U_1 = n_1 n_2 + \frac{n_1(n_1 - 1)}{2} - R_1$$

$$U_2 = n_1 n_2 + \frac{n_2(n_2 - 1)}{2} - R_2$$

其中的较小值就是 U 值。我们也可以根据 U 值来得到 p 值，你还记得 p 值的含义和用途吗？跟前面一样，n_1 和 n_2 是两组数据的样本量。曼-惠特尼 U 检验要求每组数据至少包含 21 个样本，否则在调用 SciPy 的 mannwhitneyu 函数后，返回的结果可能是不可靠的。

我们可以对表 4-1 中的数据进行曼-惠特尼 U 检验，代码如下：

```
from scipy.stats import mannwhitneyu
u,p = mannwhitneyu(a,b)
print("(U=%0.5f, p=%0.5f)" % (u,p))
```

使用前面生成的两组数据，输出的结果如下：$U = 997.00000$，$p = 0.04058$。得到的 p 值勉强小于 0.05 的阈值。

这两组数据的均值分别是 85 和 82。将第二组数据的均值分别改为 83 和 81，这会对 p 值有什么影响呢？要改变第二组数据的均值，你只需要修改 np.random.normal 函数的第一个参数即可。曼-惠特尼 U 检验的结果如表 4-2 所示（为了方便对比，表 4-2 将 t 检验的结果也列了出来）。

表 4-2 对模拟样本进行曼-惠特尼 U 检验和 t 检验的结果

两组数据的均值	曼-惠特尼 U 检验的结果	t 检验的结果
85 和 83	U=1104.50000，p=0.15839	t=1.66543，p=0.09959
85 和 82	U=997.00000，p=0.04058	t=2.40234，p=0.01852
85 和 81	U=883.50000，p=0.00575	t=3.13925，p=0.00234

表 4-2 中的检验结果是合理的。由于当两组数据的均值更接近时，更难以将它们区分开，因此我们预期 p 值也更大。毕竟我们只有 50 个样本。随着均值差距变大，p 值会减小。当均值差异为 3 时，p 值勉强符合统计显著性要求。但是当均值差距进一步加大时，p 值将变得非常显著，这也与我们的预期一致。

于是一个问题出现了：在两组数据的均值差异较小的情况下，随着样本量的改变，p 值会怎样改变？

图 4-9 显示了当两组数据的均值分别为 85 和 84 时，曼-惠特尼 U 检验和 t 检验下 p 值（均值±标准误）关于样本量的函数，这里的每个 p 值都是重复 25 次实验的结果。

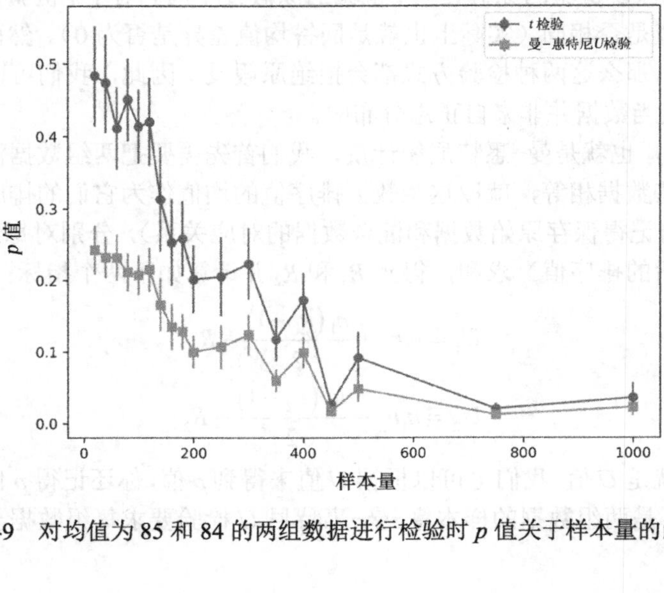

图 4-9 对均值为 85 和 84 的两组数据进行检验时 p 值关于样本量的函数

当均值差异较小时，小的数据集会导致难以对情况进行区分。同时我们可以看到，随着样本量的增大，曼-惠特尼 U 检验和 t 检验都能成功做出判断。有趣的是，从图 4-9 中可以发现，即便数据服从正态分布，曼-惠特尼 U 检验的 p 值也会比 t 检验的 p 值小，这与人们传统上的认知有些出入。

图 4-9 是用大的样本量检测真实差异的反面示例。当样本量足够大时，微弱的差异也会看起来很显著。我们需要用效果量来平衡这个因素。当每组都有 1000 个样本时，虽然有显著的 p 值，但是我们也会得到科恩 d 大约为 0.13，这表明效果量是微弱的，同时也说明利用大的样本量进行研究可能得到显著但效果微弱的结果，以至于没有任何实际意义。

4.7 小结

本章涉及那些当你在深度学习的世界中遨游时可能遇到的统计学难题。具体来说，本章首先介绍了各种数据类型以及如何使数据能够用于建模，然后介绍了描述性统计量以及如何用它们帮助我们更好地理解数据。对数据的理解在深度学习中至关重要。我们还研究了不同类型的均值，学习了如何衡量差异性，还看到了利用箱形图对数据进行可视化的方法。

缺失值的处理在深度学习中十分重要，本章介绍了如何补齐缺失数据。接下来，本章讨论了相关性，即如何发现并衡量数据集中各元素之间的关联关系。本章最后介绍了假设检验，面向深度学习中最常见的场景，我们介绍了 t 检验和曼-惠特尼 U 检验。对假设检验的学习会让你接触到 p 值，本章通过示例讨论了应该如何正确地解读 p 值。

在第 5 章，我们将离开统计学的内容，一头扎进线性代数的世界。线性代数是我们实现神经网络的工具。

第5章 线性代数

线性代数关注的是线性方程组的问题。在线性方程组中，各变量的最高次幂为 1。然而，就我们的学习目的而言，我们关注的线性代数是多维数学对象（如向量和矩阵）的计算问题。这是线性代数在深度学习中的典型用途，也是在深度学习的算法实现中对数据进行运算的核心。由于关注点不同，我们会抛开大量酷炫的数学内容。

在本章中，我将介绍深度学习中不同类型的对象，具体包括标量、向量、矩阵和张量。你会发现，这些对象其实都是不同阶数的张量。本章将从数学和符号的角度讨论张量，然后使用 NumPy 对它们进行实验。NumPy 明显是为了给 Python 添加多维数组而设计的。NumPy 虽然不完美，但它可以很好地模拟本章需要使用的数学对象。

本章将用大量篇幅介绍如何利用张量进行代数运算，这是深度学习中最为基础和重要的内容。高性能深度学习组件的很多工作就是在研究如何更有效地利用张量进行代数运算。

5.1 标量、向量、矩阵和张量

对于深度学习中的标量、向量、矩阵和张量，我会将其关联到 Python 变量和 NumPy 数组，以便用代码实现它们。接下来，我将提供一种有效的方法，把张量的概念映射到几何图形上以帮助你理解。

5.1.1 标量

即便对这个术语不熟悉，你也一定知道什么是标量。标量就是一个数字，比如 7、42 或 π。在表达式中，x 表示标量，也就是不带任何样式的变量记号。对于计算机来说，标量则是一个简单的数值变量：

```
>>> s = 66
>>> s
66
```

5

5.1.2 向量

向量是由数字构成的一维数组。在数学上，向量有水平和垂直两种列式方法。如果是水平列式，那么就是一个行向量。例如：

$$\boldsymbol{x} = \begin{bmatrix} x_0 & x_1 & x_2 \end{bmatrix} \tag{5.1}$$

其中的 $\boldsymbol{x}$ 是由 3 个元素构成的行向量。

在数学上，我们通常将向量表示为列向量：

$$\boldsymbol{y} = \begin{pmatrix} y_0 \\ y_1 \\ y_2 \\ y_3 \end{pmatrix} \tag{5.2}$$

其中的 $\boldsymbol{y}$ 包含 4 部分，$\boldsymbol{y}$ 是一个四维向量。注意，我们在式（5.1）中使用了方括号，但在式（5.2）中使用了圆括号。这两种记号都是可以的。

在代码中，我们通常使用一维数组来表示向量：

```
>>> import numpy as np
>>> x = np.array([1,2,3])
>>> print(x)
[1 2 3]
>>> print(x.reshape((3,1)))
[[1]
 [2]
 [3]]
```

上述代码通过调用 reshape 函数，将一个三元行向量转换成了列向量。

向量中的成员通常表示向量在一组坐标系中沿各个坐标轴的长度。例如，一个三元向量可以表示三维空间中的一个点。在这个三元向量中，x 是沿 x 轴的长度，y 是沿 y 轴的长度，z 是沿 z 轴的长度，这就是笛卡儿坐标系。笛卡儿坐标系用于唯一地表示整个三维空间中所有的点，比如：

$$\boldsymbol{x} = (x, y, z)$$

然而，在深度学习和机器学习领域，向量的各个成员之间通常没有严格的几何位置关系。它们用来表示特征，也就是描述样本特性的某些量。模型需要通过这些量来得到有用的输出，如分类标签或回归值。尽管如此，用来表示特征向量（特征的集合）的特征有时也是有几何含义的。例如，一些机器学习算法（如 k 近邻算法）会把特征解读为几何空间中的坐标。

在深度学习中，问题的特征空间是指由所有可能的输入构成的集合。提供给模型的训练样本需要能够有效地表示模型在使用阶段的特征空间。从这个角度讲，特征向量就是 n 维空间中的一个点，n 等于特征向量中特征的数量。

5.1.3 矩阵

矩阵是由数字构成的二维数组。例如：

$$\boldsymbol{A}=\begin{bmatrix} a_{00} & a_{01} & a_{02} & a_{03} \\ a_{10} & a_{11} & a_{12} & a_{13} \\ a_{20} & a_{21} & a_{22} & a_{23} \end{bmatrix}$$

在矩阵 $\boldsymbol{A}$ 中，各元素所处的行数和列数为下标。矩阵 $\boldsymbol{A}$ 包含 3 行 4 列，因而它被称为 3×4 的矩阵。其中，3×4 就是矩阵 $\boldsymbol{A}$ 的阶数。注意，数组的下标是从 0 开始的。矩阵在代码中是用二维数组表示的：

```
>>> A = np.array([[1,2,3],[4,5,6],[7,8,9]])
>>> print(A)
[[1 2 3]
 [4 5 6]
 [7 8 9]]
>>> print(np.arange(12).reshape((3,4)))
[[ 0  1  2  3]
 [ 4  5  6  7]
 [ 8  9 10 11]]
```

要访问矩阵 $\boldsymbol{A}$ 中的元素 a_{12}，可以使用 A[1, 2]。注意，当我们输出矩阵 $\boldsymbol{A}$ 的时候，输出结果的两边会出现两对方括号。这意味着 NumPy 把二维数组当作行向量对待，其中的每个元素也是一个向量。从 Python 的角度讲，这意味着矩阵可以视作子列表的列表，其中每个子列表的长度相同。当然，我们最初就是这样定义矩阵 $\boldsymbol{A}$ 的。向量可以视作单行或单列的矩阵。例如，一个三元列向量可以看作一个 3×1 的矩阵（即包含 3 行 1 列的矩阵）。类似地，一个四元行向量可以看作一个 1×4 的矩阵（即包含 1 行 4 列的矩阵）。

5.1.4 张量

标量是零维的，向量是一维的，矩阵是二维的。你可能会问，是不是还有更多维的情况？当然有，高于二维的数学对象称为张量。

张量的维数又称为阶数，注意不要与矩阵的阶数弄混淆。三维张量的阶数为 3。矩阵是二阶张量（阶数为 2），向量是一阶张量（阶数为 1），标量是零阶张量（阶数为 0）。等到第 9 章讨论神经网络中的数据流时，你会看到很多组件使用四阶张量（甚至更高阶的张量）。

在 Python 中，可以使用三维或更高维的 NumPy 数组来实现张量。例如，你可以像下面这样定义一个三维张量：

```
>>> t = np.arange(36).reshape((3,3,4))
>>> print(t)
```

```
[[[ 0  1  2  3]
  [ 4  5  6  7]
  [ 8  9 10 11]]

 [[12 13 14 15]
  [16 17 18 19]
  [20 21 22 23]]

 [[24 25 26 27]
  [28 29 30 31]
  [32 33 34 35]]]
```

上述代码首先使用 np.arange 定义了一个由数字 0～35 组成的向量，其中包含 36 个元素。接下来通过调用 reshape 函数，将这个数组转换成了一个 3 × 3 × 4 的张量。理解这个 3 × 3 × 4 的张量的一种方式，就是将其想象成一个由 3 张 3 × 4 的矩阵图片叠在一起的阵列。如果理解了这一点，那么下面的语句就好理解了：

```
>>> print(t[0])
[[ 0  1  2  3]
 [ 4  5  6  7]
 [ 8  9 10 11]]
>>> print(t[0,1])
[4 5 6 7]
>>> print(t[0,1,2])
6
```

访问 t[0]返回的是这个阵列的第一张 3 × 4 的矩阵图片，访问 t[0,1]返回的则是第一张图片的第二行元素。最后，当访问 t 中的单个元素时，我们使用了图片编号（0）、行数（1）以及元素在行中的索引值（2）。

将多维张量想象成从大到小依次被包含的子集，是理解张量各个维度含义的一种好方法。例如，定义如下五阶张量：

```
>>> w = np.zeros((9,9,9,9,9))
>>> w[4,1,2,0,1]
0.0
```

思考一下，访问 w[4, 1, 2, 0, 1]的意义是什么？这与具体的应用有关。例如，我们可以把 w 想象成书柜。第 1 维索引选择书柜的第几层，第 2 维索引选择这一层的哪本书，第 3 维索引选择这本书的哪一页，第 4 维索引选择这一页的第几行，第 5 维索引选择这一行的第几个字。因此，w[4, 1, 2, 0, 1]相当于访问书柜的第 5 层上第 2 本书的第 3 页中第 1 行的第 2 个字，这样你就可以理解从左到右各个维度索引的含义了。

以上书柜的类比中有一些限制。NumPy 在定义数组时需要固定维度的大小，这意味着如果 w 是书柜，那它就只能有 9 层，每层只能有 9 本书，每本书只能有 9 页，每页只能有 9 行，每行只能有 9 个字。NumPy 数组通常使用计算机的连续内存来放置变量，因此在定义数组的时候，我们需要确定数组各个维度的大小。只要固定了数组的维度大小并且指定了数据类型（如无符号整型），你就可以简单地用“基地址+偏移量”的方式计算出数组元素的内存地址。正因为如此，在访问速度上，NumPy 数组要比 Python 列表快很多。

任何低于 n 阶的张量都可以表示为 n 阶张量，只需要使缺失维度的大小为 1 即可。前面我们已经看到，m 维向量可以看作 $1 \times m$ 或 $m \times 1$ 的矩阵。这相当于把一阶张量（向量）转换为二阶张量（矩阵），方法是把缺失维度的大小置为 1。

举个极端的例子，我们甚至可以把标量（零阶张量）转换为五阶张量。

```
>>> t = np.array(42).reshape((1,1,1,1,1))
>>> print(t)
[[[[[42]]]]]
>>> t.shape
(1, 1, 1, 1, 1)
>>> t[0,0,0,0,0]
42
```

上述代码使用 reshape 函数将标量 42 转换成了一个五阶张量（五维数组），各个维度的大小为 1。注意，NumPy 通过“[[[[[42]]]]]”向我们指明了这个张量有 5 个维度。输出结果也证明了这是一个五阶张量。最后，既然是张量，当然也就可以通过指定所有维度的索引来访问其中唯一的元素：t[0, 0, 0, 0, 0]。我们经常使用这一技巧来新增大小为 1 的维度。实际上，NumPy 提供了直接实现该功能的函数，你在后面使用深度学习组件时会接触到。

```
>>> t = np.array([[1,2,3],[4,5,6]])
>>> print(t)
[[1 2 3]
 [4 5 6]]
>>> w = t[np.newaxis,:,:]
>>> w.shape
(1, 2, 3)
>>> print(w)
[[[1 2 3]
  [4 5 6]]]
```

上述代码使用 np.newaxis 为 t 创建了一个大小为 1 的新维度，于是二阶张量（矩阵）被转换为三阶张量并被赋值给 w。执行 w.shape 语句后，返回的是(1, 2, 3)而不是(2, 3)。

三阶以下的张量都有几何上的对应关系（见表 5-1），这有助于我们理解不同阶的张量之间的关系。

表 5-1　三阶以下的张量之间的关系

阶数(维度数)	张量名	几何对象名
0	标量	点
1	向量	线
2	矩阵	面
3	张量	体

注意，由于三阶张量没有什么特殊的称谓，因此我在表 5-1 中直接称之为张量。

本节定义了深度学习中有关多维数组的数学对象，我们的定义方式与代码的实现方式是一致的。利用这些定义，我们可以省去大量的数学运算，而仅保留理解深度学习需要的内容。接下来，我们看看如何在表达式中使用这些张量。

5.2　用张量进行代数运算

本节旨在详细阐述如何用张量进行代数运算。我们重点关注一阶张量（向量）和二阶张量

（矩阵）。本节假定你对标量的计算已经非常熟悉。

我将从数组运算讲起，这里的数组运算指的是在 NumPy 这类组件中，按元素对数组的每一维进行操作的运算。接下来，我会专门介绍针对向量的运算类型，这些内容用于为关键的矩阵运算搭建舞台。最后，我将讨论矩阵运算的内容。

5.2.1 数组运算

到目前为止，我们使用 NumPy 组件的方式表明了所有针对标量的初等数学运算也都能用在多维数组的世界，其中包括加减乘除、指数等初等运算，还包括对数组执行的函数变换等。在这些情况下，标量运算都是按元素作用于数组上的。围绕下面这个例子，我将展开后续内容。我们还会探究 NumPy 的一些广播规则，这些内容目前我们还没有涉及。

5

下面先定义几个数组：

```
>>> a = np.array([[1,2,3],[4,5,6]])
>>> b = np.array([[7,8,9],[10,11,12]])
>>> c = np.array([10,100,1000])
>>> d = np.array([10,11])
>>> print(a)
[[1 2 3]
 [4 5 6]]
>>> print(b)
[[ 7  8  9]
 [10 11 12]]
>>> print(c)
[  10  100 1000]
>>> print(d)
[10 11]
```

当数组的大小完全匹配时，按元素进行代数运算是很简单的：

```
>>> print(a+b)
[[ 8 10 12]
 [14 16 18]]
>>> print(a-b)
[[-6 -6 -6]
 [-6 -6 -6]]
>>> print(a*b)
[[ 7 16 27]
 [40 55 72]]
>>> print(a/b)
[[0.14285714 0.25       0.33333333]
 [0.4        0.45454545 0.5       ]]
>>> print(b**a)
[[      7      64     729]
 [  10000  161051 2985984]]
```

上面的输出结果都很好解释：NumPy 会在对应位置的元素之间完成指定的代数运算。两个矩阵按元素相乘称为阿达马积（你在深度学习中会经常看到这个术语）。

NumPy 对按元素运算的思想进行了扩展，这就是广播。在进行广播的时候，NumPy 会基于一些规则，让一个数组遍历另一个数组以得到有意义的结果。

其实你已经看到过一个广播的例子，当我们使用标量与数组运算时，实际上就是将标量广播给数组中的每一个值。

作为第一个例子，你可以看到，在下面的代码中，虽然 a 是一个 2 × 3 的矩阵，但是 NumPy 可以用它与三元向量 c 进行运算，这里就用到了广播：

```
>>> print(a+c)
[[ 11 102 1003]
 [ 14 105 1006]]
>>> print(c*a)
[[ 10 200 3000]
 [ 40 500 6000]]
>>> print(a/c)
[[0.1 0.02 0.003]
 [0.4 0.05 0.006]]
```

三元向量 c 被广播给 2 × 3 的矩阵 a 中的每一行。当 NumPy 发现三元向量 c 和矩阵 a 的最后几维相同时，就会用三元向量 c 遍历整个矩阵 a。当你阅读深度学习领域的一些 Python 源码时，你会经常看到这类操作。有时候，你需要思考一下自己在做什么。当无法确定时，你可以利用 Python 命令行做一些实验。

那么，能否用二元向量 d 对 2 × 3 的矩阵 a 进行广播呢？如果直接按照上面使用三元向量 c 对矩阵 a 进行广播的方式，系统就会报错：

```
>>> print(a+d)
Traceback (most recent call last):
    File "<stdin>", line 1, in <module>
ValueError: operands could not be broadcast together with shapes (2,3) (2,)
```

好在 NumPy 提供了适用于一维输入广播机制的方案。虽然 d 是一个二元向量，但如果我们把 d 转换成一个 2 × 1 的二维数组，NumPy 就可以用它进行广播了：

```
>>> d = d.reshape((2,1))
>>> d.shape
(2, 1)
>>> print(a+d)
[[11 12 13]
 [15 16 17]]
```

现在，NumPy 把 d 加到了矩阵 a 的每一列上。

5.2.2　向量运算

在代码中，向量被表示为数字的集合，每个数字可以视作某一坐标的取值。在这里，我们定义几个专用于向量的运算符。

1. 模长

在几何上，我们可以把向量看作含有方向和大小的量。向量的大小又称为向量的模长。对于 n 元向量 $\boldsymbol{x}$ 来说，模长的计算公式为

$$\|\boldsymbol{x}\| = \sqrt{x_0^2 + x_1^2 + \cdots + x_{n-1}^2} \tag{5.3}$$

在式（5.3）中，向量 $\boldsymbol{x}$ 两边的双竖杠表示向量的模长。向量的模长有时也用单竖杠来表示。但由于单竖杠也可以表示绝对值，因此我们通常需要结合上下文来解读单竖杠的含义。

那么式（5.3）是怎么来的呢？考虑二维向量 $\boldsymbol{x} = (x, y)$。如果 x 和 y 是二维向量 $\boldsymbol{x}$ 沿 x 轴和

y 轴方向的长度，那么 x 和 y 便构成了一个直角三角形的两条直角边，这个直角三角形的斜边长度就是向量的长度。因此，根据毕达哥拉斯或古巴比伦人的理论[①]，这一长度为 $\sqrt{x^2+y^2}$ 。将上述情形推广到 n 元向量，于是就有了式（5.3）。

2. 单位向量

在学会计算向量的模长之后，下面介绍向量的一种很有用的表示形式，名为单位向量。如果将向量中的各个元素除以向量的模长，就可以得到一个方向不变且大小为 1 的向量，这就是单位向量。对于向量 $\boldsymbol{v}$ 而言，其单位向量是

$$\hat{\boldsymbol{v}} = \frac{\boldsymbol{v}}{\|\boldsymbol{v}\|}$$

向量顶部的“帽子”符号表示这是单位向量。让我们看一个具体的例子。以向量 $\boldsymbol{v} = (2, -4, 3)$ 为例，其单位向量是

$$\hat{\boldsymbol{v}} = \frac{(2,-4,3)}{\sqrt{2^2+(-4)^2+3^2}} = \left(\frac{2}{\sqrt{29}},\frac{-4}{\sqrt{29}},\frac{3}{\sqrt{29}}\right) \approx (0.3714,-0.7428,0.5571)$$

用于计算这个单位向量的代码如下：

```
>>> v = np.array((2, -4, 3))
>>> u = v / np.sqrt((v*v).sum())
>>> print(u)
[ 0.37139068 -0.74278135 0.55708601 ]
```

上述代码利用了向量的按元素相乘的特性，让向量 $\boldsymbol{v}$ 乘以自身，便可得到其中每个元素的平方项。然后调用 sum 函数，得到所有元素的平方和，从而计算出向量的模长。

3. 向量的转置

前面曾提到，行向量可以视为 $1 \times n$ 的矩阵，列向量可以视为 $n \times 1$ 的矩阵。将行向量转为列向量，或者执行相反的操作（也就是将列向量转为行向量），就是向量的转置。你将在第 6 章中看到矩阵如何转置。我们将向量（视为矩阵）$\boldsymbol{y}$ 的转置记为 $\boldsymbol{y}^{\mathrm{T}}$。于是有

$$\boldsymbol{x} = [x_0 \ x_1 \ x_2]$$

$$\boldsymbol{x}^{\mathrm{T}} = \begin{bmatrix} x_0 \\ x_1 \\ x_2 \end{bmatrix}$$

$$\boldsymbol{y} = \begin{bmatrix} y_0 \\ y_1 \\ y_2 \end{bmatrix}$$

$$\boldsymbol{y}^{\mathrm{T}} = [y_0 \ y_1 \ y_2]$$

$$(\boldsymbol{z}^{\mathrm{T}})^{\mathrm{T}} = \boldsymbol{z}$$

① 该理论在中国亦有记载，即勾股定理。——编者注

当然，向量的转置并非仅限于三元向量。

在代码中，有多种方式可以实现向量的转置。你在前面已经看到过，可以使用 reshape 函数将向量转为 $1 \times n$ 或 $n \times 1$ 的矩阵。当然，这一点通过调用 transpose 函数或其化简形式也可以做到。下面我们来看看这三种方式的具体示例。首先定义一个三元的 NumPy 向量，记为 v，然后使用 reshape 函数将这个向量转为 3×1 的列向量和 1×3 的行向量。

```
>>> v = np.array([1,2,3])
>>> print(v)
[1 2 3]
>>> print(v.reshape((3,1)))
[[1]
 [2]
 [3]]
>>> print(v.reshape((1,3)))
[[1 2 3]]
```

注意调用 reshape((1, 3))前后输出结果上的差异。后者在输出结果的两边加了两对方括号，这表明第一维的大小为 1。

接下来使用 transpose 函数对向量 v 进行转置：

```
>>> print(v.transpose())
[1 2 3]
>>> print(v.T)
[1 2 3]
```

我们发现在调用 transpose 函数后，向量 v 并没有发生改变。这是因为向量 v 的 shape 是 3 而不是(1, 3)或(3, 1)。如果显式地将向量 v 转为 1×3 的矩阵，然后调用 transpose 函数，则输出结果如下：

```
>>> v = v.reshape((1,3))
>>> print(v.transpose())
[[1]
 [2]
 [3]]
>>> print(v.T)
[[1]
 [2]
 [3]]
```

正如我们所料，向量 v 从行向量变成了列向量。我们需要时刻小心 NumPy 代码中向量的实际维度。虽然大多数时候我们可以忽略这些细节，但有时我们必须非常细心地弄清楚原始向量、行向量和列向量的区别。

4. 内积

最“著名”的向量运算可能就是计算内积（标量积、点乘）了。两个向量的内积记为

$$\boldsymbol{a} \cdot \boldsymbol{b} = \langle \boldsymbol{a}, \boldsymbol{b} \rangle = \boldsymbol{a}^{\mathrm{T}} \boldsymbol{b}$$

$$= \sum_{k=0}^{n-1} a_k b_k \tag{5.4}$$

$$= \|\boldsymbol{a}\| \|\boldsymbol{b}\| \cos\theta \tag{5.5}$$

这里的 θ 表示几何上两个向量之间的夹角。内积的结果为标量。记号 $\langle \boldsymbol{a}, \boldsymbol{b} \rangle$ 十分常见，虽然

$\boldsymbol{a} \cdot \boldsymbol{b}$ 似乎更常见于深度学习领域的文献中。$\boldsymbol{a}^{\mathrm{T}}\boldsymbol{b}$ 这种矩阵相乘的表示方式则更加明确地体现了内积的计算方法，相关的内容我们留到矩阵运算的后面再进行介绍。就目前来说，你只需要理解求和式就足够了：内积等于两个 n 元向量按元素相乘后求和的结果。

向量与自身做内积可以得到模长：

$$\boldsymbol{a} \cdot \boldsymbol{a} = \|\boldsymbol{a}\|^2$$

内积既满足交换律

$$\boldsymbol{a} \cdot \boldsymbol{b} = \boldsymbol{b} \cdot \boldsymbol{a}$$

也满足分配律

$$\boldsymbol{a} \cdot (\boldsymbol{b} + \boldsymbol{c}) = \boldsymbol{a} \cdot \boldsymbol{b} + \boldsymbol{a} \cdot \boldsymbol{c}$$

但是内积不满足结合律，因为前一个内积的结果是标量而不是向量，所以与后一个向量进行的是标量和向量的运算，这不是内积运算。

最后，注意当夹角为 90° 时，向量间的内积为 0，因为 $\cos\theta$ 为 0［根据式（5.5）］。这意味着相互垂直或正交的两个向量内积为 0。

让我们来看一些向量内积的例子。使用如下代码实现式（5.4）：

```
>>> a = np.array([1,2,3,4])
>>> b = np.array([5,6,7,8])
>>> def inner(a,b):
...     s = 0.0
...     for i in range(len(a)):
...       s += a[i]*b[i]
...     return s
...
>>> inner(a,b)
70.0
```

在上述代码中，a 和 b 是 NumPy 数组，因此我们有如下更高效的方案：

```
>>> (a*b).sum()
70
```

可能最高效的方式就是让 NumPy 为我们做一切，如下所示：

```
>>> np.dot(a,b)
70
```

你将在深度学习领域的代码中频繁看到 np.dot 函数，很快你就会明白，np.dot 函数实现的不仅仅是内积。

式（5.5）告诉我们，两个向量间的夹角为

$$\theta = \arccos \frac{\boldsymbol{a} \cdot \boldsymbol{b}}{\|\boldsymbol{a}\| \|\boldsymbol{b}\|}$$

实现代码如下：

```
>>> A = np.sqrt(np.dot(a,a))
>>> B = np.sqrt(np.dot(b,b))
>>> t = np.arccos(np.dot(a,b)/(A*B))
>>> t*(180/np.pi)
14.335170291600924
```

这说明向量 $\boldsymbol{a}$ 和 $\boldsymbol{b}$ 的夹角大约为 14°（这里将弧度转换成了角度）。

考虑三维空间中的向量，垂直向量的点乘结果为 0，这意味着它们的夹角为 90°：

```
>>> a = np.array([1,0,0])
>>> b = np.array([0,1,0])
>>> np.dot(a,b)
0
>>> t = np.arccos(0)
>>> t*(180/np.pi)
90.0
```

上面的输出结果是正确的，因为 $\boldsymbol{a}$ 是沿 x 轴的单位向量，$\boldsymbol{b}$ 是沿 y 轴的单位向量，它们之间的夹角为直角。

5. 投影

将一个向量投影到另一个向量上，就是计算前者在后者的方向上有多少分量。向量 $\boldsymbol{a}$ 在向量 $\boldsymbol{b}$ 上的投影为

$$\mathrm{proj}_{\boldsymbol{b}}\,\boldsymbol{a}=\frac{\boldsymbol{a}\cdot\boldsymbol{b}}{\|\boldsymbol{b}\|^2}\boldsymbol{b}$$

图 5-1 解释了二维向量投影的几何含义。

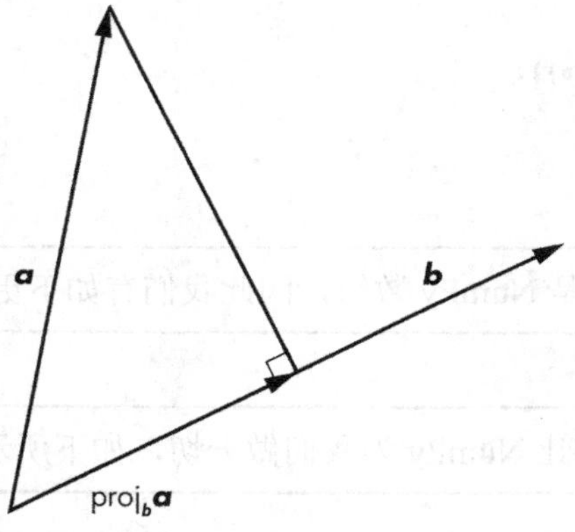

图 5-1　将向量 $\boldsymbol{a}$ 投影到向量 $\boldsymbol{b}$ 上的几何含义

投影的过程就是找出向量 $\boldsymbol{a}$ 在向量 $\boldsymbol{b}$ 方向上的分量。注意向量 $\boldsymbol{a}$ 在向量 $\boldsymbol{b}$ 上的投影不同于向量 $\boldsymbol{b}$ 在向量 $\boldsymbol{a}$ 上的投影。

由于投影公式中的分子是内积，因此如果两个向量相互正交，那么其中一个向量在另一个向量上的投影为 0。换言之，前者在后者方向上没有分量，请你结合 x 轴和 y 轴思考一下。我们使用笛卡儿坐标系的原因就是二维空间中的两个坐标或者三维空间中的三个坐标之间互相正交，任何一个坐标在其他坐标方向上的分量都是 0。这使得我们能够使用从原点到任何一点的向量来表示该点的位置。等到第 6 章讨论特征向量和主成分分析（Principal Component Analysis，PCA）时，你会看到类似这种将对象分解为相互正交的各个分量的更多例子。

使用代码实现投影的过程也很简单，请看下面的两个例子。

```
>>> a = np.array([1,1])
>>> b = np.array([1,0])
>>> p = (np.dot(a,b)/np.dot(b,b))*b
>>> print(p)
[1. 0.]
>>> c = np.array([-1,1])
>>> p = (np.dot(c,b)/np.dot(b,b))*b
>>> print(p)
[-1. -0.]
```

在第一个例子中，a 指向 x 轴上方 45° 的方向，b 指向 x 轴的正方向，因此我们预期 a 在 b 方向上的投影也应该指向 x 轴。在第二个例子中，c 指向 x 轴上方 90° + 45° = 135°的方向，因此我们预期 c 在 b 方向上的分量应该指向 x 轴的反方向。

注意

观察 c 在 b 方向上的投影可以发现，y 轴的取值为−0。这个负号是 IEEE 754 浮点数标准中的神奇规定，这一规定允许浮点数在指数部分和小数部分都为 0 时，依然可以有符号，这导致我们时常看到−0 的出现。关于计算机数值格式的详细信息，你可以参考 *Numbers and Computers*（Springer-Verlag，2017）这本书。

6. 外积

两个向量的内积返回一个标量，两个向量的外积（并矢积）则返回一个矩阵。不同于内积运算，外积运算不要求两个向量有相同数量的元素。具体来说，将包含 m 个元素的向量 $\boldsymbol{a}$ 与包括 n 个元素的向量 $\boldsymbol{b}$ 做外积，结果为由向量 $\boldsymbol{a}$ 中的每一个元素与向量 $\boldsymbol{b}$ 中的每一个元素相乘后得到的矩阵：

$$\boldsymbol{a} \otimes \boldsymbol{b} = \boldsymbol{a}\boldsymbol{b}^{\mathrm{T}} = \begin{bmatrix} a_0b_0 & a_0b_1 & a_0b_2 & \cdots & a_0b_{n-1} \\ a_1b_0 & a_1b_1 & a_1b_2 & \cdots & a_1b_{n-1} \\ \vdots & \vdots & \vdots & & \vdots \\ a_{m-1}b_0 & a_{m-1}b_1 & a_{m-1}b_2 & \cdots & a_{m-1}b_{n-1} \end{bmatrix}$$

记号 $\boldsymbol{a}\boldsymbol{b}^{\mathrm{T}}$ 说明了向量外积的计算过程。请注意外积符号 $\boldsymbol{a}\boldsymbol{b}^{\mathrm{T}}$ 与内积符号 $\boldsymbol{a}^{\mathrm{T}}\boldsymbol{b}$ 的区别，但它们都假定 $\boldsymbol{a}$ 和 $\boldsymbol{b}$ 是列向量。关于外积，目前还没有统一的表示符号，主要原因可能在于这种矩阵相乘的形式已经足够方便，部分原因可能在于外积的运用没有内积那么广泛。不过，我们有时还是能看到用“⊗”表示外积运算符的情况。

NumPy 提供了专门用于计算外积的函数 np.outer：

```
>>> a = np.array([1,2,3,4])
>>> b = np.array([5,6,7,8])
>>> np.dot(a,b)
70
>>> np.outer(a,b)
array([[ 5,  6,  7,  8],
       [10, 12, 14, 16],
       [15, 18, 21, 24],
       [20, 24, 28, 32]])
```

这里仍使用之前内积运算中用到的向量 $\boldsymbol{a}$ 和 $\boldsymbol{b}$。正如我们所料，np.dot 函数返回 $\boldsymbol{a}\cdot\boldsymbol{b}$ 的标量结果。np.outer 函数则返回一个 4 × 4 的矩阵，其中的每一行分别是向量 $\boldsymbol{b}$ 依次与向量 $\boldsymbol{a}$ 中每一

个元素相乘的结果。因此，向量 $\boldsymbol{a}$ 中的每个元素都与向量 $\boldsymbol{b}$ 中的每个元素做了一次乘积。由于两个向量的大小都是 4，因此我们最终得到一个 4×4 的矩阵。

笛卡儿积

两个向量的外积与两个集合 A 和 B 的笛卡儿积直接对应。笛卡儿积的结果是一个新的集合，其中的每一个元素都是集合 A 和 B 中所有元素的可能配对。因此，如果 $A=\{1, 2, 3, 4\}$、$B=\{5, 6, 7, 8\}$，则笛卡儿积的结果为

$$A\times B=\{(a,b)\mid a\in A, b\in B\}$$

$$\text{对应矩阵}\begin{pmatrix}(1,5) & (1,6) & (1,7) & (1,8)\\(2,5) & (2,6) & (2,7) & (2,8)\\(3,5) & (3,6) & (3,7) & (3,8)\\(4,5) & (4,6) & (4,7) & (4,8)\end{pmatrix}$$

你可以看到，如果将矩阵中的每一项替换为每对元素的乘积，即可得到 np.outer 函数返回的外积结果。另请注意，在集合运算中，符号“×”通常表示笛卡儿积。

在深度学习中，外积的这种将输入的所有组合融合到一起的能力，经常被用在神经网络协同过滤和视觉问答系统中。在一些基于高级神经网络实现的推荐系统或基于图片的问答系统中，就会用到这些运算。在这些应用中，外积运算会出现在对不同词嵌入进行混合的场景中。词嵌入是神经网络浅层产生的向量，例如在传统的卷积神经网络中，Softmax 层之前的最后一个全连接层的输出就可以作为词嵌入。词嵌入层通常可以看作神经网络对输入学到的新的表征，或者视为将一个复杂的输入（如图像）映射到某低维空间。

7. 叉积

叉积是定义在三维空间中的。向量 $\boldsymbol{a}$ 和 $\boldsymbol{b}$ 叉积（矢量积）的结果是一个新的向量，这个向量垂直于包含向量 $\boldsymbol{a}$ 和 $\boldsymbol{b}$ 的平面。注意，这并不是说向量 $\boldsymbol{a}$ 和 $\boldsymbol{b}$ 是相互垂直的。叉积的定义如下：

$$\begin{aligned}\boldsymbol{a}\times\boldsymbol{b} &= \|\boldsymbol{a}\|\,\|\boldsymbol{b}\|\sin(\theta)\hat{\boldsymbol{n}}\\ &= (a_1b_2-a_2b_1, a_0b_2-a_2b_0, a_0b_1-a_1b_0)\end{aligned} \tag{5.6}$$

其中，$\hat{\boldsymbol{n}}$ 为单位向量，θ 为向量 $\boldsymbol{a}$ 和 $\boldsymbol{b}$ 之间的夹角。单位向量 $\hat{\boldsymbol{n}}$ 的方向可根据右手法则来确定：举起右手并使拇指、食指、中指张开且相互垂直，将食指指向向量 $\boldsymbol{a}$ 的方向，并将中指指向向量 $\boldsymbol{b}$ 的方向，此时拇指指向的方向即为单位向量 $\hat{\boldsymbol{n}}$ 的方向。式（5.6）给出了叉积结果在三维空间中的表示形式。

NumPy 是通过 np.cross 函数实现叉积运算的，请看下面的两个例子。

```
>>> a = np.array([1,0,0])
>>> b = np.array([0,1,0])
>>> print(np.cross(a,b))
[0 0 1]
>>> c = np.array([1,1,0])
>>> print(np.cross(a,c))
[0 0 1]
```

在第一个例子中，向量 $\boldsymbol{a}$ 指向 x 轴，向量 $\boldsymbol{b}$ 指向 y 轴，因而我们能猜到向量 $\boldsymbol{a}$ 和向量 $\boldsymbol{b}$ 的叉积结果会与这两个坐标轴垂直，结果也确实如此，叉积得到的向量指向 z 轴。第二个例子则表明两个向量是否垂直与它们的叉积结果无关，虽然向量 $\boldsymbol{c}$ 与 x 轴成 45° 角，但是向量 $\boldsymbol{a}$ 和向量 $\boldsymbol{c}$ 仍然位于 xOy 平面，因而叉积得到的向量依然指向 z 轴。

叉积的定义用到 $\sin\theta$，点乘的定义则用到 $\cos\theta$。当两个向量垂直时，它们的点乘结果为 0。但是对于叉积，当两个向量平行时，它们的叉积结果为 $\mathbf{0}$；并且当两个向量垂直时，它们的叉积的模长最大。在上面的第二个例子中，由于向量 $\boldsymbol{c}$ 的模长为 $\sqrt{2}$ 而 $\sin 45^\circ = \sqrt{2}/2 = 1/\sqrt{2}$，于是公因数 $\sqrt{2}$ 被约掉，因此叉积得到的向量的模长为 1，这是一个单位向量。

叉积已被广泛应用于物理学和其他科学领域，但由于叉积仅限于三维空间，因此叉积在深度学习领域的应用较少。尽管如此，你还是应该熟悉叉积，以免在阅读深度学习的相关文献时犯错。

讲完了向量运算的内容，现在让我们离开一维世界，走进深度学习领域最为重要的运算类型——矩阵乘法。

5.2.3 矩阵乘法

前面介绍了向量乘积的多种形式，如阿达马积、内积（点乘）、外积和叉积。在本节中，我们将研究矩阵乘法。请记住，行向量和列向量本身也是矩阵。

1. 矩阵乘法的性质

我很快会给出矩阵乘法的定义，但在此之前，我们先来看看矩阵乘法都有哪些性质。令 $\boldsymbol{A}$、$\boldsymbol{B}$、$\boldsymbol{C}$ 表示矩阵。这里遵循代数中的书写传统：写在一起的元素表示相乘。首先，矩阵乘法满足结合律：

$$(\boldsymbol{AB})\boldsymbol{C} = \boldsymbol{A}(\boldsymbol{BC})$$

其次，矩阵乘法满足分配律：

$$\boldsymbol{A}(\boldsymbol{B}+\boldsymbol{C}) = \boldsymbol{AB}+\boldsymbol{AC} \tag{5.7}$$

$$(\boldsymbol{A}+\boldsymbol{B})\boldsymbol{C} = \boldsymbol{AC}+\boldsymbol{BC} \tag{5.8}$$

但是，矩阵乘法通常不满足交换律。

可以看出，式（5.8）中的矩阵右乘求和式与式（5.7）中的矩阵左乘求和式的结果不同。这里之所以把式（5.7）和式（5.8）放到一起展示，就是为了说明矩阵乘法可以从左边或右边进行，但是结果不同。

2. 对两个矩阵进行乘法运算

在计算 $\boldsymbol{AB}$ 时，由于矩阵 $\boldsymbol{A}$ 在左，矩阵 $\boldsymbol{B}$ 在右，因此首先需要保证矩阵的形状是匹配的。只有当矩阵 $\boldsymbol{A}$ 的列数与矩阵 $\boldsymbol{B}$ 的行数相等时，才能对这两个矩阵进行乘法运算。如果矩阵 $\boldsymbol{A}$ 的大小为 $n \times m$，而矩阵 $\boldsymbol{B}$ 的大小为 $m \times k$，那么矩阵 $\boldsymbol{A}$ 和矩阵 $\boldsymbol{B}$ 可以相乘，结果将是一个大小为 $n \times k$ 的新矩阵。

矩阵的乘法运算需要对 $\boldsymbol{A}$ 的行向量和 $\boldsymbol{B}$ 的列向量进行一系列的内积运算。图 5-2 展示了 3×3 的矩阵 $\boldsymbol{A}$ 与 3×2 的矩阵 $\boldsymbol{B}$ 的相乘过程。

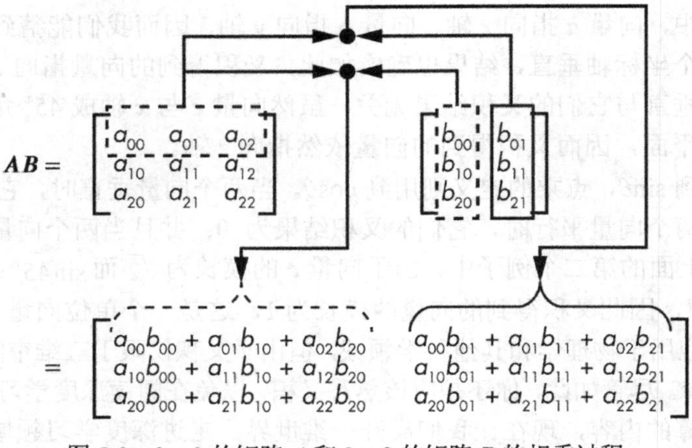

图 5-2　3 × 3 的矩阵 $\boldsymbol{A}$ 和 3 × 2 的矩阵 $\boldsymbol{B}$ 的相乘过程

观察图 5-2，结果矩阵的第一行中的每个元素分别来自矩阵 $\boldsymbol{A}$ 中第一行元素和矩阵 $\boldsymbol{B}$ 中每一列元素的内积。仔细观察结果矩阵的第一行，第一个元素是矩阵 $\boldsymbol{A}$ 中第一行元素和矩阵 $\boldsymbol{B}$ 中第一列元素的内积，第二个元素则是矩阵 $\boldsymbol{A}$ 中第一行元素和矩阵 $\boldsymbol{B}$ 中第二列元素的内积。

下面让我们用一个真实的例子来说明两个矩阵相乘的过程。

$$\boldsymbol{AB} = \begin{bmatrix} 1 & 2 & 3 \\ 4 & 5 & 6 \\ 7 & 8 & 9 \end{bmatrix}\begin{bmatrix} 11 & 22 \\ 33 & 44 \\ 55 & 66 \end{bmatrix}$$
$$= \begin{bmatrix} 1\times11+2\times33+3\times55 & 1\times22+2\times44+3\times66 \\ 4\times11+5\times33+6\times55 & 4\times22+5\times44+6\times66 \\ 7\times11+8\times33+9\times55 & 7\times22+8\times44+9\times66 \end{bmatrix}$$
$$= \begin{bmatrix} 242 & 308 \\ 539 & 704 \\ 836 & 1100 \end{bmatrix}$$

注意，$\boldsymbol{AB}$ 是有定义的，但是 $\boldsymbol{BA}$ 没有，因为无法用 3 × 2 的矩阵乘以 3 × 3 的矩阵，矩阵 $\boldsymbol{B}$ 的列数必须与矩阵 $\boldsymbol{A}$ 的行数相同。

思考矩阵乘法的另一种方式，就是考虑构成输出矩阵的元素如何由输入元素计算得到。例如，用 $n \times m$ 的矩阵 $\boldsymbol{A}$ 乘以 $m \times p$ 的矩阵 $\boldsymbol{B}$，结果为 $n \times p$ 的矩阵 $\boldsymbol{C}$，矩阵 $\boldsymbol{C}$ 中每一个元素的计算公式为

$$c_{ij} = \sum_{k=0}^{m-1} a_{ik} b_{kj} \tag{5.9}$$

其中，$i = 0, \cdots, n-1$；$j = 0, \cdots, p-1$。在这个例子中，$c_{21} = a_{20}b_{01} + a_{21}b_{11} + a_{22}b_{21}$，这相当于对式（5.9）取 $i = 2$、$j = 1$ 以及 $k = 0, 1, 2$。

式（5.9）给出了矩阵 $\boldsymbol{C}$ 中单个元素的计算方法。如果遍历 i 和 j，则可以得到整个输出矩阵，这提供了矩阵乘法的一种简单实现方式：

```
def matrixmul(A,B):
    I,K = A.shape
    J = B.shape[1]
    C = np.zeros((I,J), dtype=A.dtype)
    for i in range(I):
        for j in range(J):
            for k in range(K):
                C[i,j] += A[i,k]*B[k,j]
    return C
```

matrixmul 函数假定传入的参数是形状匹配的两个矩阵。上述代码首先为输出矩阵 C 设定了行数（I）和列数（J），它们将组成循环遍历矩阵 C 的区间。然后为矩阵 C 指定与矩阵 A 相同的数据类型。接下来执行三层循环。第一层循环遍历 i 以访问输出的每一行，第二层循环遍历 j 以访问每一行的每一列，最内层的循环则遍历 k，从而按照式（5.9）访问矩阵 A 和 B 中的每一个元素。当所有的循环都结束时，返回矩阵 C。

matrixmul 函数虽然能够正确地完成矩阵的乘法运算，但从实现的角度看有些过于简单。有很多高级的实现版本在编译时经过了高度优化。后面你会看到，NumPy 支持高度优化的矩阵乘法编译代码库，其性能远超这里的简单实现版本。

3. 内积和外积的矩阵表示形式

至此，你应该已经能够理解两个向量的内积 $\boldsymbol{a}^{\mathrm{T}}\boldsymbol{b}$ 和外积 $\boldsymbol{a}\boldsymbol{b}^{\mathrm{T}}$ 的矩阵表示形式了。

对于内积，用的是转置后的 $1 \times n$ 的行向量乘以 $n \times 1$ 的列向量。根据矩阵乘法法则，两者内积的结果为 1×1 的矩阵，也就是一个标量。注意矩阵 $\boldsymbol{a}$ 和 $\boldsymbol{b}$ 都必须包含 n 个元素。

对于外积，用的是 $n \times 1$ 的列向量乘以 $1 \times m$ 的行向量，两者外积的结果为 $n \times m$ 的矩阵。当 $m = n$ 时，结果为 $n \times n$ 的矩阵。行数和列数相同的矩阵称为方阵，你在第 6 章会看到关于方阵的一些特殊性质。

在利用矩阵乘法法则计算两个向量 $\boldsymbol{a}$ 和 $\boldsymbol{b}$ 的外积时，需要用 $\boldsymbol{a}$ 中的各行元素分别乘以 $\boldsymbol{b}$ 中的各列元素，得到各个行向量：

$$\boldsymbol{a}\boldsymbol{b}^{\mathrm{T}} = \begin{bmatrix} a_0 \\ a_1 \\ a_2 \end{bmatrix} \begin{bmatrix} b_0 & b_1 & b_2 \end{bmatrix} = \begin{bmatrix} a_0b_0 & a_0b_1 & a_0b_2 \\ a_1b_0 & a_1b_1 & a_1b_2 \\ a_2b_0 & a_2b_1 & a_2b_2 \end{bmatrix}$$

用 $\boldsymbol{b}^{\mathrm{T}}$ 的每一列对应的标量数值分别遍历 $\boldsymbol{a}$ 中的每一行元素，输出结果由这两个向量的所有元素的两两可能组合构成。

在了解了如何手动进行矩阵的乘法运算以后，下面我们来看看 NumPy 对矩阵乘法提供的支持。

4. NumPy 对矩阵乘法提供的支持

NumPy 提供了两个用于矩阵乘法的函数。其中一个函数是 np.dot，我们之前曾用它计算向量的内积。另一个函数是 np.matmul，在 Python 的 3.5 版本及后续版本中，这个函数等价于二元操作符@。无论使用其中哪一种方式，计算结果都是一样的。但有时候，NumPy 在处理一维数组以及行向量或列向量时会有所区别。

我们可以利用 shape 函数来判断 NumPy 数组是一维数组还是行向量或列向量，如代码清单 5-1 所示。

代码清单 5-1：NumPy 向量

```
>>> av = np.array([1,2,3])
>>> ar = np.array([[1,2,3]])
>>> ac = np.array([[1],[2],[3]])
>>> av.shape
(3,)
>>> ar.shape
(1, 3)
>>> ac.shape
(3, 1)
```

虽然 av、ar、ac 都包含 3 个元素（数字 1、2 和 3），但一维数组 av、行向量 ar、列向量 ac 的形状各不相同。

下面我通过一些实验来帮助你理解 NumPy 是如何实现矩阵乘法的。我将使用 np.dot 函数进行实验，结果与使用 np.matmul 函数或@操作符是相同的。过程如下：首先定义一系列向量和矩阵，然后使用 np.dot 函数对它们的各种组合进行运算并查看输出结果如何。如果输入的形状不匹配，就会导致未定义运算错误。

用于创建数组、向量和矩阵的代码如下：

```
a1 = np.array([1,2,3])
ar = np.array([[1,2,3]])
ac = np.array([[1],[2],[3]])
b1 = np.array([1,2,3])
br = np.array([[1,2,3]])
bc = np.array([[1],[2],[3]])
A = np.array([[1,2,3],[4,5,6],[7,8,9]])
B = np.array([[9,8,7],[6,5,4],[3,2,1]])
```

如果还记得代码清单 5-1 的例子，那么这里的各个对象的形状应该很容易看出来。上述代码还定义了两个 3 × 3 的矩阵。

下面的辅助函数 dot 用于封装对 NumPy 的调用，以便捕获任意错误类型。

```
def dot(a,b):
    try:
        return np.dot(a,b)
    except:
        return "fails"
```

dot 函数将调用 np.dot，如果调用失败，就返回“fails”。表 5-2 列出了以不同数据类型为参数调用 dot 或 matmul 函数的结果。

表 5-2　以不同数据类型为参数调用 dot 或 matmul 函数的结果

参数	调用结果
a1, b1	14（标量）
a1, br	fails
a1, bc	[14]（向量）

续表

参数	调用结果
ar, b1	[14]（向量）
ar, br	fails
ar, bc	[14]（1×1 的矩阵）
ac, b1	fails
ac, br	$\begin{bmatrix}1 & 2 & 3\\2 & 4 & 6\\3 & 6 & 9\end{bmatrix}$（外积）
ac, bc	fails
A, a1	[14 32 50]（向量）
A, ar	fails
A, ac	$\begin{bmatrix}14\\32\\50\end{bmatrix}$
a1, A	[30 36 42]（向量）
ar, A	[30 36 42]（1×3 的矩阵）
ac, A	fails
A, B	$\begin{bmatrix}30 & 24 & 18\\84 & 69 & 54\\138 & 114 & 90\end{bmatrix}$

NumPy 有时候会将一维数组视为与行向量和列向量不同的对象，这一点从表 5-2 所示的“a1, A”“ar, A”和“A, ac”参数组合的输出之间的差异可以看出来。其中，“A, ac”参数组合的输出符合我们数学上的计算结果，也就是用矩阵 $\boldsymbol{A}$ 左乘列向量 $\boldsymbol{a}_{\mathrm{c}}$。

那么，函数 dot 和 matmul 之间有没有什么实质的区别呢？当然有。虽然对于一维数组和二维数组来说，这两个函数没有区别，但是如果数组高于二维，则两者的调用结果会不同，这里暂不讨论。此外，dot 函数的参数之一为标量。但如果将标量传给 matmul 函数，结果就会出错。

5.2.4 克罗内克积

我们要讨论的最后一种矩阵运算是克罗内克积，又称矩阵直积。在矩阵乘法中，在将两个矩阵按元素相乘后，结果是混在一起的。而在计算克罗内克积时，我们需要用其中一个矩阵的各个元素，分别乘以另一个完整的矩阵，最终得到比输入矩阵更大的矩阵。为了解释克罗内克积，这里刚好可以引入分块矩阵的知识，这是一种利用小矩阵（分块）组成大矩阵的方法。

例如，若有如下 3 个矩阵：

$$\boldsymbol{A}=\begin{bmatrix}1 & 2 & 3\\4 & 5 & 6\\7 & 8 & 9\end{bmatrix}\quad \boldsymbol{B}=\begin{bmatrix}11 & 22\\33 & 44\\55 & 66\end{bmatrix}\quad \boldsymbol{C}=\begin{bmatrix}111\\222\\333\end{bmatrix} \tag{5.10}$$

则可以定义分块矩阵 $\boldsymbol{M}$:

$$\boldsymbol{M}=\begin{bmatrix}\boldsymbol{A} & \boldsymbol{B} & \boldsymbol{C}\\ \boldsymbol{B} & \boldsymbol{C} & \boldsymbol{A}\end{bmatrix}=\begin{bmatrix}1 & 2 & 3 & 11 & 22 & 111\\ 4 & 5 & 6 & 33 & 44 & 222\\ 7 & 8 & 9 & 55 & 66 & 333\\ 11 & 22 & 111 & 1 & 2 & 3\\ 33 & 44 & 222 & 4 & 5 & 6\\ 55 & 66 & 333 & 7 & 8 & 9\end{bmatrix}$$

$\boldsymbol{M}$ 中的每一个元素都是一个小矩阵，将它们堆叠到一起便可形成整个大矩阵。

分块矩阵能够帮助我们轻松理解克罗内克积的运算方式。对矩阵 $\boldsymbol{A}$ 和 $\boldsymbol{B}$ 进行克罗内克积通常也可记为 $\boldsymbol{A}\otimes\boldsymbol{B}$，运算结果为

$$\boldsymbol{A}\otimes\boldsymbol{B}=\begin{bmatrix}a_{00}\boldsymbol{B} & a_{01}\boldsymbol{B} & \cdots & a_{0,n-1}\boldsymbol{B}\\ a_{10}\boldsymbol{B} & a_{11}\boldsymbol{B} & \cdots & a_{1,n-1}\boldsymbol{B}\\ \vdots & \vdots & & \vdots\\ a_{m-1,0}\boldsymbol{B} & a_{m-1,1}\boldsymbol{B} & \cdots & a_{m-1,n-1}\boldsymbol{B}\end{bmatrix}$$

其中，$\boldsymbol{A}$ 是一个 $m\times n$ 的矩阵。注意，运算结果是由矩阵 $\boldsymbol{B}$ 组成的分块矩阵。如果将 $\boldsymbol{B}$ 展开表示，则克罗内克积的结果将是比矩阵 $\boldsymbol{A}$ 和 $\boldsymbol{B}$ 都要大的矩阵。注意，不同于矩阵乘法，我们可以对任意大小的矩阵 $\boldsymbol{A}$ 和 $\boldsymbol{B}$ 进行克罗内克积。以式（5.10）中的矩阵 $\boldsymbol{A}$ 和 $\boldsymbol{B}$ 为例，它们的克罗内克积为

$$\boldsymbol{A}\otimes\boldsymbol{B}=\begin{bmatrix}1\boldsymbol{B} & 2\boldsymbol{B} & 3\boldsymbol{B}\\ 4\boldsymbol{B} & 5\boldsymbol{B} & 6\boldsymbol{B}\\ 7\boldsymbol{B} & 8\boldsymbol{B} & 9\boldsymbol{B}\end{bmatrix}=\begin{bmatrix}11 & 22 & 22 & 44 & 33 & 66\\ 33 & 44 & 66 & 88 & 99 & 132\\ 55 & 66 & 110 & 132 & 165 & 198\\ 44 & 88 & 55 & 110 & 66 & 132\\ 132 & 176 & 165 & 220 & 198 & 264\\ 220 & 264 & 275 & 330 & 330 & 396\\ 77 & 154 & 88 & 176 & 99 & 198\\ 231 & 308 & 264 & 352 & 297 & 396\\ 385 & 462 & 440 & 528 & 495 & 594\end{bmatrix}$$

注意克罗内克积使用的记号 $\otimes$。记号 $\otimes$ 有时候也会被用在其他地方，比如用在向量的外积运算中。NumPy 提供了函数 np.kron，用于计算克罗内克积。

5.3 小结

本章首先介绍了深度学习中常用的几种数学对象，如标量、向量、矩阵和张量。然后探索了张量的代数运算，尤其是向量和矩阵的各种运算，我们展示了这些运算的数学表示以及基于 NumPy 的代码实现。

然而，我们对线性代数的探索还未结束。在第 6 章，我们将深入探索矩阵的性质，并讨论一系列重要的矩阵运算知识点。

第6章

线性代数进阶

本章继续探讨线性代数。线性代数中的有些概念与深度学习无关，但是你迟早会遇到这些概念。因此，请把本章内容当成必备的背景知识来学习。

具体来说，本章将首先介绍更多有关方阵的运算和特性，并介绍一些你在深度学习文献中有可能遇到的一些术语；然后介绍特征值和特征向量的概念以及如何计算它们。接下来，本章将研究向量的模长以及深度学习中常用于度量距离的其他方式，其间会涉及协方差矩阵中的重要概念。

本章将在关于主成分分析（Principal Component Analysis，PCA）和奇异值分解（Singular Value Decomposition，SVD）的讨论中结束。这两种使用频繁的算法高度依赖于本章通篇介绍的各种概念和运算方式。你将会看到什么是 PCA，了解 PAC 的算法细节，并能够从机器学习的角度得出 PCA 能给我们带来什么价值。类似地，你也可以运用 SVD 来实现 PCA 以及计算方阵的伪逆。

6.1 方阵

方阵在线性代数的世界里有着特殊的地位。本节研究方阵的细节，牵涉的很多相关术语也常见于深度学习和其他领域的文献中。

6.1.1　为什么需要方阵

如果用矩阵乘以一个列向量，你将得到另一个新的列向量：

$$\begin{bmatrix}1 & 2 & 3 & 4\\5 & 6 & 7 & 8\end{bmatrix}\begin{bmatrix}11\\12\\13\\14\end{bmatrix}=\begin{bmatrix}130\\330\end{bmatrix}$$

从几何上看，这个 2×4 的矩阵将一个 4×1 的列向量，也就是四维空间中的一个点，映射到了二维空间中的一个点。这是一种线性映射，因为原始向量中每个元素的值都只是与这个 2×4 矩阵中的各个元素进行了乘法运算。这里不涉及非线性运算，比如对元素进行幂运算。

从这个角度讲，我们可以用矩阵乘法对点在不同空间之间进行转换。如果矩阵是方阵，如 $\boldsymbol{n}\times\boldsymbol{n}$ 大小的方阵，则相当于从空间 $\mathbb{R}^n$ 映射回空间 $\mathbb{R}^n$。例如：

$$\begin{bmatrix}1 & 2 & 3\\4 & 5 & 6\\7 & 8 & 9\end{bmatrix}\begin{bmatrix}11\\12\\13\end{bmatrix}=\begin{bmatrix}74\\182\\290\end{bmatrix}$$

其中，点(11, 12, 13)被映射到点(74, 182, 290)，这两个点都位于三维空间中。

利用矩阵能够将点映射到不同空间的性质，我们可以定义旋转矩阵，从而对一个点集关于某个坐标轴进行旋转。对于简单的旋转操作，在二维空间中可以定义矩阵

$$\boldsymbol{R}_\theta=\begin{bmatrix}\cos\theta & -\sin\theta\\ \sin\theta & \cos\theta\end{bmatrix}\tag{6.1}$$

而在三维空间中，则可以定义矩阵

$$\begin{bmatrix}1 & 0 & 0\\0 & \cos\theta & -\sin\theta\\0 & \sin\theta & \cos\theta\end{bmatrix}_x,\quad\begin{bmatrix}\cos\theta & 0 & \sin\theta\\0 & 1 & 0\\-\sin\theta & 0 & \cos\theta\end{bmatrix}_y\quad\text{以及}\quad\begin{bmatrix}\cos\theta & -\sin\theta & 0\\ \sin\theta & \cos\theta & 0\\0 & 0 & 1\end{bmatrix}_z$$

它们都可以将点集旋转 θ。其中，在三维空间中，旋转将分别围绕 x 轴、y 轴和 z 轴进行，详见各个矩阵的下标。

利用矩阵还可以完成仿射变换。仿射变换是满足共线性的映射。所谓共线性，指的是原空间中一条直线上的点，在映射到新的空间之后仍将在一条直线上。仿射变换的定义为

$$\boldsymbol{y}=\boldsymbol{A}\boldsymbol{x}+\boldsymbol{b}$$

从 $\boldsymbol{x}$ 到 $\boldsymbol{y}$ 的仿射变换包含一次矩阵变换 $\boldsymbol{A}$ 加上一次平移 $\boldsymbol{b}$。我们可以构造一个新的矩阵，以便将这两个操作融合到一次矩阵乘法中。构造方法是将矩阵 $\boldsymbol{A}$ 放在左上角，并将向量 $\boldsymbol{b}$ 作为新的一列放在右边，然后添加一个最后一列为 1、其他列全为 0 的行向量到底部，这将得到整个增广变换矩阵。例如，对于仿射变换矩阵

$$\begin{bmatrix}a & b\\c & d\end{bmatrix}$$

和平移向量

$$\begin{bmatrix} i \\ j \end{bmatrix}$$

我们可以构造矩阵

$$\begin{bmatrix} x' \\ y' \\ 1 \end{bmatrix} = \begin{bmatrix} a & b & i \\ c & d & j \\ 0 & 0 & 1 \end{bmatrix} \begin{bmatrix} x \\ y \\ 1 \end{bmatrix}$$

上述矩阵可以将点(x, y)映射到点(x', y')。

这种技巧与神经网络中有时用到的偏倚技巧（bias trick）相同。偏倚技巧是指将常数向量添加到权重矩阵中，并在输入特征中新增一维常数 1。实际上，我们可以把前馈神经网络视作一系列的仿射变换，其中每一层的权重矩阵完成矩阵变换，而常数向量完成平移变换。每一层的激活函数则引入了非线性变换。正是这种非线性的设计，才使得神经网络可以学到输入与输出之间任意的函数映射关系。

我们可以使用方阵对点在相同的空间中进行变换，例如围绕坐标轴的旋转操作。下面我们来看看方阵的一些特殊性质。

6.1.2 转置、迹和幂

第 5 章曾提到列向量和行向量之间的转置操作。转置操作并不仅限于向量之间，矩阵也可以转置。对矩阵进行转置是指将矩阵中的行元素和列元素关于主对角线对调。例如：

$$\begin{bmatrix} 1 & 2 & 3 \\ 4 & 5 & 6 \\ 7 & 8 & 9 \end{bmatrix}^{\mathrm{T}} = \begin{bmatrix} 1 & 4 & 7 \\ 2 & 5 & 8 \\ 3 & 6 & 9 \end{bmatrix}, \begin{bmatrix} a & b & c & d \\ e & f & g & h \end{bmatrix}^{\mathrm{T}} = \begin{bmatrix} a & e \\ b & f \\ c & g \\ d & h \end{bmatrix}$$

转置操作意味着对矩阵的下标进行对换：

$$a_{ji} \leftarrow a_{ij}，其中 i = 0,1,\cdots,n-1；\ j = 0,1,\cdots,m-1$$

结果导致 $n \times m$ 的矩阵被转换成 $m \times n$ 的矩阵。注意，对于方阵来说，转置前后的形状不变，并且主对角线上的元素也不会发生改变。

在 NumPy 中，我们可以通过调用 transpose 函数对数组进行转置。由于转置操作十分常用，因此 NumPy 提供了 transpose 函数的简写形式“.T”以便调用。例如：

```
>>> import numpy as np
>>> a = np.array([[1,2,3],[4,5,6],[7,8,9]])
>>> print(a)
[[1 2 3]
 [4 5 6]
 [7 8 9]]
>>> print(a.transpose())
[[1 4 7]
 [2 5 8]
```

```
 [3 6 9]]
>>> print(a.T)
[[1 4 7]
 [2 5 8]
 [3 6 9]]
```

迹是方阵的另一种常用运算：

$$\mathrm{tr}\,(\boldsymbol{A}) = \sum_{i=0}^{n-1} a_{ii}$$

迹运算有一些特殊性质。例如，迹运算满足性质 $\mathrm{tr}(\boldsymbol{A}+\boldsymbol{B})= \mathrm{tr}(\boldsymbol{A}) + \mathrm{tr}(\boldsymbol{B})$ 以及 $\mathrm{tr}(\boldsymbol{A}) = \mathrm{tr}(\boldsymbol{A}^{\mathrm{T}})$和 $\mathrm{tr}(\boldsymbol{AB}) = \mathrm{tr}(\boldsymbol{BA})$。

NumPy 提供了 np.trace 函数以快速计算矩阵的迹，此外还提供了 np.diag 函数以得到由矩阵的对角元素构成的一维数组：

$$a_{00}, a_{11}, \cdots, a_{n-1,n-1}$$

以上操作适用于 $n \times n$ 或 $n \times m$ 的矩阵。

一个矩阵即便不是方阵，它也有主对角元素。尽管在数学上，只有方阵才有迹，但是 NumPy 支持对任意矩阵进行迹运算。即便不是方阵，NumPy 也可以返回主对角元素的和：

```
>>> b = np.array([[1,2,3,4],[5,6,7,8]])
>>> print(b)
[[1 2 3 4]
 [5 6 7 8]]
>>> print(np.diag(b))
 [1 6]
>>> print(np.trace(b))
7
```

最后，我们可以让方阵与自身相乘，这意味着可以对方阵进行 n 次幂运算，也就是让方阵与自身相乘 n 次。注意，这不同于对矩阵的每个元素进行幂运算。例如：

$$\boldsymbol{A} = \begin{bmatrix} 1 & 2 \\ 3 & 4 \end{bmatrix},\ \boldsymbol{A}^2 = \boldsymbol{AA} = \begin{bmatrix} 1 & 2 \\ 3 & 4 \end{bmatrix} \begin{bmatrix} 1 & 2 \\ 3 & 4 \end{bmatrix} = \begin{bmatrix} 7 & 10 \\ 15 & 22 \end{bmatrix} \neq \begin{bmatrix} 1 & 4 \\ 9 & 16 \end{bmatrix}$$

矩阵的幂运算与任意数字的幂运算遵循同样的规则。对于 $n, m \in \mathbb{Z}^+$（正整数），如果 $\boldsymbol{A}$ 为方阵，则有

$$\boldsymbol{A}^n \boldsymbol{A}^m = \boldsymbol{A}^{n+m}$$

$$(\boldsymbol{A}^n)^m = \boldsymbol{A}^{nm}$$

NumPy 提供了用于对矩阵进行幂运算的函数，这使得我们无须重复调用 np.dot 函数：

```
>>> from numpy.linalg import matrix_power
>>> a = np.array([[1,2],[3,4]])
>>> print(matrix_power(a,2))
[[ 7 10]
 [15 22]]
>>> print(matrix_power(a,10))
[[ 4783807  6972050]
 [10458075 15241882]]
```

6.1.3 特殊方阵

许多方阵（与非方阵）都有一些特殊的名称。有些名称很好理解，例如，元素全为 0 或 1 的矩阵相应地称为全 0 矩阵或全 1 矩阵。全 0 矩阵和全 1 矩阵在 NumPy 中的使用已经十分广泛：

```
>>> print(np.zeros((3,5)))
[[0. 0. 0. 0. 0.]
 [0. 0. 0. 0. 0.]
 [0. 0. 0. 0. 0.]]
>>> print(np.ones(3,3))
[[1. 1. 1.]
 [1. 1. 1.]
 [1. 1. 1.]]
```

注意，我们可以通过对全 1 矩阵乘以常数来得到任意的常数矩阵。

从上面的例子中可以看出，NumPy 默认为矩阵的数据类型选择 64 位浮点型，它相当于 C 语言中的 double 类型。第 1 章的表 1-1 列出了 NumPy 和 C 语言中各种可能的数据类型。在 NumPy 中，可通过关键字 dtype 指定想要的数据类型。在纯数学分析中，你不用关心数据类型的问题；但在深度学习中，则需要注意不能因为数据类型定义不当导致耗费的内存远超预期。很多深度学习模型用 32 位浮点型数据也能正常运行，这相比 NumPy 的默认类型可以节省一半的内存。另外，很多组件会使用新的数据类型或者以前很少使用的数据类型（如 16 位浮点型）来节约内存。NumPy 支持通过 dtype 关键字指定 float16 来使用 16 位浮点型数据。

单位矩阵

到目前为止，最重要的特殊方阵就是单位矩阵。单位矩阵是对角线元素全为 1、其他元素全为 0 的方阵：

$$\boldsymbol{I}=\begin{bmatrix}1 & 0 & 0 & \cdots & 0\\ 0 & 1 & 0 & \cdots & 0\\ 0 & 0 & 1 & \cdots & 0\\ \vdots & \vdots & \vdots & & \vdots\\ 0 & 0 & 0 & \cdots & 1\end{bmatrix} \tag{6.2}$$

与单位矩阵相乘类似于与常数 1 相乘。也就是说，对于 $n\times n$ 的方阵 $\boldsymbol{A}$ 和 $n\times n$ 的单位矩阵 $\boldsymbol{I}$，有

$$\boldsymbol{AI}=\boldsymbol{IA}=\boldsymbol{A}$$

有时候，我们需要利用下标来表明单位矩阵的阶数，如 $\boldsymbol{I}_n$。

NumPy 提供了 np.identity 和 np.eye 函数以生成指定大小的单位矩阵。请看下面的例子。

```
>>> a = np.array([[1,2],[3,4]])
>>> i = np.identity(2)
>>> print(i)
[[1. 0.]
 [0. 1.]]
>>> print(a @ i)
[[1. 2.]
 [3. 4.]]
```

在数学上，与同阶单位矩阵相乘，相当于保持原来的矩阵不变。但是 NumPy 会输出我们意想不到的结果。在上面的代码中，a 默认被定义为 64 位整型。然而由于没有指明 np.identity 函数所返回结果的数据类型，NumPy 会默认使用 64 位浮点型。在将 a 和 i 相乘后，我们需要返回 a 的浮点型版本。这一微妙的改变对后续计算可能会产生很大的影响，同时也再次表明，在使用 NumPy 的时候，我们需要时刻关注数据的类型。

调用 np.identity 和调用 np.eye 没有任何区别。实际上，np.identity 的内部实现就是对 np.eye 进行封装。

6.1.4　三角矩阵

三角矩阵分为两类：上三角矩阵和下三角矩阵。你可能已经猜到了，上三角矩阵只在主对角线及其上半部分有非零元素，而下三角矩阵只在主对角线及其下半部分有非零元素。例如，下面的矩阵 $\boldsymbol{U}$ 就是一个上三角矩阵，而矩阵 $\boldsymbol{L}$ 则是一个下三角矩阵。

$$\boldsymbol{U}=\begin{bmatrix}1&2&3&4\\0&5&6&7\\0&0&8&9\\0&0&0&10\end{bmatrix}\qquad \boldsymbol{L}=\begin{bmatrix}1&0&0&0\\2&3&0&0\\4&5&6&0\\7&8&9&10\end{bmatrix}$$

不出我们所料，只在主对角线上有非零元素的矩阵称为对角矩阵。

NumPy 提供了函数 np.triu 和 np.tril，分别用于返回指定矩阵的上三角部分和下三角部分。例如：

```
>>> a = np.arange(16).reshape((4,4))
>>> print(a)
[[ 0  1  2  3]
 [ 4  5  6  7]
 [ 8  9 10 11]
 [12 13 14 15]]
>>> print(np.triu(a))
[[ 0  1  2  3]
 [ 0  5  6  7]
 [ 0  0 10 11]
 [ 0  0  0 15]]
>>> print(np.tril(a))
[[ 0  0  0  0]
 [ 4  5  0  0]
 [ 8  9 10  0]
 [12 13 14 15]]
```

三角矩阵在深度学习中并不常用，但在线性代数中会用到，详见下面关于行列式计算的内容。

6.1.5　行列式

我们可以把行列式想象成一个函数，它能够将 $n \times n$ 的矩阵映射为一个标量。在深度学习中，行列式主要用于计算矩阵的特征值，我在本章的后面将详细阐述相关内容。在这里，你只需要把特征值理解为与矩阵特征有关的一些特殊标量。另外，行列式还可以用来判断矩阵是否可逆，稍后我将具体展开说明。行列式的记号为在两侧使用竖线。例如，对于 3 × 3 的矩阵 $\boldsymbol{A}$，其行列式可以记为

$$\det(\boldsymbol{A}) = \begin{vmatrix} a_{00} & a_{01} & a_{02} \\ a_{10} & a_{11} & a_{12} \\ a_{20} & a_{21} & a_{22} \end{vmatrix} \in \mathbb{R}$$

这里显式声明了行列式的取值为标量。所有的方阵都有行列式。下面列出了行列式特有的一些性质。

（1）如果矩阵 $\boldsymbol{A}$ 的某一行或某一列全为 0，则 $\det(\boldsymbol{A}) = 0$。

（2）如果矩阵 $\boldsymbol{A}$ 的任意两行完全相同，则 $\det(\boldsymbol{A}) = 0$。

（3）如果矩阵 $\boldsymbol{A}$ 为上三角矩阵或下三角矩阵，则 $\det(\boldsymbol{A}) = \prod_{i=0}^{n-1} a_{ii}$。

（4）如果矩阵 $\boldsymbol{A}$ 为对角矩阵，则 $\det(\boldsymbol{A}) = \prod_{i=0}^{n-1} a_{ii}$。

（5）任意大小的单位矩阵的行列式为 1。

（6）矩阵相乘的行列式等于将矩阵的行列式相乘，即 $\det(\boldsymbol{AB}) = \det(\boldsymbol{A})\det(\boldsymbol{B})$。

（7）$\det(\boldsymbol{A}) = \det(\boldsymbol{A}^{\mathrm{T}})$。

（8）$\det(\boldsymbol{A}^n) = \det(\boldsymbol{A})^n$。

上面的性质（7）表明对矩阵进行转置不会改变行列式的计算结果。性质（8）可以由性质（6）推导得出。

有很多种方式可以用来计算矩阵行列式的值。这里只介绍其中的一种，不过需要用到递归公式。所有的递归公式都应用自身来完成计算，就像在一个函数中调用这个函数自身一样，其核心思想是在每一次递归过程中解决一个更小的子问题。在所有的子问题依次得到解决后，我们也就解决了整个大问题。

例如，我们可以利用递归计算阶乘：

$$n! = n(n-1)(n-2)(n-3)\cdots 1$$

其中的规律如下：

$$n! = n \times (n-1)!$$
$$0! = 1$$

第一行说明 n 的阶乘等于 n 乘以 n–1 的阶乘，第二行说明 0 的阶乘为 1。第一行定义了递归公式，但是必须满足停止条件才能结束计算。第二行则定义了特例：当计算到 0 的时候结束递归。

用代码阐述可能会更清晰一些。编写如下计算阶乘的递归函数：

```
def factorial(n):
    if (n == 0):
        return 1
    return n*factorial(n-1)
```

6

注意，factorial 函数以输入值减 1 作为参数调用自身。当输入为 0 时，factorial 函数直接返回 1。Python 利用堆栈实现了递归函数。堆栈会将所有的 $n \times \text{factorial}(n-1)$调用按顺序记录下来等待执行。当遇到特例时，所有待执行的乘法完成计算并将最终结果返回。

为了利用递归计算行列式，我们需要定义递归公式，以说明如何利用子矩阵的行列式计算父矩阵的行列式。此外，我们还需要定义特例和对应的返回值。在行列式的计算中，特例对应 1×1 的矩阵。而对于 1×1 的矩阵 $\boldsymbol{A}$，有

$$\det(\boldsymbol{A}) = a_{00}$$

也就是说，1×1 矩阵的行列式等于该矩阵自身唯一元素的取值。

我们的思路是将矩阵的行列式计算拆解为逐步计算各子矩阵的行列式，直至遇到特例。为此，我们需要写出递归表达式。然而在此之前，我们需要进行一些新的定义。首先，我们需要定义矩阵的余子式。矩阵 $\boldsymbol{A}$ 的余子式是剔除其中第 i 行和第 j 列元素后的子矩阵，记为 $\boldsymbol{A}_{ij}$。例如，若给定

$$\boldsymbol{A} = \begin{bmatrix} 9 & 8 & 7 \\ 6 & 5 & 4 \\ 3 & 2 & 1 \end{bmatrix}$$

则有

$$\boldsymbol{A}_{11} = \begin{bmatrix} \underline{\mathbf{9}} & 8 & \underline{\mathbf{7}} \\ 6 & 5 & 4 \\ \underline{\mathbf{3}} & 2 & \underline{\mathbf{1}} \end{bmatrix} = \begin{bmatrix} 9 & 7 \\ 3 & 1 \end{bmatrix}$$

其中，余子式 $\boldsymbol{A}_{11}$ 是在剔除矩阵 $\boldsymbol{A}$ 的第 2 行元素和第 2 列元素后，由带有下画线标记的值组成的子矩阵。

其次，我们需要定义余子式 $\boldsymbol{A}_{ij}$ 的代数余子式 C_{ij}（利用 C_{ij} 可以写出递归表达式）：

$$C_{ij} = (-1)^{i+j+2} \det(\boldsymbol{A}_{ij})$$

代数余子式依赖于矩阵余子式的行列式。注意，-1 的幂为 $i+j+2$，但很多数学课本里写的是 $i+j$，我们有意为以 0 为起始下标的矩阵选择了这种书写方式，以便与代码的实现保持一致。由于这相当于将矩阵的下标减 1，因此我们需要在代数余子式的幂上将 1 加回来，这样才能保证代数余子式展开后的各项符号正确。也就是说，我们需要在代数余子式的幂上为每个变量加 1：i 变为 $i+1$，j 变为 $j+1$。整个幂需要由 $i+j$ 变为 $(i+1)+(j+1)=i+j+2$。

现在，我们可以通过将代数余子式展开来得到完整的行列式递归表达式。可以证明，将方阵的任意行或列中的元素与对应代数余子式的乘积求和，便可以得到方阵的行列式。因此，我们可以利用首行来计算矩阵的行列式：

$$\det(\boldsymbol{A}) = \sum_{j=0}^{n-1} a_{0j} C_{0j} \tag{6.3}$$

你可能会奇怪，式（6.3）似乎没有体现出递归。实际上，计算代数余子式需要对矩阵余子式运用行列式公式。例如，若 $\boldsymbol{A}$ 是 $n \times n$ 的矩阵，则余子式 $\boldsymbol{A}_{ij}$ 就是 $(n-1) \times (n-1)$ 的矩阵。根据定义，代数余子式的计算就需要对 $(n-1) \times (n-1)$ 的矩阵求行列式，这又会进一步依赖于对 $(n-2) \times (n-2)$ 的矩阵求行列式。就这样持续下去，直到求 1×1 矩阵的行列式，而 1×1 矩阵的行列式就是该矩阵自身唯一元素的取值。

下面以 2×2 的矩阵为例，我们来看看整个过程是什么样子。

$$\boldsymbol{A} = \begin{bmatrix} a & b \\ c & d \end{bmatrix}$$

根据定义将代数余子式展开，得到

$$\begin{aligned} \det(\boldsymbol{A}) &= a_{00}C_{00} + a_{01}C_{01} \\ &= aC_{00} + bC_{01} \\ &= a(-1)^{0+0+2}\det(\boldsymbol{A}_{00}) + b(-1)^{0+1+2}\det(\boldsymbol{A}_{01}) \\ &= ad - bc \end{aligned}$$

这就是 2×2 矩阵的行列式公式。2×2 矩阵的余子式为 1×1 矩阵，对应的返回值为 d 和 c 的特例。

在 NumPy 中，我们可以通过调用 np.linalg.det 函数来计算行列式：

```
>>> a = np.array([[1,2],[3,4]])
>>> print(a)
[[1 2]
 [3 4]]
>>> np.linalg.det(a)
-2.0000000000000004
>>> 1*4 - 2*3
-2
```

上述代码利用了我们前面的推导结果以便进行对比。NumPy 在行列式计算的内部实现中并没有使用代数余子式的递归展开结果，而是将矩阵分解为 3 个子矩阵（置换矩阵、上三角矩阵和下三角矩阵）相乘的结果。置换矩阵看起来就像是打乱的单位矩阵，其中的每一行和每一列都刚好只有一个 1。置换矩阵的行列式为 +1 或−1。三角矩阵的行列式为对角线元素的乘积。矩阵乘积的行列式则等于矩阵行列式的乘积。

6.1.6 逆运算

式（6.2）定义的单位矩阵与常数 1 类似，将单位矩阵与方阵相乘，结果为方阵自身。在标量乘法中，我们知道对于任意非零数 $x \neq 0$，存在一个数 y，使得 $xy = 1$。y 就是 x 的乘法逆。我们知道，其实 y 等于 $1/x = x^{-1}$。

与此类似，既然单位矩阵可以类比为 1，因此我们想知道，对于给定的方阵 $\boldsymbol{A}$，是否存在另一个方阵 $\boldsymbol{A}^{-1}$，使得

$$\boldsymbol{A}\boldsymbol{A}^{-1} = \boldsymbol{A}^{-1}\boldsymbol{A} = \boldsymbol{I}$$

如果 $\boldsymbol{A}^{-1}$ 存在，则称之为矩阵 $\boldsymbol{A}$ 的逆矩阵，并称矩阵 $\boldsymbol{A}$ 可逆。对于实数而言，所有非零实

数都是可逆的；而对于矩阵，情况就没有这么简单了。很多方阵都是不可逆的。为了判断矩阵 $\boldsymbol{A}$ 是否可逆，我们需要用到行列式：若 $\det(\boldsymbol{A})=0$，则矩阵不可逆。此外，如果 $\boldsymbol{A}^{-1}$ 存在，则有

$$\det\left(\boldsymbol{A}^{-1}\right)=\frac{1}{\det(\boldsymbol{A})}$$

另请注意，$(\boldsymbol{A}^{-1})^{-1}=\boldsymbol{A}$，这与实数的情况类似。逆运算的另一常见性质是

$$(\boldsymbol{AB})^{-1}=\boldsymbol{B}^{-1}\boldsymbol{A}^{-1}$$

等式右边乘法的顺序非常关键。最后，对角矩阵的逆就是对矩阵各元素取倒数的结果：

$$\boldsymbol{A}=\begin{bmatrix}a&0&0\\0&b&0\\0&0&c\end{bmatrix}\Rightarrow\boldsymbol{A}^{-1}=\begin{bmatrix}a^{-1}&0&0\\0&b^{-1}&0\\0&0&c^{-1}\end{bmatrix}$$

我们可以利用行变换手动进行矩阵的逆运算，但因为这在深度学习中很少用到，所以此处略过不谈。我们还可以巧妙利用代数余子式的展开结果来计算矩阵的逆，但为了节约篇幅，此处省略整个过程不谈。对于你来说，重要的是要知道方阵通常是可逆的，并且我们可以通过调用 NumPy 中的 np.linalg.inv 函数来得到矩阵的逆。

如果矩阵不可逆，则称之为奇异矩阵。奇异矩阵的行列式为 0。相应地，如果矩阵可逆，则称之为非奇异矩阵或非退化矩阵。

在 NumPy 中，我们可以通过调用 np.linalg.inv 函数来进行方阵的逆运算：

```
>>> a = np.array([[1,2,1],[2,1,2],[1,2,2]])
>>> print(a)
[[1 2 1]
 [2 1 2]
 [1 2 2]]
>>> b = np.linalg.inv(a)
>>> print(b)
[[ 0.66666667  0.66666667 -1.  ]
 [ 0.66666667 -0.33333333  0.  ]
 [-1.          0.          1.  ]]
>>> print(a @ b)
[[1. 0. 0.]
 [0. 1. 0.]
 [0. 0. 1.]]
>>> print(b @ a)
[[1. 0. 0.]
 [0. 1. 0.]
 [0. 0. 1.]]
```

注意在上述代码中，b 的作用符合我们的预期，用它左乘或右乘 a 都可以得到单位矩阵。

6.1.7　对称矩阵、正交矩阵和酉矩阵

对于方阵 $\boldsymbol{A}$，如果有

$$\boldsymbol{A}^{\mathrm{T}}=\boldsymbol{A}$$

则称 $\boldsymbol{A}$ 为对称矩阵。例如：

$$A = \begin{bmatrix} 1 & 2 & 3 & 4 \\ 2 & 5 & 6 & 7 \\ 3 & 6 & 8 & 9 \\ 4 & 7 & 9 & 1 \end{bmatrix}$$

这是一个对称矩阵，因为 $\boldsymbol{A}^{\mathrm{T}} = \boldsymbol{A}$。

注意对角矩阵都是对称矩阵，两个对称矩阵相乘满足交换律：$\boldsymbol{AB} = \boldsymbol{BA}$。如果一个对称矩阵可逆，那么其逆矩阵也将是对称矩阵。

如果下式成立：

$$\boldsymbol{AA}^{\mathrm{T}} = \boldsymbol{A}^{\mathrm{T}}\boldsymbol{A} = \boldsymbol{I}$$

则称矩阵 $\boldsymbol{A}$ 为正交矩阵。对于正交矩阵 $\boldsymbol{A}$，有

$$\boldsymbol{A}^{-1} = \boldsymbol{A}^{\mathrm{T}}$$

于是也就有

$$\det(\boldsymbol{A}) = \pm 1$$

如果矩阵中的值可以是复数（当然，我们在深度学习中不会遇到这种情况），并且有

$$\boldsymbol{U}^{*}\boldsymbol{U} = \boldsymbol{UU}^{*} = \boldsymbol{I}$$

则称矩阵 $\boldsymbol{U}$ 为酉矩阵，并称 $\boldsymbol{U}^{*}$为 $\boldsymbol{U}$ 的共轭转置矩阵。共轭转置相当于先进行一次转置运算，再进行一次共轭运算，从而将复数部分从 $\mathrm{i} = \sqrt{-1}$ 变为 $-\mathrm{i}$ 。例如：

$$\boldsymbol{U} = \begin{bmatrix} 1+3\mathrm{i} & 2-3\mathrm{i} \\ 3+2\mathrm{i} & 3+2\mathrm{i} \end{bmatrix} \Rightarrow \boldsymbol{U}^{*} = \begin{bmatrix} 1-3\mathrm{i} & 3-2\mathrm{i} \\ 2+3\mathrm{i} & 3-2\mathrm{i} \end{bmatrix}$$

有时，尤其在物理学中，人们称共轭转置为厄米伴随，记为 $\boldsymbol{A}^{\dagger}$ 。如果一个矩阵等于其共轭转置矩阵，则称这个矩阵为厄米矩阵。注意，实对称矩阵也是厄米矩阵，因为如果矩阵的所有元素都是实数，那么进行共轭转置等价于进行普通的转置。因而，对待实数矩阵，我们有时会用“厄米”替代“对称”一词来表述。

6.1.8 对称矩阵的正定性

前面介绍过，使用一个 $n \times n$ 的方阵可以将 $\mathbb{R}^n$ 空间中的一个向量映射为同在 $\mathbb{R}^n$ 空间中的另一个向量。现在考虑这个 $n \times n$ 的方阵为对称实矩阵 $\boldsymbol{B}$ 的情况。我们可以利用内积对向量进行映射，而根据原始向量和映射后新向量之间的不同关系，则可以定义不同类型的矩阵。具体来说，如果 $\boldsymbol{x}$ 是一个 $n \times 1$ 的列向量，则 $\boldsymbol{Bx}$ 也是一个 $n \times 1$ 的列向量。对 $\boldsymbol{Bx}$ 与最初的向量 $\boldsymbol{x}$ 进行内积，得到的 $\boldsymbol{x}^{\mathrm{T}}\boldsymbol{Bx}$ 将是一个标量。

如果以下条件成立：

$$\boldsymbol{x}^{\mathrm{T}}\boldsymbol{Bx} > 0, \forall \boldsymbol{x} \neq \boldsymbol{0}$$

则称 $\boldsymbol{B}$ 为“正定”矩阵。其中，$\boldsymbol{0}$ 是一个 $n \times 1$ 的全 0 列向量；$\forall$ 是数学语言，表示“对于任意”。

类似地，如果以下条件成立：

$$\boldsymbol{x}^{\mathrm{T}}\boldsymbol{B}\boldsymbol{x} < 0, \forall \boldsymbol{x} \neq \boldsymbol{0}$$

则称 $\boldsymbol{B}$ 为负定矩阵。如果放宽上面的不等式条件以及 $\boldsymbol{x}$ 的范围，则可以得到两种新的结果。其中，如果

$$\boldsymbol{x}^{\mathrm{T}}\boldsymbol{B}\boldsymbol{x} \geqslant 0, \forall \boldsymbol{x} \in \mathbb{R}^{n\times 1}$$

则称 $\boldsymbol{B}$ 为正半定矩阵。而如果

$$\boldsymbol{x}^{\mathrm{T}}\boldsymbol{B}\boldsymbol{x} \leqslant 0, \forall \boldsymbol{x} \in \mathbb{R}^{n\times 1}$$

则称 $\boldsymbol{B}$ 为负半定矩阵。最后，如果一个对称实方阵既不正定也不负定，则称为不定矩阵。矩阵的正定性与其特征值有关，详细内容见 6.2 节。对称的正定矩阵的所有特征值为正数。类似地，对称的负定矩阵的所有特征值为负数。对称的半正定矩阵和半负定矩阵的特征值则分别为正数（或 0）和负数（或 0）。

6.2 特征向量和特征值

我们已经知道，使用方阵可以将原始向量映射到同维空间中的新向量，即 $\boldsymbol{v}' = \boldsymbol{A}\boldsymbol{v}$。其中，如果 $\boldsymbol{A}$ 是 $n \times n$ 的矩阵，则 $\boldsymbol{v}'$ 和 $\boldsymbol{v}$ 都是 n 维向量。

考虑满足如下等式关系的方阵 $\boldsymbol{A}$，其中的 λ 是标量，$\boldsymbol{v}$ 是非零列向量：

$$\boldsymbol{A}\boldsymbol{v} = \lambda\boldsymbol{v} \tag{6.4}$$

式（6.4）说明 $\boldsymbol{A}$ 会将 $\boldsymbol{v}$ 映射为 $\boldsymbol{v}$ 自身乘以标量 λ，我们称 $\boldsymbol{v}$ 为 $\boldsymbol{A}$ 的“以 λ 为特征值的特征向量”。在几何上，式（6.4）表明将 $\boldsymbol{A}$ 作用于其特征向量的结果，只是对特征向量进行了大小上的缩放，而不会改变特征向量的方向。注意，虽然 $\boldsymbol{v}$ 是非零的，但 λ 的值可以是 0。

式（6.4）是否与单位矩阵 $\boldsymbol{I}$ 有什么关联呢？从定义上看，单位矩阵能将向量映射为向量自身，并且不改变大小。因此，单位矩阵有无数多的特征向量，它们的特征值都是 1。毕竟，对于任意向量 $\boldsymbol{x}$，都有 $\boldsymbol{I}\boldsymbol{x} = \boldsymbol{x}$。这也说明同一个特征值可能对应多个特征向量。

回顾式（6.1）定义的旋转矩阵，旋转矩阵没有特征向量，因为当作用于任意非零向量时，旋转矩阵都会将向量旋转 θ，所以无法保持向量原有的方向不变。这也说明不是任何矩阵都有特征向量。

计算特征值和特征向量

为了计算矩阵的特征值，我们需要对式（6.4）进行改写：

$$\boldsymbol{A}\boldsymbol{v} - \lambda\boldsymbol{v} = \boldsymbol{A}\boldsymbol{v} - \lambda\boldsymbol{I}\boldsymbol{v} = (\boldsymbol{A} - \lambda\boldsymbol{I})\boldsymbol{v} = \boldsymbol{0} \tag{6.5}$$

由于 $\boldsymbol{I}\boldsymbol{v} = \boldsymbol{v}$，因此可以将 $\boldsymbol{I}$ 插到 λ 和 $\boldsymbol{v}$ 之间。为了计算矩阵 $\boldsymbol{A}$ 的特征值，我们需要求解 λ，使得矩阵 $\boldsymbol{A} - \lambda\boldsymbol{I}$ 能够将非零向量 $\boldsymbol{v}$ 映射为零向量。式（6.5）有非零解的条件如下：矩阵 $\boldsymbol{A} - \lambda\boldsymbol{I}$ 的行列式为 0。

上面提供了计算矩阵特征值的一种方法。考虑 $\boldsymbol{A}-\lambda\boldsymbol{I}$ 是大小为 2 × 2 矩阵的情况：

$$\begin{aligned}\boldsymbol{A}-\lambda\boldsymbol{I} &= \begin{bmatrix} a & b \\ c & d \end{bmatrix} - \lambda\begin{bmatrix} 1 & 0 \\ 0 & 1 \end{bmatrix} \\ &= \begin{bmatrix} a & b \\ c & d \end{bmatrix} - \begin{bmatrix} \lambda & 0 \\ 0 & \lambda \end{bmatrix} \\ &= \begin{bmatrix} a-\lambda & b \\ c & d-\lambda \end{bmatrix}\end{aligned}$$

2 × 2 矩阵的行列式十分简单，上述矩阵的行列式为

$$\det(\boldsymbol{A}-\lambda\boldsymbol{I}) = (a-\lambda)(d-\lambda)-bc$$

这是一个关于 λ 的二次多项式。由于希望行列式为 0，我们可以令这个二次多项式为 0，然后求根。求出的根就是矩阵 $\boldsymbol{A}$ 的特征值。在此过程中用到的多项式称为特征多项式，式（6.5）称为特征方程。注意，上面例子中的特征多项式是一个二次多项式。一般情况下，大小为 $n\times n$ 的矩阵的特征多项式是 n 次多项式，由于 n 次多项式最多有 n 个根，因此矩阵 $\boldsymbol{A}$ 最多有 n 个不同的特征值。

一旦求出特征多项式的根，我们就可以回到式（6.5），将它们代入 λ 以计算特征向量 $\boldsymbol{v}$。

对于三角矩阵，包括对角矩阵，特征值的计算非常简单，因为它们的行列式可以简单写成主对角元素的乘积。例如，对于 4 × 4 的三角矩阵，其特征方程的行列式为

$$\det(\boldsymbol{A}-\lambda\boldsymbol{I}) = (a_{00}-\lambda)(a_{11}-\lambda)(a_{22}-\lambda)(a_{33}-\lambda)$$

以上特征多项式有 4 个根，即对角线上的 4 个元素。因此，对于三角矩阵和对角矩阵，主对角线上的元素就是特征值。

下面构造一个矩阵：

$$\boldsymbol{A} = \begin{bmatrix} 0 & 1 \\ -2 & -3 \end{bmatrix}$$

我们构造这个矩阵只是为了数学上的方便，但整个过程对任意矩阵都是有效的。首先，特征方程表明我们需要求出能让行列式为 0 的 λ，如下所示：

$$\begin{aligned}\begin{vmatrix} -\lambda & 1 \\ -2 & -3-\lambda \end{vmatrix} &= (-\lambda)(-3-\lambda)+2 \\ &= \lambda^2+3\lambda+2 \\ &= (\lambda+1)(\lambda+2)\end{aligned}$$

通过对特征多项式进行因式分解，我们可以很快地求出 $\lambda=-1,-2$。

在 NumPy 中，我们可以通过调用 np.linalg.eig 函数得到矩阵的特征向量和特征值。请观察 NumPy 输出的结果与我们的计算结果是否一致：

```
>>> a = np.array([[0,1],[-2,-3]])
>>> print(np.linalg.eig(a)[0])
[-1. -2.]
```

np.linalg.eig 函数将返回一个列表。其中的第一项是由矩阵的所有特征值构成的向量，第二

项则是一个矩阵，其中的每一列元素是与各个特征值对应的特征向量。如果只想得到特征值，则可以调用 np.linalg.eigvals 函数。但不管调用上面的哪个函数，输出的结果都将与我们的计算结果一致。

为了得到相应的特征向量，我们可以把所有特征值依次代入式（6.5）以求解 $\boldsymbol{v}$。例如，将 $\lambda=-1$ 代入：

$$(\boldsymbol{A}-(-1)\boldsymbol{I})\boldsymbol{v}=\mathbf{0}$$

$$\begin{bmatrix}1 & 1\\ -2 & -2\end{bmatrix}\begin{bmatrix}v_0\\ v_1\end{bmatrix}=\begin{bmatrix}0\\ 0\end{bmatrix}$$

可以得到如下方程组：

$$\begin{cases}v_0+v_1=0\\ -2v_0-2v_1=0\end{cases}$$

以上方程组有无数个解，因为只需要满足条件 $v_0=-v_1$。这意味着我们可以任意挑选满足上述条件的 v_0 和 v_1。与特征值−1 对应的特征向量为

$$\boldsymbol{v}_0=\begin{bmatrix}1\\ -1\end{bmatrix}, \lambda=-1$$

对 $\lambda=-2$ 重复以上过程，我们可以得出另一个特征向量需要满足条件 $2\boldsymbol{v}_0=-\boldsymbol{v}_1$，我们选择 $\boldsymbol{v}_1=(-1, 2)$作为第二个特征向量。

用 NumPy 检验我们的计算结果是否正确。观察 np.linalg.eig 函数的返回值，其中的第二项是以各特征向量为列向量构成的矩阵：

```
>>> print(np.linalg.eig(a)[1])
[[ 0.70710678 -0.4472136 ]
 [-0.70710678  0.89442719]]
```

这与我们计算出的特征向量似乎不大一样。别急，回忆一下，特征向量并不是唯一的，只要满足元素之间的关系即可。也就是说，只需要保证其中一个特征向量由大小相等、符号相反的元素构成，另一个特征向量由大小为 2∶1、符号相反的元素构成，我们就可以选择任意的元素取值。NumPy 的输出结果实际上使用的是单位长度的特征向量。因此，要判断我们的计算结果是否正确，将特征向量除以各项元素平方和再开根号，得到单位特征向量即可。代码实现很简单，如下所示：

```
>>> np.array([1,-1])/np.sqrt((np.array([1,-1])**2).sum())
array([ 0.70710678, -0.70710678])
>>> np.array([-1,2])/np.sqrt((np.array([-1,2])**2).sum())
array([-0.4472136 , 0.89442719])
```

在进行单位化之后，我们计算出的特征向量与 NumPy 输出结果中的列向量就一致了。

在深度学习中，你会经常用到矩阵的特征值和特征向量。例如，本章后面在讨论主成分分析时就会用到它们。但在讲解主成分分析之前，你需要先学习有关向量范数和距离度量的内容，这些内容在深度学习中十分常见，尤其是协方差矩阵。

6.3 向量范数和距离度量

在深度学习中，很多人经常混用“范数”和“距离”，两者的差异在实践中也确实非常小。

向量范数是一种函数，旨在将一个实数或复数向量映射为一个值 $x\in\mathbb{R}$（$x\geqslant 0$）。在严格的数学意义上，能够称为范数的映射必须满足一些特殊的性质；但在实践中，我们使用的范数有时候并不是严格意义上的范数。在深度学习中，范数经常用于度量向量之间的距离。在实际应用中，距离度量的一个重要性质就是度量结果与输入的次序无关。如果 $f(x, y)$是度量的距离，则 $f(x, y)=f(y, x)$。同样，这个性质也不是严格必要的。例如，你会经常看到将库尔贝克-莱布勒散度（Kullback-Leibler divergence，K-L 散度）作为距离的度量——尽管并不满足交换律。

本节首先介绍向量范数以及如何用其方便地度量向量之间的距离，然后介绍协方差矩阵的重要概念。协方差矩阵本身就已经被大量用在深度学习中。利用协方差矩阵，我们可以构造一种度量距离的方式：马哈拉诺比斯距离，简称马氏距离。K-L 散度可以视作两个离散概率分布的距离度量。

6.3.1 *L* 范数和距离度量

对于 n 维向量 $\boldsymbol{x}$，我们定义其 p 范数为

$$\|\boldsymbol{x}\|_p \equiv \left(\sum_i |x_i|^p\right)^{\frac{1}{p}} \tag{6.6}$$

其中的 p 为实数。虽然在定义中称为 p 范数，但在实践中人们通常称之为 L_p 范数。我们在第 5 章定义向量的大小时用到过范数。我们当时计算的是 L_2 范数：

$$\|\boldsymbol{x}\|_2 = \sqrt{x_0^2 + x_1^2 + x_2^2 + \cdots + x_{n-1}^2} = \sqrt{\boldsymbol{x}^{\mathrm{T}}\boldsymbol{x}}$$

L_2 范数是向量 $\boldsymbol{x}$ 与其自身内积的平方根。

深度学习中最为常用的范数是 L_2 范数和 L_1 范数，后者被定义为

$$\|\boldsymbol{x}\|_1 = \sum_i |x_i|$$

简单地对各项元素的绝对值求和，得到的结果就是 L_1 范数。另一个你可能会遇到的范数是 L_∞ 范数：

$$L_\infty = \max|x_i|$$

L_∞ 范数是 $\boldsymbol{x}$ 中最大值的绝对值。

如果把 $\boldsymbol{x}$ 替换为两个向量的差 $\boldsymbol{x}-\boldsymbol{y}$，则可以把相应的范数视作这两个向量的距离度量。换个角度，也可以把这个过程看作计算新向量 $\boldsymbol{x}-\boldsymbol{y}$ 的范数。

只需要做很小的改动，我们就可以将式（6.6）从范数公式变为距离公式：

$$L_p(\boldsymbol{x}, \boldsymbol{y}) = \left(\sum_i |x_i - y_i|^p\right)^{\frac{1}{p}} \tag{6.7}$$

L_2 距离则变为

$$L_2 = \sqrt{\left(x_0 - y_0\right)^2 + \left(x_1 - y_1\right)^2 + \left(x_2 - y_2\right)^2 + \cdots + \left(x_{n-1} - y_{n-1}\right)^2}$$

这就是向量之间的欧氏距离。L_1 距离则通常称为曼哈顿距离（也称街区距离、货车距离或出租车距离）：

$$L_1 = \sum_i \left|x_i - y_i\right|$$

曼哈顿距离从规划为方形建筑区块的城市间最短的行车路径得名。L_∞ 距离有时候也称为切比雪夫距离。

范数公式在深度学习中还有其他用途。例如，深度学习中用于正则化的权值衰减法，就是利用权重项的 L_2 范数来避免模型的权重变得过大的。权重的 L_1 范数有时也被用于正则化。

6.3.2　协方差矩阵

如果具有对多个变量的一组测量值，比如由向量特征构成的训练集，则可以关于任意的两两特征计算方差。以下是由对 4 个变量的测量值构成的矩阵，其中的每一行对应一个观测样本。

$$\boldsymbol{X} = \begin{bmatrix} 5.1 & 3.5 & 1.4 & 0.2 \\ 4.9 & 3.0 & 1.4 & 0.2 \\ 4.7 & 3.2 & 1.3 & 0.2 \\ 4.6 & 3.1 & 1.5 & 0.2 \\ 5.0 & 3.6 & 1.4 & 0.2 \end{bmatrix}$$

实际上，$\boldsymbol{X}$ 就是著名的 iris 数据集中的前 5 个样本。iris 数据集中的各个特征是对来自 3 个品种的鸢尾花不同部位的测量值。我们可以利用 sklearn 为 NumPy 加载 iris 数据集：

```
>>> from sklearn import datasets
>>> iris = datasets.load_iris()
>>> X = iris.data[:5]
>>> X
array([[5.1, 3.5, 1.4, 0.2],
       [4.9, 3. , 1.4, 0.2],
       [4.7, 3.2, 1.3, 0.2],
       [4.6, 3.1, 1.5, 0.2],
       [5. , 3.6, 1.4, 0.2]])
```

虽然可以对 $\boldsymbol{X}$ 中的每一列特征计算标准差，但这只能得到各个特征围绕自身均值的变动情况。既然有多个特征，我们能否判断出不同特征（如第 0 列特征和第 1 列特征）之间是如何联动的呢？为此，我们需要计算协方差矩阵。协方差矩阵的对角线元素刻画了各个特征自身的变动情况。与此同时，协方差矩阵的非对角线元素则刻画了不同特征之间的联动情况，即协方差。协方差矩阵总是方阵，由于这里有 4 个特征，因此协方差矩阵是一个 4 × 4 的方阵。协方差矩阵的记号为 $\boldsymbol{\Sigma}$，其中各个元素的计算公式为

$$\Sigma_{ij} = \frac{1}{n-1} \sum_{k=0}^{n-1} (x_{ki} - \overline{x}_i)(x_{kj} - \overline{x}_j) \tag{6.8}$$

这里假设每一行对应一个样本，每一列则对应一个维度的特征。

$\overline{x}_i$ 和 $\overline{x}_j$ 分别是第 i 和第 j 个特征的各行元素的均值。这里的 n 是样本量，也就是 $\boldsymbol{X}$ 中的行数。你可以看到，当 $i=j$ 时，协方差的值就是特征的方差；当 $i \neq j$ 时，计算结果刻画了第 i 和第 j 个特征的联动情况。此时，协方差矩阵满足对称性：$\Sigma_{ij} = \Sigma_{ji}$。

下面计算 $\boldsymbol{X}$ 的协方差矩阵。各个特征的均值为 $\overline{x} = (4.86, 3.28, 1.4, 0.2)$。我们可以先计算协方差矩阵的第 1 行，以分别表示第 1 个特征（$\boldsymbol{X}$ 中的第 0 列）自身的变动情况，以及这个特征与第 2、第 3 和第 4 个特征之间的联动情况。于是，我们需要分别计算 Σ_{00}、Σ_{01}、Σ_{02} 和 Σ_{03}：

$$\Sigma_{00} = \frac{1}{5-1}\sum_{k=0}^{4}(x_{k0} - 4.86)(x_{k0} - 4.86) = 0.0430$$

$$\Sigma_{01} = \frac{1}{5-1}\sum_{k=0}^{4}(x_{k0} - 4.86)(x_{k1} - 3.28) = 0.0365$$

$$\Sigma_{02} = \frac{1}{5-1}\sum_{k=0}^{4}(x_{k0} - 4.86)(x_{k2} - 1.40) = -0.0025$$

$$\Sigma_{03} = \frac{1}{5-1}\sum_{k=0}^{4}(x_{k0} - 4.86)(x_{k3} - 0.20) = 0.0$$

重复以上过程，计算协方差矩阵的各行元素，从而最终得到整个协方差矩阵：

$$\boldsymbol{\Sigma} = \begin{bmatrix} 0.0430 & 0.0365 & -0.0025 & 0.0000 \\ 0.0365 & 0.0670 & -0.0025 & 0.0000 \\ -0.0025 & -0.0025 & 0.0050 & 0.0000 \\ 0.0000 & 0.0000 & 0.0000 & 0.0000 \end{bmatrix}$$

主对角线元素表示 $\boldsymbol{X}$ 中各个特征的方差。注意第 4 个特征的方差和协方差都是 0，这是因为在 $\boldsymbol{X}$ 中，这个特征的所有取值都相同，因此没有任何变动。

在 NumPy 中，我们可以通过调用 np.cov 函数来为观测样本集计算协方差矩阵：

```
>>> print(np.cov(X, rowvar=False))
[[ 0.043   0.0365 -0.0025  0.    ]
 [ 0.0365  0.067  -0.0025  0.    ]
 [-0.0025 -0.0025  0.005   0.    ]
 [ 0.      0.      0.      0.    ]]
```

注意，上述代码在调用 np.cov 函数时指定了参数 rowvar = False。因为默认情况下，np.cov 函数认为每一行对应一个特征，每一列对应一个样本。这与深度学习中的样本数据存储方式相反。因此，我们需要通过参数 rowvar 告诉 NumPy，样本按行存储而非按列存储。

前面曾提到，协方差矩阵的对角线元素是各个特征的方差。NumPy 中的 np.std 函数用于计算标准差，对标准差进行平方即可得到每个特征的方差。对于 $\boldsymbol{X}$，我们得到的结果如下：

```
>>> print(np.std(X, axis=0)**2)
[0.0344 0.0536 0.004  0.     ]
```

但上述结果与协方差矩阵的对角线元素似乎不同。这是因为在式（6.8）中，协方差矩阵的计算是以 n−1 为分母的。但默认情况下，np.std 函数计算的是样本方差的有偏估计。也就是说，np.std 函数用到的分母不是 n−1，而是 n。要让 np.std 函数计算样本方差的无偏估计，添加参数 ddof = 1 即可。

```
>>> print(np.std(X, axis=0, ddof=1)**2)
[0.043 0.067 0.005 0.    ]
```

此时输出的结果便与协方差矩阵的对角线元素一致了。

6.3.3 马氏距离

前面我们用矩阵来表示数据集，矩阵中的每一行对应一个样本，每一列则对应样本中的各个变量。从机器学习的角度看，矩阵中的每一行就是一个特征向量。我们可以对矩阵每一列中的特征计算所有行的均值，并且计算协方差矩阵。基于以上这些，我们可以定义名为马氏距离的距离度量：

$$D_{\mathrm{M}}=\sqrt{(\boldsymbol{x}-\boldsymbol{\mu})^{\mathrm{T}}\boldsymbol{\Sigma}^{-1}(\boldsymbol{x}-\boldsymbol{\mu})} \tag{6.9}$$

其中，$\boldsymbol{x}$ 是一个向量，$\boldsymbol{\mu}$ 是由各个特征的均值构成的另一个向量，$\boldsymbol{\Sigma}$ 是协方差矩阵。注意，马氏距离使用的是协方差矩阵的逆，而非协方差矩阵本身。

从某种意义上讲，式（6.9）度量了向量 $\boldsymbol{x}$ 与以 $\boldsymbol{\mu}$ 为均值向量的某个分布之间的距离，协方差矩阵则刻画了该分布的离散程度。如果数据集中的各个特征之间没有任何协方差，并且每个特征的标准差都相同，那么协方差矩阵将退化为单位矩阵，单位矩阵的逆等于单位矩阵自身。在这种情况下，式（6.9）中的 $\boldsymbol{\Sigma}^{-1}$ 就可以去掉，此时马氏距离退化为 L_2 距离（即欧氏距离）。

理解马氏距离的另一种方式，就是首先将 $\boldsymbol{\mu}$ 替换为与向量 $\boldsymbol{x}$ 来自相同数据集的向量 $\boldsymbol{y}$。此时，马氏距离可以理解为两个向量之间的距离（前提是将数据集的方差信息考虑在内）。

我们可以用马氏距离构建一个简单的分类器。给定数据集，如果能计算其中各个类别的特征均值的向量（称为质心），则可以利用马氏距离给未知类别的特征 $\boldsymbol{x}$ 指定类别。为此，我们需要计算 $\boldsymbol{x}$ 与所有类别质心之间的马氏距离，并且选择最小距离对应的类别作为 $\boldsymbol{x}$ 所属类别的预测值。这种分类器有时称为“最近质心”分类器，你经常可以看到用 L_2 距离代替马氏距离的实现版本。按理说，用马氏距离作为距离度量应该效果更好，因为马氏距离额外考虑了数据集的方差信息。

下面让我们用 sklearn 自带的乳腺癌数据集来构建基于马氏距离的最近质心分类器。sklearn 自带的乳腺癌数据集包含两个类别标签：良性（类别标签为 0）和恶性（类别标签为 1）。样本一共有 569 个，并且其中的每个样本都有来自组织切片的 30 维特征。分别基于马氏距离和欧氏距离实现两个版本的最近质心分类器。我们期待基于马氏距离的版本具有更好的分类效果。

代码实现很简单：

```
import numpy as np
from sklearn import datasets
```

```
❶ from scipy.spatial.distance import mahalanobis

  bc = datasets.load_breast_cancer()
  d = bc.data; l = bc.target
❷ i = np.argsort(np.random.random(len(d)))
  d = d[i]; l = l[i]
  xtrn, ytrn = d[:400], l[:400]
  xtst, ytst = d[400:], l[400:]

❸ i = np.where(ytrn == 0)
  m0 = xtrn[i].mean(axis=0)
  i = np.where(ytrn == 1)
  m1 = xtrn[i].mean(axis=0)
  S = np.cov(xtrn, rowvar=False)
  SI= np.linalg.inv(S)

  def score(xtst, ytst, m, SI):
      nc = 0
      for i in range(len(ytst)):
          d = np.array([mahalanobis(xtst[i],m[0],SI),
                        mahalanobis(xtst[i],m[1],SI)])
          c = np.argmin(d)
          if (c == ytst[i]):
              nc += 1
      return nc / len(ytst)

  mscore = score(xtst, ytst, [m0,m1], SI)
  escore = score(xtst, ytst, [m0,m1], np.identity(30))
  print("Mahalanobis score = %0.4f" % mscore)
  print("Euclidean score = %0.4f" % escore)
```

上述代码首先导入所需的模块，包括 SciPy 中的 mahalanobis 函数❶。该函数接收两个向量以及协方差矩阵的逆作为参数，并返回马氏距离的计算结果。然后将数据集保存在 d 中，并将类别标签保存在 l 中。将数据随机打乱❷，选择前 400 个样本作为训练数据（xtrn）和类别标签（ytrn），剩下的样本作为测试集（xtst、ytst）。

接下来训练模型。训练过程如下：首先将属于各个类别的样本提取出来❸，然后计算 m0 和 m1，m0 和 m1 分别对应类别 0 和类别 1 中所有 30 个特征的各个样本均值。最后，计算整个训练数据的协方差矩阵（S）及其逆（SI）。

score 函数的参数分别是测试样本、各类均值向量的列表以及协方差矩阵的逆。score 函数将遍历每个测试样本并计算其马氏距离（d），然后选择马氏距离最小的类别作为类别标签（c）。每多一个得到正确分类的样本，就对 nc 加 1。程序运行结束后，score 函数将返回总体准确率。

上述代码调用了两次 score 函数。第一次传入协方差矩阵的逆；第二次传入单位矩阵，这相当于计算欧氏距离。最后对比两次调用的输出结果。

由于将数据集随机打乱了❷，因此每次执行的结果会稍有不同。运行上述代码 100 次并对结果取平均（并带有正负标准差），结果如下：

距离	平均分
马氏距离	0.9595±0.0142
欧氏距离	0.8914±0.0185

很明显，马氏距离的版本模型效果更好，准确率提高了大约 7%。

近来，马氏距离在深度学习中的应用场景如下：取最后一个嵌入层的输出向量，计算其马氏距离，用以进行“领域外数据检测”和“攻击样本识别”。其中，领域外数据指的是来自与模型训练数据完全不同领域的数据，攻击样本则指的是攻击者估计并构造的用于欺骗模型的样本。攻击样本会欺骗模型将它们识别为类别 X，但它们本身并非真正属于类别 X。

6.3.4 K-L 散度

K-L 散度又称相对熵，用于衡量两个概率分布的相似程度。K-L 散度越小，两个概率分布越相似。

如果 P 和 Q 分别表示两个离散概率分布，则 K-L 散度为

$$D_{\mathrm{KL}}(P \parallel Q) = \sum_x P(x) \log_2 \left(\frac{P(x)}{Q(x)} \right)$$

其中，$\log_2$ 是以 2 为底的对数，这是信息论中的一个度量，输出单位为位（也称比特，即 bit）。不过有时候，我们也使用自然对数 ln，此时这个度量的单位为奈特（nat）。在 SciPy 中，用于实现 K-L 散度的函数 rel_entr 位于 scipy.special 模块中。注意，rel_entr 函数使用自然对数而不是以 2 为底的对数。此外你还应该注意，K-L 散度并非数学意义上的距离度量，因为其不满足对称性，即 $D_{\mathrm{KL}}(P \parallel Q) \neq D_{\mathrm{KL}}(Q \parallel P)$，但这并不妨碍人们经常使用 K-L 散度。

让我们通过一个例子来看看 K-L 散度如何度量离散分布之间的差异。首先，分别度量两个不同的二项分布与一个均匀分布的差异，然后通过画图查看这种度量是否合理。

为此，生成一组均匀分布的样本，取值一共有 12 种可能。我们可以利用 np.random.randint 函数快速得到想要的样本。接下来生成两组符合二项分布的样本 $B(12, 0.4)$和 $B(12, 0.9)$，它们分别对应 12 次以 0.4 和 0.9 为事件概率的实验。在基于生成的样本绘制直方图时，为了把直方图调整为概率的形状，我们需要将直方图上每一点的值除以样本总数，这样就可以计算它们之间的 K-L 散度了：

```
from scipy.special import rel_entr
N = 1000000
❶ p = np.random.randint(0,13,size=N)
❷ p = np.bincount(p)
❸ p = p / p.sum()
q = np.random.binomial(12,0.9,size=N)
q = np.bincount(q)
q = q / q.sum()
w = np.random.binomial(12,0.4,size=N)
w = np.bincount(w)
w = w / w.sum()
print(rel_entr(q,p).sum())
print(rel_entr(w,p).sum())
```

上述代码从 SciPy 中加载了 rel_entr 函数，并指定各个分布的样本量 $N = 1\,000\,000$。我们可以采用相同的方法依次对各个分布进行采样。上述代码首先对均匀分布采样 N 次❶，之所以使用 randint 函数，原因在于其返回值是位于区间[0, 12]的整数，从而与对二项分布进行 12 次实验的输出离散值一致。然后调用 np.bincount 函数，为样本生成直方图。np.bincount 函数用于统计给定向量中不同取值的频数❷。最后，将频数除以样本总数，即可得到频率❸。我们得到了由

12 个元素构成的概率分布 p，表示 randint 函数返回的整数 0～12 的出现概率。假定 randint 函数的伪随机数生成器工作正常，我们预期 p 中每个取值的概率大体相等（NumPy 使用了性能优良的 Mersenne Twister 伪随机数生成器，我们对结果很有信心）。

用 binomial 函数替换 randint 函数，重复以上过程，分别采用 0.9 和 0.4 为单次事件概率进行采样。同样，将直方图中的频数除以样本总量，得到余下的两个概率分布 q 和 w。

至此，我们完成度量分布之间差异的各项准备。在调用 rel_entr 函数时，注意不是直接返回 D_{KL}，而是返回一个与输入大小相同的向量，对这个向量进行求和才能得到 D_{KL}。因此，我们需要手动对结果进行求和以得到实际的 K-L 散度。最后输出求和结果，用均匀分布分别与两个二项分布做比较。

由于采样的随机性，每次执行的结果都会稍有不同，其中一次执行的结果如下：

分布	差异
$D_{KL}(Q\|P)$	1.1826
$D_{KL}(W\|P)$	0.6218

结果表明，以 0.9 为单次事件概率的二项分布与均匀分布的差异，要大于以 0.4 为单次事件概率的二项分布与均匀分布的差异。记住，差异越小意味着两个概率分布越相似。

上述结果可以相信吗？我们可以通过对分布进行可视化来做出判断，绘制这 3 个分布的图形，然后看看 $B(12, 0.4)$是否比 $B(12, 0.9)$更像均匀分布，如图 6-1 所示。

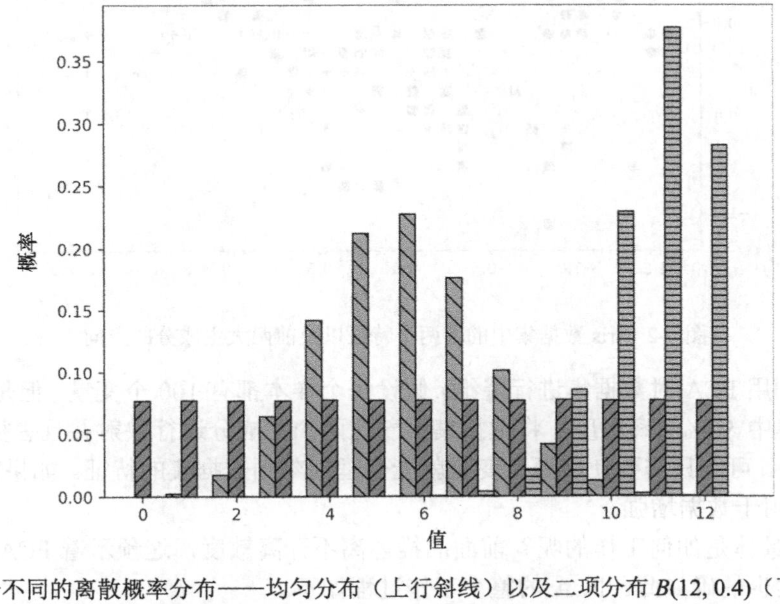

图 6-1 3 个不同的离散概率分布——均匀分布（上行斜线）以及二项分布 $B(12, 0.4)$（下行斜线）和 $B(12, 0.9)$（水平线）

尽管二项分布 $B(12, 0.4)$和 $B(12, 0.9)$明显与均匀分布不同，但是 $B(12, 0.4)$的取值相比 $B(12, 0.9)$更加均匀地分布在中间位置，因此我们有理由认为 $B(12, 0.4)$更像均匀分布，这与 K-L 散度给出的结论一致。

6.4 主成分分析

假定 $\boldsymbol{X}$ 是表示数据集的矩阵。我们知道，每个特征的方差未必都相同。把每个样本看成 n 维空间中的一个点，n 为每个样本的特征数。想象一下，从不同的方向看过去，分散的样本点将表现为不同的点云图。

主成分分析（PCA）就是学习这些散点的不同方向的一项技术。首先寻找样本点分布最离散的方向，称为主成分。然后采用同样的方式从剩下的离散度中寻找最大方向作为新的主成分，并确保各个主成分之间相互正交。观察图 6-2，我们在二维数据集中画了两个箭头。在对数据一无所知的情况下，我们可以看到，长箭头指向离散度最大的方向，这就是主成分的含义。

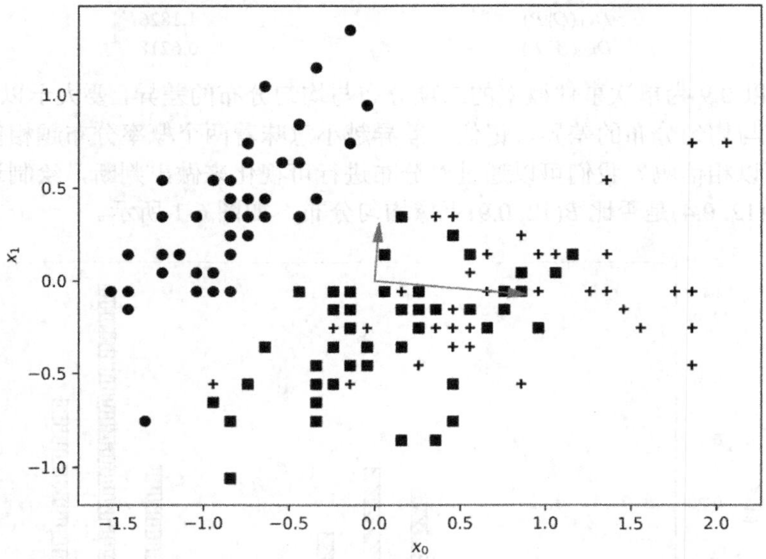

图 6-2 iris 数据集中的前两个特征以及前两大主成分的方向

我们经常利用 PCA 对数据集进行降维。假设每个样本都有 100 个变量，但是前两大主成分已经解释数据集中 95%的离散度，将数据集沿着这两个主成分进行映射并且丢掉剩下的 98 个成分，如此一来，可能只需要使用两个变量就能合理地刻画数据集的特征。如果特征是连续值，则 PCA 还可以用于数据增强。

那么 PCA 具体是如何工作的呢？前面的描述离不开离散度，这预示着 PCA 有可能使用协方差矩阵，事实也的确如此。PCA 的整个工作过程如下。

（1）对数据去均值。

（2）计算去均值后的数据的协方差矩阵。

（3）计算协方差矩阵的特征值和特征向量。

（4）对特征值的绝对值从大到小进行排序。

（5）丢掉幅度最小的几个特征值和对应的特征向量（可选）。

（6）用余下的特征向量构造变换矩阵 $\boldsymbol{W}$。

（7）利用变换矩阵将原始值变换为新的值，即 $\boldsymbol{x}' = \boldsymbol{W}\boldsymbol{x}$。有时候，它们也称为衍生变量。

下面我们利用 iris 数据集演示一下 PCA 的工作过程，如代码清单 6-1 所示。

代码清单 6-1：PCA

```
  from sklearn.datasets import load_iris
  iris = load_iris().data.copy()
❶ m = iris.mean(axis=0)
  ir = iris - m
❷ cv = np.cov(ir, rowvar=False)
❸ val, vec = np.linalg.eig(cv)
  val = np.abs(val)
❹ idx = np.argsort(val)[::-1]
  ex = val[idx] / val.sum()
  print("fraction explained: ", ex)
❺ w = np.vstack((vec[:,idx[0]],vec[:,idx[1]]))

❻ d = np.zeros((ir.shape[0],2))
  for i in range(ir.shape[0]):
      d[i,:] = np.dot(w,ir[i])
```

代码清单 6-1 通过 sklearn 加载了 iris 数据集。由于 iris 数据集包含 150 个样本，而每个样本都有 4 个特征，因此整个数据集可以表示为一个 150 × 4 的矩阵。首先计算各个特征的均值 m❶，然后用 iris 数据集减去均值 m，这里用到了 NumPy 的广播规则，对 m 与每一行都进行相减，得到去除均值后的矩阵 ir。

接下来计算协方差矩阵❷。由于每个样本都有 4 个特征，因此这里输出的 cv 是一个 4 × 4 的矩阵。计算 cv 的特征值和特征向量❸，并且取特征值的绝对值以得到其幅度。为了对幅度从大到小进行排序，这里利用了 Python 中对列表或数组进行逆序的语法[::−1]❹，以得到我们想要的排序向量。

特征值的幅度与数据集沿各主成分的方差占比成比例。因此，用特征值的总和对其进行归一化，即可得到各主成分的解释度（ex）。在这个例子中，各主成分对总体方差的解释度占比如下：

```
fraction explained: [0.92461872 0.05306648 0.01710261 0.00521218]
```

这意味着前两个主成分已经解释数据集中接近 98%的方差，我们只需要保留前两个主成分用于进行后面的实验。

可利用最大的两个特征值对应的特征向量构建变换矩阵❺。回顾一下，eig 函数将返回以特征向量为列向量的矩阵 vec。由于要将原始的四维特征映射为新的二维特征，因此我们构建的变换矩阵将是一个 2 × 4 的矩阵。

我们最后要做的就是把变换后的样本保存下来，并把降维后的数据赋给 d❻。现在，我们可以对降维后的数据进行绘图，并标注图中各个点所属的类别标签，如图 6-3 所示。

图 6-2 是对原始数据的前两维特征进行绘图的结果，其中的箭头指向前两大主成分，箭头的大小体现了主成分解释的方差占比的多少。我们知道，第一个主成分能够解释绝大多数的方差，这在图 6-2 中也有体现。

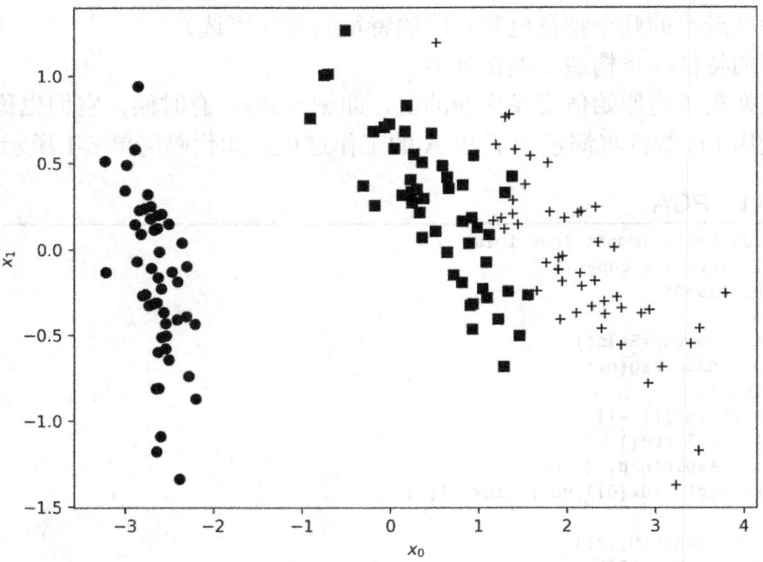

图 6-3　经过 PCA 变换后的数据集

图 6-3 中的衍生变量让整个数据集变得更容易处理。相比图 6-2 中的两个原始特征，新的变量在不同类别之间有了更好的区分度。有时候，PCA 能够通过降维让模型更容易学习，但这不是必然的。在进行主成分分析的过程中，也有可能丢失关键的分类信息。因此，在深度学习中，进行充分的实验往往非常有必要。

由于 PCA 已经得到广泛使用，大多数框架对 PCA 提供了支持。利用 sklearn.decomposition 模块提供的 PCA 类，我们可以快速实现前面通过大量代码才能达到的效果：

```
from sklearn.decomposition import PCA
pca = PCA(n_components=2)
pca.fit(ir)
d = pca.fit_transform(ir)
```

降维后的新数据被保存在 d 中。PCA 类与 sklearn 中的其他类十分相似，也需要先指定所需的成分数，再调用 fit 函数以生成转移矩阵（代码清单 6-1 中的 w），最后调用 fit_transform 函数以完成特征变换。

6.5 奇异值分解和伪逆

奇异值分解（Singular Value Decomposition，SVD）是一项非常有用的技术。利用这项技术，我们可以把任意矩阵分解成 3 个具有特殊性质的矩阵的相乘形式。SVD 的推导过程已经超出本书的讨论范围。如果想要了解 SVD 的由来及其深层含义，线性代数的书中大多有关于 SVD 的详细介绍，读者可以参考。在这里，关于 SVD，你只需要了解 SVD 的定义、基本思想、基础用法及其如何在 Python 中使用。在深度学习中，有时候需要对非方阵求伪逆，此时 SVD 就派上用场了。

给定大小为 $m \times n$ 的实数矩阵 $\boldsymbol{A}$，m 可以等于或不等于 n，对 $\boldsymbol{A}$ 进行 SVD 后得到的输出为

$$A = U\Sigma V^{\mathrm{T}} \tag{6.10}$$

$\boldsymbol{A}$ 被分解为 3 个矩阵：$\boldsymbol{U}$、$\boldsymbol{\Sigma}$ 和 $\boldsymbol{V}$。注意，有时候你会看到 $\boldsymbol{V}^{\mathrm{T}}$ 被写成 $\boldsymbol{V}^*$。$\boldsymbol{V}^*$ 是 $\boldsymbol{V}$ 的共轭转置矩阵，这是 $\boldsymbol{A}$ 的取值可以为复数时的一般形式。由于这里限定矩阵的取值为实数，因此我们只需要进行普通的转置即可。SVD 会将大小为 $m \times n$ 的矩阵 $\boldsymbol{A}$ 分解为 $m \times m$ 的正交矩阵 $\boldsymbol{U}$、$m \times n$ 的对角矩阵 $\boldsymbol{\Sigma}$ 以及 $n \times n$ 的正交矩阵 $\boldsymbol{V}$。由于正交矩阵的逆就是其转置矩阵，因此 $\boldsymbol{UU}^{\mathrm{T}} = \boldsymbol{I}_m$、$\boldsymbol{VV}^{\mathrm{T}} = \boldsymbol{I}_n$，其中两个单位矩阵的下标表示它们的大小分别为 $m \times m$ 和 $n \times n$。

读到这里，你可能会对 $m \times n$ 的对角矩阵 $\boldsymbol{\Sigma}$ 产生疑惑。因为前面讲过，对角矩阵都是方阵。实际上，这里说的是矩形对角矩阵。矩形对角矩阵其实是对角矩阵的一种自然扩展，这种矩阵只有主对角线元素非零，其他元素全为零。例如：

$$\boldsymbol{M} = \begin{bmatrix} 1 & 0 & 0 & 0 & 0 \\ 0 & 2 & 0 & 0 & 0 \\ 0 & 0 & 3 & 0 & 0 \end{bmatrix}$$

这是一个 3×5 的矩形对角矩阵，只有主对角线元素非零。“奇异值分解”中的“奇异”是指对角矩阵 $\boldsymbol{\Sigma}$ 中的元素为奇异值，它们等于矩阵 $\boldsymbol{A}^{\mathrm{T}}\boldsymbol{A}$ 的正特征值的平方根。

6.5.1 SVD 实战

让我们实践一下利用 SVD 如何进行矩阵分解。我们的测试对象为

$$\boldsymbol{A} = \begin{bmatrix} 3 & 2 & 2 \\ 2 & 3 & -2 \end{bmatrix}$$

实战过程如下。首先通过 scipy.linalg 导入 SVD：

```
>>> from scipy.linalg import svd
>>> a = np.array([[3,2,2],[2,3,-2]])
>>> u,s,vt = svd(a)
```

其中，u 和 vt 对应式（6.10）中的 $\boldsymbol{U}$ 和 $\boldsymbol{V}^{\mathrm{T}}$，s 中包含奇异值。

```
>>> print(u)
[[-0.70710678 -0.70710678]
 [-0.70710678  0.70710678]]
>>> print(s)
[5. 3.]
>>> print(vt)
[[-7.07106781e-01 -7.07106781e-01 -5.55111512e-17]
 [-2.35702260e-01  2.35702260e-01 -9.42809042e-01]
 [-6.66666667e-01  6.66666667e-01  3.33333333e-01]]
```

然后检验奇异值是否就是矩阵 $\boldsymbol{A}^{\mathrm{T}}\boldsymbol{A}$ 的正特征值的平方根：

```
>>> print(np.linalg.eig(a.T @ a)[0])
[2.5000000e+01 5.0324328e-15 9.0000000e+00]
```

结果确实如此，5 和 3 刚好就是 25 和 9 的平方根。这里用到了 eig 函数。eig 函数将返回一个列表，其中的第一项是由特征值构成的向量。注意，这里还有第三个特征值：0。你可能会有疑问：多小的特征值会被视为 0？这里没有硬性的规定，通常我把小于 10^{-9} 的特征值视为 0。

在 SVD 的定义中，$\boldsymbol{U}$ 和 $\boldsymbol{V}$ 为酉矩阵。也就是说，它们与自身的转置矩阵相乘后，结果应该是单位矩阵：

```
>>> print(u.T @ u)
[[1.00000000e+00 3.33066907e-16]
 [3.33066907e-16 1.00000000e+00]]
>>> print(vt @ vt.T)
[[ 1.00000000e+00  8.00919909e-17 -1.85037171e-17]
 [ 8.00919909e-17  1.00000000e+00 -5.55111512e-17]
 [-1.85037171e-17 -5.55111512e-17  1.00000000e+00]]
```

根据刚才所讲的特征值可以视为 0 的标准，上面的结果确实就是单位矩阵。注意 svd 函数的返回结果是 $\boldsymbol{V}^{\mathrm{T}}$ 而不是 $\boldsymbol{V}$，但由于 $(\boldsymbol{V}^{\mathrm{T}})^{\mathrm{T}}=\boldsymbol{V}$，因此我们依然是在计算 $\boldsymbol{V}^{\mathrm{T}}\boldsymbol{V}$。

svd 函数返回的是矩阵 $\boldsymbol{\Sigma}$ 的对角线元素。因此，要想利用矩阵 $\boldsymbol{U}$、$\boldsymbol{\Sigma}$ 和 $\boldsymbol{V}^{\mathrm{T}}$ 重构矩阵 $\boldsymbol{A}$，就需要先构造矩阵 $\boldsymbol{\Sigma}$。

```
>>> S = np.zeros((2,3))
>>> S[0,0], S[1,1] = s
>>> print(S)
[[5. 0. 0.]
 [0. 3. 0.]]
>>> A = u @ S @ vt
>>> print(A)
[[ 3. 2.  2.]
 [ 2. 3. -2.]]
```

上面的输出结果几乎就是最初的矩阵，只不过数据类型不是整数。对于此类微小的变化，我们在编写代码的时候应时刻关注。

6.5.2　SVD 的两个应用

SVD 的用处多吗？答案是“非常多”。本节介绍 SVD 的两个应用。首先是用 SVD 实现 PCA。其实，前面用到的 sklearn 中的 PCA 类的底层就是基于 SVD 实现的。其次是在深度学习中，用 SVD 求穆尔-彭罗斯伪逆，这是方阵的逆在矩阵上的一般性扩展。

1. 用 SVD 实现 PCA

我们可以在 iris 数据集上利用 SVD 进行主成分分析，以便与之前的结果进行对比。其中的关键步骤是截取矩阵 $\boldsymbol{\Sigma}$ 和 $\boldsymbol{V}^{\mathrm{T}}$ 中最大的特定奇异值对应的元素。在 svd 函数的返回结果中，由于奇异值是按降序排列的，因此只需要截取矩阵 $\boldsymbol{\Sigma}$ 中的前 k 列元素就可以了。代码如下：

```
  u,s,vt = svd(ir)
❶ S = np.zeros((ir.shape[0], ir.shape[1]))
  for i in range(4):
      S[i,i] = s[i]
❷ S = S[:, :2]
  T = u @ S
```

其中，ir 来自代码清单 6-1，它是对表示 iris 数据集的矩阵去中心化之后的结果，其中包含 150 行样本，每一行对应 4 个维度的特征。通过调用 svd 函数，我们可以得到 ir 的分解结果。接下来构造协方差矩阵❶。由于 iris 数据集有 4 维特征，因此返回的向量中包含 4 个奇异值。

最后，截取 S 中的前两列元素❷，把协方差矩阵的大小从 150 × 4 改为 150 × 2。用 $\boldsymbol{U}$ 乘以变换后的协方差矩阵，即可得到 iris 数据集的变换结果。由于矩阵 $\boldsymbol{U}$ 的大小为 150 × 150，而协方差矩阵的大小为 150 × 2，因此我们最终得到 150 × 2 的矩阵 $\boldsymbol{T}$。如果使用语法 T [:, 0]和 T [:, 1] 将结果绘制出来，我们将得到与图 6-3 相同的效果。

2. 穆尔-彭罗斯伪逆

下面计算矩阵 $\boldsymbol{A}$（大小为 $m \times n$）的穆尔-彭罗斯伪逆，记为 $\boldsymbol{A}^+$。之所以称 $\boldsymbol{A}^+$ 是伪逆，是因为当 $\boldsymbol{A}^+$ 与 $\boldsymbol{A}$ 在一起时，$\boldsymbol{A}^+$可以扮演类似逆矩阵的角色：

$$\boldsymbol{A}\boldsymbol{A}^+\boldsymbol{A} = \boldsymbol{A} \tag{6.11}$$

其中，$\boldsymbol{A}\boldsymbol{A}^+$ 的作用类似于单位矩阵。

为了对矩形对角矩阵求伪逆，我们需要对各非零元素求倒数，然后进行转置。知道了这一点后，我们就可以利用 SVD 计算任意矩阵的伪逆。换言之，对于矩阵 $\boldsymbol{A}$ 有 $\boldsymbol{A}=\boldsymbol{U}\boldsymbol{\Sigma}\boldsymbol{V}^*$，于是有

$$\boldsymbol{A}^+ = \boldsymbol{V}\boldsymbol{\Sigma}^+\boldsymbol{U}^*$$

注意，这里用共轭转置矩阵 $\boldsymbol{V}^*$取代了普通转置矩阵 $\boldsymbol{V}^{\mathrm{T}}$。当 $\boldsymbol{A}$ 是实数矩阵时，普通转置等价于共轭转置。

让我们检验一下 $\boldsymbol{A}^+$ 扮演的角色。首先对矩阵 $\boldsymbol{A}$ 进行奇异值分解，然后基于分解结果计算伪逆，最后判断伪逆是否满足式（6.11）。

矩阵 $\boldsymbol{A}$ 在前面 SVD 的例子中也用到过：

```
>>> A = np.array([[3,2,2],[2,3,-2]])
>>> print(A)
[[ 3  2  2]
 [ 2  3 -2]]
```

通过对矩阵 $\boldsymbol{A}$ 进行奇异值分解，我们可以得到矩阵 $\boldsymbol{U}$、$\boldsymbol{V}^{\mathrm{T}}$和 $\boldsymbol{\Sigma}$ 的对角线元素。利用对角线元素，则可以构造矩阵 $\boldsymbol{\Sigma}^+$。$\boldsymbol{\Sigma}^+$ 是 $\boldsymbol{\Sigma}$ 的转置矩阵，并且非零元素要改为倒数。

```
>>> u,s,vt = svd(A)
>>> Splus = np.array([[1/s[0],0],[0,1/s[1]],[0,0]])
>>> print(Splus)
[[0.2        0.        ]
 [0.         0.33333333]
 [0.         0.        ]]
```

接下来就可以计算 $\boldsymbol{A}^+$ 并验证 $\boldsymbol{A}\boldsymbol{A}^+\boldsymbol{A} = \boldsymbol{A}$ 了：

```
>>> Aplus = vt.T @ Splus @ u.T
>>> print(Aplus)
[[ 0.15555556 0.04444444]
 [ 0.04444444 0.15555556]
 [ 0.22222222 -0.22222222]]
>>> print(A @ Aplus @ A)
[[ 3.  2.  2.]
 [ 2.  3. -2.]]
```

在这个例子中，$\boldsymbol{A}\boldsymbol{A}^+$ 就是单位矩阵：

```
>>> print(A @ Aplus)
[[1.00000000e+00 5.55111512e-17]
 [1.66533454e-16 1.00000000e+00]]
```

对奇异值分解和线性代数的讲解到此结束，内容虽然不多，却已经涵盖你需要掌握的大部分知识点。

6.6 小结

本章和第 5 章探讨了线性代数的很多内容。但是作为数学的一个重要分支，线性代数的内容远不止这些。

本章首先介绍了方阵及其特性，然后介绍了特征值和特征向量以及它们的计算方式和用法，接下来介绍了向量的模长以及其他的距离度量方式（它们在深度学习中十分常用），最后介绍了 PCA 及其用法，此外还介绍了 SVD 以及两个与深度学习有关的 SVD 应用。

从第 7 章开始，我将转向对微分进行介绍。幸运的是，你只需要了解微分中与深度学习相关的非常简单的一少部分内容。请系好安全带，乖乖坐在车内，跟我一起驶入微分的世界。

第7章

微分

艾萨克·牛顿爵士与戈特弗里德·威廉·莱布尼茨分别从他们各自角度独立发明的微积分是人类数学史上伟大的成就之一。微积分主要包含微分和积分两部分。微分讨论变化速率及其关系，主要进行求导运算；积分的概念则建立在曲线下方面积的计算这类问题上。

在深度学习中，我们不需要求积分，但是我们会经常用到微分。例如，利用梯度下降法训练神经网络的参数实际上就用到了微分，因为参数的更新依赖于利用反向传播算法进行求导的结果。

本章的核心内容是导数。本章将首先介绍斜率的概念以及斜率与导数的关系，然后给出导数的正式定义以及函数关于变量求导的法则。接下来，本章将介绍如何利用导数寻找函数的极大值和极小值。偏导数是多变量函数关于其中一个变量的导数，偏导数在反向传播算法中得到了大量应用。本章最后介绍了梯度，旨在引入矩阵微分的内容。

7.1 斜率

直线方程的如下定义形式利用了斜率和截距：

$$y = mx + b$$

其中，m 为直线的斜率，b 为截距（即直线与 y 轴相交的位置）。在这里，我们关注的是斜率的大小。如果已知直线上的两点(x_1, y_1)和(x_0, y_0)，则可以计算出斜率的大小为

$$m = \frac{y_1 - y_0}{x_1 - x_0}$$

斜率的大小体现了 x 一定量的变化会带来多少 y 的变化。如果斜率为正数，则 x 的增加会导致 y 相应增加。反过来，如果斜率为负数，则 x 的增加会导致 y 的减小。

直线方程的这种定义形式表明直线的斜率是一个关于 x 和 y 的比例常数。由于截距 b 是一个常数偏移量，因此如果 x 的位置从 x_1 移到 x_0，则 y 的变化量为 $m(x_1-x_0)$。也就是说，斜率体现了两种事物的变化关系，这个概念在本书中会被频繁使用。

我们来看几个例子。图 7-1 给出了一条曲线以及两条与之相交的直线。

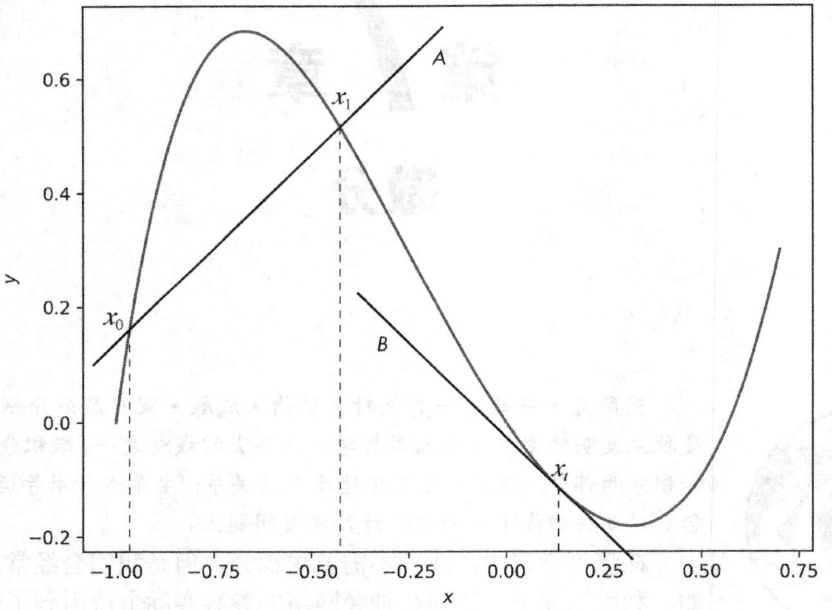

图 7-1　曲线的割线（直线 A）与切线（直线 B）

观察图 7-1，直线 A 与曲线相交于两点 x_1 和 x_0。这种与曲线相交于两点的直线被称为割线。直线 B 则与曲线相交于一点，这种与曲线仅有一个交点的直线被称为切线。在这里，你需要注意两点：首先，切线在切点 x_t 处有一个斜率；其次，随着两个交点 x_1 和 x_0 趋于一点，割线最终会变为切线。

可以想象，随着曲线上的一点所对应横坐标的位置不断变化，曲线在该点处的切线斜率也会相应改变。当不断靠近极小值点 $x = 0.3$ 时，切线的斜率会逐渐变为 0。如果从左侧靠近该点，斜率会从负数逐渐变为 0；如果从右侧靠近该点，斜率会从正数逐渐变为 0。而在 $x = 0.3$ 这一点处，切线为水平方向，斜率为 0。与此类似，在极大值点 $x = -0.7$ 的位置，切线的斜率也为 0。

由此可见，斜率反映了曲线在某一点如何变化。本章在后面将会指出，在曲线的极大值点和极小值点处，切线的斜率为 0，这为我们提供了一种寻找极值点的方法。切线斜率为 0 的点也被称为驻点。

当然，为了运用切线斜率，你首先需要知道曲线在 x 点处的切线斜率如何计算。7.2 节将为你揭晓答案。

7.2 导数

7.1 节介绍了割线和切线的概念，并且提到若能计算曲线在任意点处切线斜率的大小，这对我们将非常有用。我们称曲线在 x 点处的切线斜率为曲线在 x 点处的导数。导数的大小反映了曲线（函数）在这一点处，随着 x 发生无限小的变化，函数值相应的变化量。本节将给出导数的正式定义，并且提供一些快速对函数关于单变量 x 求导的法则。

7.2.1 导数的正式定义

我在前面提到过，随着割线与曲线相交的两点趋于一点，割线最终会变为切线，这就引出了极限的概念。

7

例如，已知曲线 $y=f(x)$上的两点 x_0 和 x_1，这两点之间的斜率 $\Delta y/\Delta x$ 为

$$\frac{\Delta y}{\Delta x}=\frac{y_1-y_0}{x_1-x_0}=\frac{f(x_1)-f(x_0)}{x_1-x_0} \tag{7.1}$$

其中，$\Delta y=y_1-y_0=f(x_1)-f(x_0)$表示曲线的上升（或下降）高度，$\Delta x=x_1-x_0$ 则表示曲线上升（或下降）时移动的水平距离。Δ 通常写在变量的前面，表示变化量。

若定义 $h=x_1-x_0$，则式（7.1）可以改写为

$$\frac{\Delta y}{\Delta x}=\frac{f(x_0+h)-f(x_0)}{h}$$

这里将 x_1 替换成了 x_0+h。

有了这种形式，我们就可以通过令 $h\to 0$ 来得到曲线在点 x_0 处切线斜率的大小。让一个值趋于另一个值的过程被称为极限。令 $h\to 0$ 的过程就是让计算斜率的两点不断靠近。由此可以得到导数的定义为

$$\frac{\mathrm{d}y}{\mathrm{d}x}=f'(x)\equiv\lim_{h\to 0}\frac{f(x+h)-f(x)}{h} \tag{7.2}$$

其中，$\mathrm{d}y/\mathrm{d}x$ 和 $f'(x)$ 都表示 $f(x)$的导数。

在讲解导数的意义之前，我先介绍一下导数的记号。式（7.2）中的 $f'(x)$ 遵循的是约瑟夫·路易·拉格朗日给出的规范。莱布尼茨则用 $\mathrm{d}y/\mathrm{d}x$ 来模仿斜率的定义，其中的 d 对应斜率中的 Δ。如果 Δy 表示两点之间 y 的变化，则 $\mathrm{d}y$ 就是 y 在一点处的无穷小变化。对于导数，牛顿使用了另一种记号 $\dot{f}$ 。在物理学中，当关于时间求导时，我们通常使用牛顿给出的记法。例如，如果物体的位置是关于时间 t 的函数 $f(t)$ ，则 $\dot{f}(t)$ 就是关于时间 t 的导数， $\dot{f}(t)$ 反映了位置的变化率与时间的关系，而位置的变化率就是速度（如果将方向考虑在内，则位置的变化率又称为速率）。在本书中，我习惯了在研究时间的函数时使用 $\dot{f}$，而在其他地方不加区分地使用 $f'(x)$ 或 $\mathrm{d}y/\mathrm{d}x$。

根据式（7.2）进行极限求导不免让人生畏，好在有一些法则，它们能让我们在不使用极限

的情况下，计算几乎任意导数。在介绍这些法则之前，我们先讨论导数到底有什么实际的意义。前面曾提到，可以用导数表示位置关于时间的变化率。所有的导数都具有这种意义，即某一事物与另一事物的变化关系。其实，从莱布尼茨给出的记号 dy/dx 上，我们就可以清楚地看到这一点，dy/dx 表示 dx 的变化会带来多少 dy 的变化。函数在某一点 x 处的导数为函数在该点处的变化率。你会看到，函数 $f(x)$的导数本身也是关于 x 的函数。考虑函数曲线上的一点 x_0，对应的函数值为 $f(x_0)$。

点 x_0 处的导数 $f'(x_0)$ 表示函数 $f'(x)$ 在点 x_0 处沿 x 方向的变化率。其实，速度的定义就是位置关于时间的变化率。

我们可以把导数当成一种指标，用来衡量某一事物的变化对另一事物的影响程度。我们最终的目的是研究在深度学习中，深度网络参数的变化对损失函数的影响，后者是关于深度网络输出与真实结果的误差函数。

既然 $f'(x)$ 是关于 x 的函数，当然也就可以对 $f'(x)$ 进行求导。我们称 $f'(x)$ 为一阶导数，并称 $f'(x)$ 的导数为二阶导数，记为 $f''(x)$ 。如果按照莱布尼茨给出的规范，则可以写成 d^2y/dx^2。二阶导数反映了一阶导数关于 x 的变化率。由于一阶导数是位置函数关于时间的变化率（即速度），因此位置函数的二阶导数其实就是速度函数的一阶导数，代表速度的变化率，也就是加速度。

从理论上，导数的阶数可以无限增加下去，但实际上很多函数的导数在达到一定阶数的时候就会变为常数。由于常数不发生变化，因此继续求导的结果为 0。

总结一下，函数 $f(x)$的导数是另一个函数 $f'(x)$ 或 dy/dx，表示函数 $f(x)$在任意点处的变化率。同时，由于 $f'(x)$ 也是 x 的函数，因此 $f'(x)$ 也有导数，即二阶导数 $f''(x)$ 或 d^2y/dx^2，表示函数 $f'(x)$ 在任意点处的变化率，以此类推。本章稍后将介绍一阶导数和二阶导数的应用，下面我们先学习微分法则，从而掌握如何求导。

7.2.2 基本法则

前面曾提到，常数 c 的导数为 0，即

$$\frac{d}{dx}c = 0$$

你可以把 d/dx 想象成与负号类似的运算符。例如，$-c$ 就是对 c 求负，因此 dc/dx 就是对 c 求导。表达式中如果不含有 x，则可以视作关于 x 的常数，其导数为 0。

1. 幂法则

对 x 的幂运算求导需要运用幂法则：

$$\frac{d}{dx}ax^n = nax^{n-1}$$

其中，a 为常数，n 为指数项，n 可以不是整数。我们来看几个例子：

$$\frac{d}{dx}x^3 = 3x^2$$

$$\frac{\mathrm{d}}{\mathrm{d}x}4x^2 = 2 \times 4x^{2-1} = 8x$$

$$\frac{\mathrm{d}}{\mathrm{d}x}x = 1 \times x^{1-1} = x^0 = 1$$

$$\frac{\mathrm{d}}{\mathrm{d}x}\sqrt{x} = \frac{\mathrm{d}}{\mathrm{d}x}x^{\frac{1}{2}} = \frac{1}{2}x^{-\frac{1}{2}} = \frac{1}{2\sqrt{x}}$$

$$\frac{\mathrm{d}}{\mathrm{d}x}0.1x^{0.07} = 0.007x^{-0.93} = \frac{0.007}{x^{0.93}}$$

我们常用加减运算构造代数表达式。由于微分属于线性运算，故有

$$\frac{\mathrm{d}}{\mathrm{d}x}(f(x) \pm g(x)) = \frac{\mathrm{d}}{\mathrm{d}x}f(x) \pm \frac{\mathrm{d}}{\mathrm{d}x}g(x)$$

这表示对每一项分别求导。例如，根据前面介绍的规则，我们可以对多项式求导：

$$\frac{\mathrm{d}}{\mathrm{d}x}(3x^4 - 2x^2 + 3x + 4) = 12x^3 - 4x + 3$$

$$\frac{\mathrm{d}}{\mathrm{d}x}(x^5 - 7x^2 + 42) = 5x^4 - 14x$$

一般有

$$\frac{\mathrm{d}}{\mathrm{d}x}(ax^n + bx^{n-1} + cx^{n-2} + \cdots + yx + z) = anx^{n-1} + b(n-1)x^{n-2} + c(n-2)x^{n-3} + \cdots + y$$

通过观察可以发现，n 阶多项式的求导结果为$(n-1)$阶多项式，而常数项的求导结果为 0。

2. 乘法法则

对相乘的两个函数求导需要运用乘法法则：

$$\frac{\mathrm{d}}{\mathrm{d}x}f(x)g(x) = f'(x)g(x) + f(x)g'(x)$$

求导结果为第一个函数的导数乘以第二个函数，再加上第二个函数的导数乘以第一个函数。下面给出了几个例子：

$$\begin{aligned}\frac{\mathrm{d}}{\mathrm{d}x}(x^2 - 4)(3x + 3) &= 2x(3x + 3) + (x^2 - 4)(3)\\ &= 9x^2 + 6x - 12\end{aligned}$$

$$\begin{aligned}\frac{\mathrm{d}}{\mathrm{d}x}(x - 3)(4x + 5) &= 1(4x + 5) + (x - 3)(4)\\ &= 8x - 7\end{aligned}$$

$$\begin{aligned}\frac{\mathrm{d}}{\mathrm{d}x}(2x + 2)(x^2 - x - 3) &= 2(x^2 - x - 3) + (2x + 2)(2x - 1)\\ &= 6x^2 - 8\end{aligned}$$

3. 除法法则

对相除的两个函数求导需要运用除法法则：

$$\frac{\mathrm{d}}{\mathrm{d}x}\left(\frac{f(x)}{g(x)}\right)=\frac{f'(x)g(x)-f(x)g'(x)}{[g(x)]^2}$$

下面给出了几个例子：

$$\frac{\mathrm{d}}{\mathrm{d}x}\left(\frac{5x-3}{2x+1}\right)=\frac{5(2x+1)-(5x-3)(2)}{(2x+1)^2}$$

$$=\frac{11}{(2x+1)^2}$$

$$\frac{\mathrm{d}}{\mathrm{d}x}\left(\frac{x^2+2x-3}{x^3-9}\right)=\frac{(2x+2)(x^3-9)-(x^2+2x-3)(3x^2)}{(x^3-9)^2}$$

$$=-\frac{x^4+4x^3-9x^2+18x+18}{(x^3-9)^2}$$

4. 链式法则

对复合函数（复合函数以一个函数的输出作为另一个函数的输入）求导需要运用链式法则，这也是训练神经网络时的重要理论基础。链式法则如下：首先以 $g(x)$为自变量对外函数求导，然后乘以内函数关于 x 的导数。

$$\frac{\mathrm{d}}{\mathrm{d}x}f(g(x))=f'(g(x))g'(x)$$

我们以函数 $f(x)=(x^2+2x+3)^2$ 为例。这是一个复合函数吗？当然是，我们可以定义 $f(g)=g^2$ 以及 $g(x)=x^2+2x+3$。如果把 $f(g)$中所有出现 g 的地方都用 x^2+2x+3 替换掉，我们就会得到

$$f(x)=g^2=(x^2+2x+3)^2$$

这也是最初的函数定义形式。为了计算 $f'(x)$，我们需要先计算 $f'(g)$，$f'(g)$是 f 关于 g 的导数。然后乘以 $g'(x)$，$g'(x)$ 是 g 关于 x 的导数。最后，将 g 关于 x 的定义式代回方程即可。$f'(x)$ 的计算过程如下：

$$\begin{aligned}f'(x)&=2g(2x+2)\\&=2(x^2+2x+3)(2x+2)\\&=4(x+1)(x^2+2x+3)\end{aligned}$$

等到熟练以后，你就不用每次都书写 $f(g)$和 $g(x)$了，在大脑中完成运算即可。我们来看一个例子：

$$\frac{\mathrm{d}}{\mathrm{d}x}(2(4x-5)^2+3)$$

为了运用链式法则，我们可以首先定义 $f(g)=2g^2+3$ 以及 $g(x)=4x-5$，于是有

$$\frac{\mathrm{d}}{\mathrm{d}x}(2(4x-5)^2+3)=(4g)(4)$$
$$=4(4x-5)(4)$$
$$=16(4x-5)$$

其中，$f'(g)=4g$，$g'(x)=4$。等到熟练以后，我们就可以在大脑中把 $4x-5$ 想象成 $f(x)$ 的自变量（也就是 g 的定义），请记住最后还要对 $4x-5$ 求导。如果看不出这是一个复合函数，把 $f(x)$展开后再求导怎么样？结果应该与链式法则的结果一致，下面试试看：

$$\begin{aligned}f(x)&=2(4x-5)^2+3\\&=2(16x^2-40x+25)+3\\&=32x^2-80x+53\\f'(x)&=64x-80\\&=16(4x-5)\end{aligned}$$

结果一致，这说明我们对链式法则的使用是正确的。

我们再看一个例子。如何计算 $f(x)=1/3x^2$ 的导数呢？我们可以首先令 $f(x)=u(x)/v(x)$，其中 $u(x)=1$，$v(x)=3x^2$。然后运用除法法则：

$$\begin{aligned}f'(x)&=\frac{u'v-uv'}{v^2}\\&=\frac{0(3x^2)-1(6x)}{(3x^2)^2}\\&=\frac{-6x}{9x^4}\\&=-\frac{2}{3x^3}\end{aligned}$$

注意，在上面的表达式中，u 和 v 省略了定义式中的 x，这是一种简化表示形式。

也可以把 $f(x)$改写为$(3x^2)^{-1}$，有了这种表示形式，我们就可以运用链式法则和幂法则了：

$$\begin{aligned}f'(x)&=(-1)(3x^2)^{-2}(6x)\\&=\frac{-6x}{9x^4}\\&=-\frac{2}{3x^3}\end{aligned}$$

这说明很多时候求导的方法不止一种。

我们暂时遵循拉格朗日规范来介绍链式法则。本章稍后将介绍莱布尼茨规范下的链式法则。接下来，我们给出一组有关三角函数的求导法则。

7.2.3 三角函数的求导法则

初等三角函数的求导非常简单：

$$\frac{d}{dx}\sin x = \cos x$$

$$\frac{d}{dx}\cos x = -\sin x$$

$$\frac{d}{dx}\tan x = \sec^2 x$$

我们可以运用初等微分法则对正切的定义求导，从而得出最后一条求导法则：

$$\begin{aligned}\frac{d}{dx}\tan x &= \frac{d}{dx}\left(\frac{\sin x}{\cos x}\right)\\ &= \frac{\cos x\cos x - \sin x(-\sin x)}{\cos^2 x}\\ &= \frac{\sin^2 x + \cos^2 x}{\cos^2 x}\\ &= \frac{1}{\cos^2 x}\\ &= \sec^2 x\end{aligned}$$

注意，$\sec x = 1/\cos x$ 并且 $\sin^2 x + \cos^2 x = 1$。

我们来看几个例子。首先是对复合三角函数求导的一个例子：

$$\begin{aligned}\frac{d}{dx}\sin(x^3 - 3x) &= \cos(x^3 - 3x)(3x^2 - 3)\\ &= 3(x^2 - 1)\cos(x^3 - 3x)\end{aligned}$$

可以看出，这是一个由 $f(g) = \sin g$ 和 $g(x) = x^3 - 3x$ 组成的复合函数，因此可以利用链式法则计算 $f'(g)g'(x)$，其中 $f'(g) = \cos g$，而 $g'(x) = 3x^2 - 3$。上面的第二行对结果进行了化简。

我们再来看一个复杂点的例子：

$$\begin{aligned}\frac{d}{dx}\sin^2(x^3 - 3x) &= 2\sin(x^3 - 3x)\cos(x^3 - 3x)(3x^2 - 3)\\ &= 6(x^2 - 1)\sin(x^3 - 3x)\cos(x^3 - 3x)\end{aligned}$$

这一次，我们把复合函数拆分为 $f(g) = g^2$ 和 $g(x) = \sin(x^3 - 3x)$。然而，$g(x)$本身又是一个复合函数——由 $g(u) = \sin u$ 和 $u(x) = x^3 - 3x$ 组成。因此，第一步是书写

$$\begin{aligned}f'(x) &= f'(g(x))g'(x)\\ &= 2g(x)g'(x)\\ &= 2\sin(x^3 - 3x)g'(x)\end{aligned}$$

其中，第一行是复合函数求导的定义式，第二行将 $f(g)$的导数 $2g(x)$代入，第三行则将 $g(x)$的定义 $\sin(x^3 - 3x)$代入。现在，我们只计算 $g'(x)$ 即可，这可以通过运用链式法则来完成。我们将得到 $g'(x) = \cos(x^3 - 3x)(3x^2 - 3)$，代入后，最终可以得到

$$\begin{aligned}f'(x) &= 2\sin(x^3-3x)g'(x)\\ &= 2\sin(x^3-3x)\cos(x^3-3x)(3x^2-3)\\ &= 6(x^2-1)\sin(x^3-3x)\cos(x^3-3x)\end{aligned}$$

我们来看最后一个例子。现在考虑不止一个三角函数的情况，计算

$$\frac{\mathrm{d}}{\mathrm{d}x}\left(\frac{\sin^3 x}{\cos x}\right) = 2\sin^2 x + \tan^2 x$$

这里用到了三角函数运算中常用的恒等变换。将 $f(x)$ 重写为

$$\begin{aligned}f(x) &= \frac{\sin^3 x}{\cos x}\\ &= \sin^2 x\left(\frac{\sin x}{\cos x}\right)\\ &= \sin^2 x\tan x\end{aligned}$$

然后分别运用三角函数的求导法则、正切的定义、链式法则以及乘法法则，得到

$$\begin{aligned}f'(x) &= \left(\frac{\mathrm{d}}{\mathrm{d}x}\sin^2 x\right)\tan x + \sin^2 x\frac{\mathrm{d}}{\mathrm{d}x}(\tan x)\\ &= 2\sin x\cos x\tan x + \sin^2 x\sec^2 x\\ &= 2\sin x\cos x\tan x + \sin^2 x\left(\frac{1}{\cos^2 x}\right)\\ &= 2\sin x\cos x\left(\frac{\sin x}{\cos x}\right) + \tan^2 x\\ &= 2\sin^2 x + \tan^2 x\end{aligned}$$

7.2.4 指数函数和自然对数的求导法则

以自然对数的底 e（约为 2.718）为底的指数函数 e^x 的导数非常简单，结果就是 e^x 自身：

$$\frac{\mathrm{d}}{\mathrm{d}x}\mathrm{e}^x = \mathrm{e}^x$$

当自变量是关于 x 的函数时，结果变为

$$\frac{\mathrm{d}}{\mathrm{d}x}\mathrm{e}^{g(x)} = g'(x)\mathrm{e}^{g(x)} \tag{7.3}$$

如果 e^x 的导数是 e^x 自身，那么当底数不是 e 而是 a 时，a^x 的导数是多少呢？在回答这个问题之前，我们先回忆一下，e^x 和 $\ln x$ 互为反函数。其中，$\ln x$ 是以 e 为底的自然对数，故有 $\mathrm{e}^{\ln a} = a$。于是，a^x 可以写为

$$a^x = (\mathrm{e}^{\ln a})^x = \mathrm{e}^{x\ln a}$$

这样我们就可以利用式（7.3）计算 $e^{x\ln a}$ 的导数了：

$$\frac{d}{dx}e^{x\ln a}=\ln(a)e^{x\ln a}$$

由于 $e^{x\ln a}=a^x$，故有

$$\frac{d}{dx}a^x=a^x\ln a$$

通常情况下：

$$\frac{d}{dx}a^{g(x)}=\ln(a)g'(x)a^{g(x)} \tag{7.4}$$

注意，当 $a=e$ 时，有 $\ln a=1$，此时式（7.4）退化为式（7.3）。

我们再来看看自然对数的导数：

$$\frac{d}{dx}\ln x=\frac{1}{x}$$

当自变量是 x 的函数时，结果为

$$\frac{d}{dx}\ln g(x)=\frac{g'(x)}{g(x)} \tag{7.5}$$

你可能会问，如果底数不是 e，例如 $\log_{10}x$，如何求导呢？我们可以参考前面求导指数函数 a^x 的例子做类似处理。

用 x 的自然对数改写 x 以 b 为底的对数：

$$\log_b x=\frac{\ln x}{\ln b}$$

$\ln b$ 是与 x 无关的常数，并且我们已经知道 $\ln x$ 的求导法则，因此 $\log_b x$ 的求导公式为

$$\frac{d}{dx}\log_b x=\frac{1}{x\ln b}$$

上述公式对于以实数 $b\neq1$ 为底的情况都成立。一般情况下：

$$\frac{d}{dx}\log_b g(x)=\frac{g'(x)}{g(x)\ln b} \tag{7.6}$$

同样，注意当 $b=e$ 时，$\ln b=1$，此时式（7.6）退化为式（7.5）。

表 7-1 汇总了我已经介绍的求导法则，以便你随时参考。

表 7-1 求导法则

类型	规则
常数	$\frac{d}{dx}c=0$
幂	$\frac{d}{dx}ax^n=anx^{n-1}$
加减	$\frac{d}{dx}(f(x)\pm g(x))=f'(x)\pm g'(x)$

续表

类型	规则
乘法	$\frac{\mathrm{d}}{\mathrm{d}x}f(x)g(x)=f'(x)g(x)+f(x)g'(x)$
除法	$\frac{\mathrm{d}}{\mathrm{d}x}\left(\frac{f(x)}{g(x)}\right)=\frac{f'(x)g(x)-f(x)g'(x)}{[g(x)]^2}$
链式	$\frac{\mathrm{d}}{\mathrm{d}x}f(g(x))=f'(g(x))g'(x)$
三角	$\frac{\mathrm{d}}{\mathrm{d}x}\sin(g(x))=g'(x)\cos(g(x))$ $\frac{\mathrm{d}}{\mathrm{d}x}\cos(g(x))=-g'(x)\sin(g(x))$ $\frac{\mathrm{d}}{\mathrm{d}x}\tan(g(x))=-g'(x)\sec^2(g(x))$
指数	$\frac{\mathrm{d}}{\mathrm{d}x}\mathrm{e}^{g(x)}=g'(x)\mathrm{e}^{g(x)}$ $\frac{\mathrm{d}}{\mathrm{d}x}a^{g(x)}=\ln(a)g'(x)a^{g(x)}$
对数	$\frac{\mathrm{d}}{\mathrm{d}x}\ln g(x)=\frac{g'(x)}{g(x)}$ $\frac{\mathrm{d}}{\mathrm{d}x}\log_b g(x)=\frac{g'(x)}{g(x)\ln b}$

相信你已经掌握了求导的方法。我建议你找一些题来做，看看自己的计算结果与标准答案是否一致，以确保掌握这些知识点并能灵活运用。接下来，我将介绍如何通过求导来寻找函数的极大值点和极小值点。寻找极值点对于训练神经网络十分关键。

7.3 函数的极小值和极大值

前面将函数曲线上一阶导数为 0 的点定义为平稳点，在这些点处，函数曲线的切线斜率为 0。我们可以利用此信息来判断某一点 x_m 是不是函数 $f(x)$的极小值点或极大值点。函数具有极小值点 x_m，指的是$f(x_m)$在 x_m 的某一邻域内为最小值。类似地，函数具有极大值点 x_m，指的是$f(x_m)$在 x_m 的某一邻域内为最大值。我们统一称极小值点和极大值点为极值点。

如果用导数来定义，那么在极小值点处，函数的左导数为负、右导数为正；在极大值点处，函数的左导数为正、右导数为负。

观察前面的图 7-1 可以发现，函数在 $x=-0.7$ 附近有局部最大值，而在 $x=0.3$ 附近有局部最小值。如果 $x_m=-0.7$ 就是极大值点，则意味着在 x_m 的某一邻域内，任意 x_p 对应的函数值 $f(x_p)$ 都应该小于 $f(x_m)$。类似地，如果 $x_m=0.3$ 就是极小值点，则意味着在 x_m 的某一邻域内，任意 x_p 对应的函数值 $f(x_p)$都应该大于 $f(x_m)$。想象一下，如果将一条与函数曲线相切的切线自左向右滑动，那么随着这条切线靠近 $x=-0.7$，其斜率将从正值趋于 0。如果越过 $x=-0.7$，其斜率将变为负值。反过来，当这条切线从左侧靠近 $x=0.3$ 时，其斜率为负值，而一旦越过 $x=0.3$，其斜率就会变为正值。

有时候，你会碰到用全局或局部来描述极值的情况。$f(x)$的全局最小值是其极小值中最小的那个，而$f(x)$的全局最大值是其极大值中最大的那个。除了这两者，其他的极值都是局部极值：它们是函数在某个区间内的最值，但在该区间之外，则有比它们更小或更大的极值。另外请注意，并非所有函数都有极值。例如，直线$f(x)=mx+b$就没有极值，因为直线上没有任何一点能满足极值的条件。

那么，是不是导数$f'(x)=0$的点就一定是极值点呢？不一定，对于一些平稳点，虽然函数在这些点处的导数为 0，但这些点不满足极值的条件。这些点通常被称为转折点，在高维的情况下，又称鞍点。例如，$y=x^3$的一阶求导$y'=3x^2$和二阶求导$y''=6x$在$x=0$处都为 0，但是从图 7-2 中可以看出，在$x=0$的左右邻域，斜率都为正值。因此，无论是从左边还是从右边穿越$x=0$，都不会出现斜率符号发生变化的情况。$x=0$不是极值点，而是转折点。

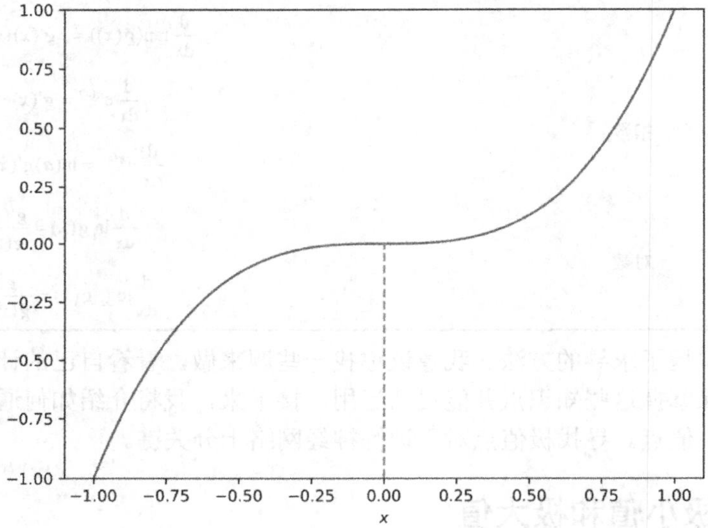

图 7-2　x=0 为转折点

总结一下，假定x_s是平稳点，即$f'(x_s)=0$。如果选择x_s左右两侧距离很小的两点$x_s-\varepsilon$和$x_s+\varepsilon$（要求ε很小），则根据$f'(x_s-\varepsilon)$和$f'(x_s+\varepsilon)$取值符号的不同，一共有 4 种情况，如表 7-2 所示。

表 7-2　判断平稳点的类型

$f'(x_s-\varepsilon)$ 和 $f'(x_s+\varepsilon)$ 取值的符号	平稳点 $x_s(x_s-\varepsilon<x_s<x_s+\varepsilon)$ 的类型
+和–	极大值点
–和+	极小值点
+和+	既不是极大值点也不是极小值点
–和–	既不是极大值点也不是极小值点

由此可见，仅凭一阶导数还不能充分判断某个点是否为极值点，还必须结合该点附近的取值来加以判断。判断某个点是否为极值点的另一种方法是观察函数在该点的二阶导数。如果 x_s 是一阶求导 $f'(x_s)=0$ 的平稳点，那么此时就可以通过二阶求导 $f''(x_s)$ 来判断到底是哪一类平稳点：如果 $f''(x_s)<0$，则是极大值点；如果 $f''(x_s)>0$，则是极小值点；如果 $f''(x_s)=0$，则说明即便通过二阶求导，也无法判断平稳点的类型，我们仍需要根据附近区域的取值来加以判断。

那么，如何才能找到可能的平稳点呢？我们需要先对一阶求导 $f'(x)=0$ 进行求解，在找到由所有的解构成的集合后，再进行二阶求导以判断哪些是极值点，哪些是转折点。

对于很多函数，我们可以直接得到一阶求导 $f'(x)=0$ 的点。例如，对于 $f(x)=x^3-2x+4$，$f'(x)=3x^2-2$，令 $f'(x)$ 等于 0，根据平方法则，我们可以得到两个平稳点：$x_0=-\sqrt{6}/3$ 和 $x_1=\sqrt{6}/3$。又由于 $f''(x)=6x$，因此根据 x_0 和 x_1 的二阶导数的取值符号可知，x_0 为极大值点，x_1 为极小值点。

7

我们可以通过例子来确认这种求导方法的正确性。比如，在图 7-3a 中，函数 $f(x)=x^3-2x+4$ 在 x_0 处有极大值，在 x_1 处有极小值。

再比如，在图 7-3b 中，对函数 $f(x)=x^5-2x^3+x+2$ 进行一阶求导，结果为

$$f'(x)=5x^4-6x^2+1=0$$

将 $u=x^2$ 代入，求方程 $5u^2-6u+1=0$ 的解，对得到的解开根号，即可得到原方程的解。结果如下：$x=\pm1, \dfrac{\pm1}{\sqrt{5}}$。因此一共有 4 个平稳点，对原方程进行二阶求导，以判断平稳点的类型。原方程的二阶求导结果为 $f''(x)=20x^3-12x$。把各个平稳点代入，可以得到

$$f''(x_0=-1)=-8$$

$$f''\left(x_1=\frac{-1}{\sqrt{5}}\right)\approx 3.5777$$

$$f''\left(x_2=\frac{1}{\sqrt{5}}\right)\approx -3.5777$$

$$f''(x_3=1)=8$$

由此可见，x_0 为极大值点，x_1 为极小值点，x_2 是另一个极大值点，x_3 是另一个极小值点。

是否存在无法简单求得平稳点的情况，比如无法求解导数为 0 的代数方程，或者没有解析表达式，导致无法用包含有限个运算的集合来描述解需要满足的条件呢？尽管微积分课程不关心这种情况，但是我们不能大意，因为神经网络在某种意义上就是函数的近似表征，虽然对于函数的形式并没有明确的定义。在这种情况下，我们还能利用前面的求导法则吗？答案是能。我们可以将导数当作指向极值点的一个路标，然后根据其指示不断地靠近极值点。这就是梯度下降法的由来，本书后面将详细讨论梯度下降法。

接下来，我们看一下当函数有多个变量时，导数的概念会有什么不同。

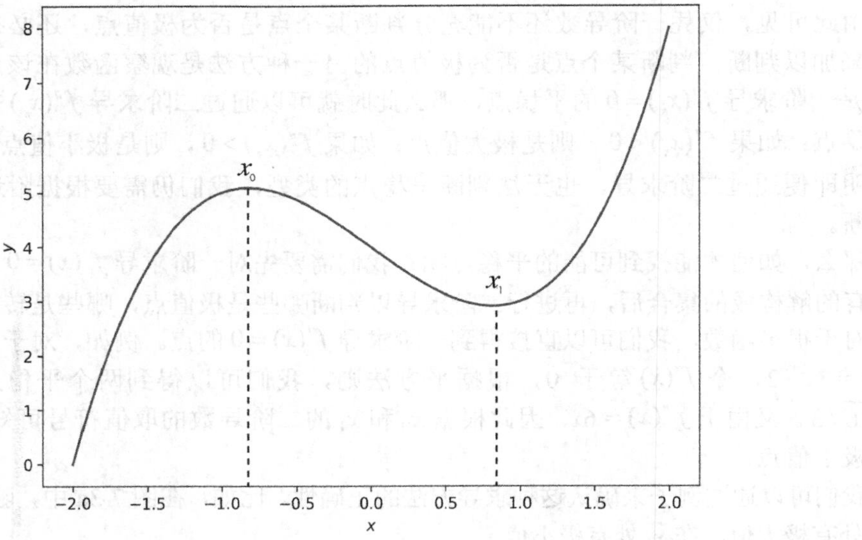

（a）函数 $f(x)=x^3-2x+4$ 的曲线

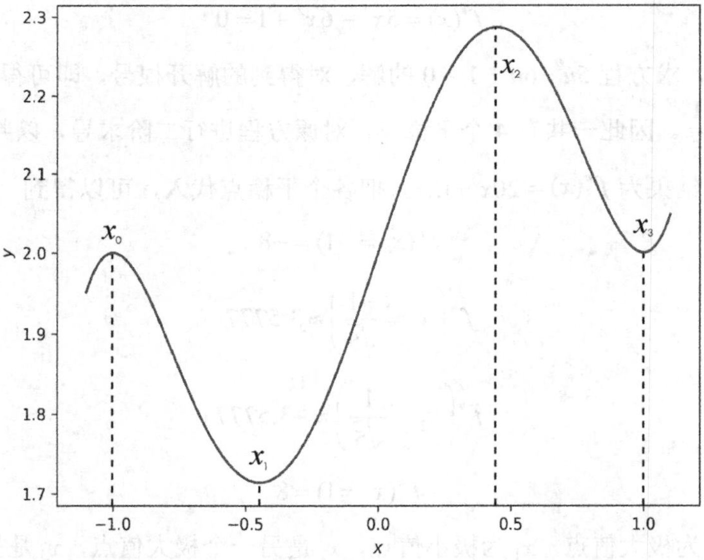

（b）函数 $f(x)=x^5-2x^3+x+2$ 的曲线

图 7-3　标记了极值点的函数曲线

7.4 偏导数

到目前为止，我们讨论的都是函数只有单个变量 x 的情况。但是，当函数有多个变量（如 $f(x, y)$或$f(x_0, x_1, x_2, \cdots, x_n)$）时，微分的含义会有什么变化呢？为了处理这种情况，我们需要引入偏导数的概念。为清楚起见，本节采用莱布尼茨规范。

式（7.2）定义了 $f(x)$关于 x 的导数。假设只有单个变量 x，那么为什么还要给出“关于 x”的定义呢？原因如下：当表达式有多个变量时，对其中的单个变量求偏导数，就相当于将其他变量固定，而只对该变量求导数，这时其他变量被视为常数。

我们来看一个例子。对于 $f(x, y) = xy + x/y$，我们可以分别对 x 和 y 求偏导数：

$$\frac{\partial f}{\partial x} = y + \frac{1}{y}$$

$$\frac{\partial f}{\partial y} = x + \frac{\partial}{\partial y} xy^{-1} = x - \frac{x}{y^2}$$

前面介绍的微分法则在这里仍然适用。注意 d 现在变成了∂，这表明函数 f 有多个变量。此外，注意在求各个偏导数时，我们需要把其他变量视为常数。对于求偏导数，了解这些就足够了。下面再举几个例子以加深你对偏导数的理解。

7

比如，对于 $f(x, y, z) = x^2 + y^2 + z^2 + 3xyz$，分别对 x、y 和 z 求偏导数：

$$\frac{\partial f}{\partial x} = 2x + 3yz$$

$$\frac{\partial f}{\partial y} = 2y + 3xz$$

$$\frac{\partial f}{\partial z} = 2z + 3xy$$

在上面这个例子中，每次求导时，都需要将另外两个变量视为常数。例如，在对 x 求偏导数时，y^2 和 z^2 的导数都为 0，而 $3xyz$ 的导数为 $3yz$。

再比如，对于 $f(x,y,z,t) = \dfrac{xy}{zt} + y\sqrt{z} + \sqrt{xt}$，分别对 x、y、z 和 t 求偏导数：

$$\begin{aligned}\frac{\partial f}{\partial x} &= \frac{y}{zt} + 0 + \frac{\partial}{\partial x}\sqrt{t}x^{\frac{1}{2}} \\ &= \frac{y}{zt} + \frac{1}{2}\sqrt{t}x^{\frac{-1}{2}} \\ &= \frac{y}{zt} + \frac{1}{2}\sqrt{\frac{t}{x}}\end{aligned}$$

$$\frac{\partial f}{\partial y} = \frac{x}{zt} + \sqrt{z}$$

$$\frac{\partial f}{\partial z} = \frac{-xy}{tz^2} + \frac{y}{2\sqrt{z}}$$

$$\frac{\partial f}{\partial t} = \frac{-xy}{zt^2} + \frac{1}{2}\sqrt{\frac{x}{t}}$$

对于更复杂的情况，如 $f(x, y) = \mathrm{e}^{xy} \cos x \sin y$，可利用乘法法则分别对 x 和 y 求偏导数：

$$\frac{\partial f}{\partial x} = (y\mathrm{e}^{xy}\sin y)(\cos x) + \mathrm{e}^{xy}\sin y(-\sin x)$$
$$= \mathrm{e}^{xy}\sin y(y\cos x - \sin x)$$
$$\frac{\partial f}{\partial y} = (x\mathrm{e}^{xy}\cos x)(\sin y) + \mathrm{e}^{xy}\cos x\cos y$$
$$= \mathrm{e}^{xy}\cos x(x\sin y + \cos y)$$

7.4.1　混合偏导数

与对单变量求二阶导数一样，我们也可以求偏导数的偏导数，这称为求混合偏导数。此外，在混合偏导数中，第二个变量可以灵活选取。例如，对于 $f(x,y) = \frac{xy}{zt} + y\sqrt{z} + \sqrt{xt}$ ，关于 z 的偏导数为

$$\frac{\partial f}{\partial z} = \frac{-xy}{tz^2} + \frac{y}{2\sqrt{z}}$$

这是一个关于 x、y、z 和 t 的函数，我们可以对其中的各个变量再次求偏导数：

$$\frac{\partial^2 f}{\partial x\partial z} = \frac{-y}{tz^2}$$
$$\frac{\partial^2 f}{\partial y\partial z} = \frac{-x}{tz^2} + \frac{1}{2\sqrt{z}}$$
$$\frac{\partial^2 f}{\partial t\partial z} = \left(\frac{-xy}{z^2}\right)\left(\frac{-1}{t^2}\right)$$
$$= \frac{xy}{t^2z^2}$$
$$\frac{\partial^2 f}{\partial z^2} = \left(\frac{-xy}{t}\right)(-2)\left(\frac{1}{z^3}\right) + \left(\frac{y}{2}\right)\left(\frac{-1}{2}\right)\left(\frac{1}{z^{3/2}}\right)$$
$$= \frac{2xy}{tz^3} - \frac{y}{4z^{3/2}}$$

我们首先计算了 f 关于 z 的偏导数，记为$\partial f/\partial z$。接下来，我们继续对其他变量求偏导数。例如，若继续求关于 x 的偏导数，则可以记为

$$\frac{\partial}{\partial x}\left(\frac{\partial f}{\partial z}\right) = \frac{\partial^2 f}{\partial x\partial z}$$

这种偏导运算符可视为两个分数的分子和分母相乘的结果。但是请注意，严格来说，这并不是分数。这种记号只是继承了最初关于斜率的定义形式。第二个偏导对应的变量写在左边。另外，如果多次偏导都是关于同一个变量进行的，则可以使用类似指数的记法来表示，如$\partial^2 f/\partial z^2$。

7.4.2　偏导数的链式法则

在运用偏导数的链式法则时，我们需要针对所有相关的变量进行运算。例如，如果 $f(x, y)$

中的 x 和 y 是关于其他变量的函数，如 $x(r, s)$和 $y(r, s)$，则我们也可以求 f 关于 r 和 s 的偏导数。为此，可以运用链式法则先对 x 和 y 求偏导数，再对 r 和 s 求偏导数：

$$\frac{\partial f}{\partial r}=\left(\frac{\partial f}{\partial x}\right)\left(\frac{\partial x}{\partial r}\right)+\left(\frac{\partial f}{\partial y}\right)\left(\frac{\partial y}{\partial r}\right)$$

$$\frac{\partial f}{\partial s}=\left(\frac{\partial f}{\partial x}\right)\left(\frac{\partial x}{\partial s}\right)+\left(\frac{\partial f}{\partial y}\right)\left(\frac{\partial y}{\partial s}\right)$$

举个例子，令 $f(x, y)=x^3+y^3$，其中 $x(r, s)=3r+2s$，$y(r, s)=r^2-3s$。为了求$\partial f/\partial r$ 和$\partial f/\partial s$，我们需要计算以下表达式：

$$\frac{\partial f}{\partial x}=3x^2,\quad \frac{\partial f}{\partial y}=3y^2,\quad \frac{\partial x}{\partial r}=3,\quad \frac{\partial x}{\partial s}=2,\quad \frac{\partial y}{\partial r}=2r,\quad \frac{\partial y}{\partial s}=-3$$

从而得到

$$\begin{aligned}\frac{\partial f}{\partial r}&=\left(\frac{\partial f}{\partial x}\right)\left(\frac{\partial x}{\partial r}\right)+\left(\frac{\partial f}{\partial y}\right)\left(\frac{\partial y}{\partial r}\right)\\&=(3x^2)(3)+(3y^2)(2r)\\&=9x^2+6y^2r\\&=9(3r+2s)^2+6(r^2-3s)^2r\\\frac{\partial f}{\partial s}&=\left(\frac{\partial f}{\partial x}\right)\left(\frac{\partial x}{\partial s}\right)+\left(\frac{\partial f}{\partial y}\right)\left(\frac{\partial y}{\partial s}\right)\\&=(3x^2)(2)+(3y^2)(-3)\\&=6x^2-9y^2\\&=6(3r+2s)^2-9(r^2-3s)^2\end{aligned}$$

与单变量函数的情况类似，多变量函数的链式法则也有递归性。如果 r 和 s 是关于其他变量的函数，那么在对这些变量求导时，可以继续运用链式法则。例如，如果 $x(r, s)$和 $y(r, s)$分别以 $r(w)$和 $s(w)$为自变量，则可以按照如下方式计算$\partial f/\partial w$：

$$\begin{aligned}\frac{\partial f}{\partial w}=&\left(\frac{\partial f}{\partial x}\right)\left(\frac{\partial x}{\partial r}\right)\left(\frac{\partial r}{\partial w}\right)+\left(\frac{\partial f}{\partial y}\right)\left(\frac{\partial y}{\partial r}\right)\left(\frac{\partial r}{\partial w}\right)+\\&\left(\frac{\partial f}{\partial x}\right)\left(\frac{\partial x}{\partial s}\right)\left(\frac{\partial s}{\partial w}\right)+\left(\frac{\partial f}{\partial y}\right)\left(\frac{\partial y}{\partial s}\right)\left(\frac{\partial s}{\partial w}\right)\end{aligned}$$

最后，你需要理解$\partial f/\partial w$ 的含义（$\partial f/\partial w$ 表示 w 发生微小变化后导致 y 发生的变化），这对于你学习梯度下降会有所帮助。

7.5 梯度

我们将在第 8 章深入讨论深度学习中用到的矩阵微分知识，但在此之前，我将介绍梯度的概念，然后结束本章的内容。梯度建立在求导的基础上。简言之，梯度会告诉我们多变量函数的变化规律以及变化最快的方向。

7.5.1　梯度的计算

给定 $f(x, y, z)$，你已经学会如何计算关于各个变量的偏导数。如果把每个变量视为各个坐标轴上的位置，则函数 f 可以理解为，对于三维空间中的任意点 (x, y, z)，都返回一个标量。我们可以进一步将函数 f 改写为 $f(\boldsymbol{x})$，其中，$\boldsymbol{x}=(x, y, z)$，这说明 f 是以向量为输入的函数。

$\boldsymbol{x}$ 既可以表示为行向量，也可以表示为如下形式的列向量：

$$\boldsymbol{x}=\begin{bmatrix} x \\ y \\ z \end{bmatrix}$$

这里使用了方括号而不是圆括号，这两种记法都是可以的。在编写代码时，默认 $\boldsymbol{x}$ 是列向量，这意味着我们默认用 n 行 1 列的 $n \times 1$ 矩阵来表示向量。

以向量为输入并返回单个数作为输出的函数被称为标量场。标量场的典型例子是温度。我们可以在房间内的任意位置测量温度。这可以表示为一个函数，这个函数以关于某一点为原点的三维向量作为输入，并把该点处分子运动的平均动能（即温度）作为输出。如果函数以向量为输入，并且以向量为输出，则称这样的函数为向量场。在这两种情况下，场指的都是在某个特定域中，函数关于所有输入都有对应的函数值。

以向量为输入的函数的导数就是梯度。在数学上，我们可以把梯度当成偏导数在多维情况下的扩展。例如，在三维空间中，有

$$\nabla f(\boldsymbol{x})=\begin{bmatrix} \dfrac{\partial f}{\partial x} \\ \dfrac{\partial f}{\partial y} \\ \dfrac{\partial f}{\partial z} \end{bmatrix}$$

其中，梯度运算符 ∇ 表示取 f 沿各个方向的偏导数。

通常情况下：

$$\boldsymbol{y}=\nabla f(\boldsymbol{x})=\nabla f\left(x_0, x_1, \cdots, x_n\right) \equiv \begin{bmatrix} \dfrac{\partial f}{\partial x_0} \\ \dfrac{\partial f}{\partial x_1} \\ \dfrac{\partial f}{\partial x_2} \\ \vdots \\ \dfrac{\partial f}{\partial x_n} \end{bmatrix} \tag{7.7}$$

让我们分析一下式（7.7）。首先，给定函数f，它以向量$\boldsymbol{x}$为输入，输出一个标量。对函数f进行梯度运算，结果返回另一个向量$\boldsymbol{y}$。这里的梯度运算也可以视作一个特殊的“向量”，即

$$\nabla = \begin{bmatrix} \dfrac{\partial}{\partial x_0} \\ \dfrac{\partial}{\partial x_1} \\ \dfrac{\partial}{\partial x_2} \\ \vdots \\ \dfrac{\partial}{\partial x_n} \end{bmatrix}$$

梯度运算将函数f输出的标量转换成了向量。请深入思考一下这么做的意义：这能告诉我们函数f在空间中某一位置的取值有什么特点（在讨论向量的时候，我们会经常使用“空间”这一术语，但有时空间是不能进行可视化的。三维空间虽然有助于理解，但这仅仅是特例。在数学上，空间的定义要广泛得多）。

考虑二维空间中的函数$f(\boldsymbol{x}) = f(x, y) = x^2 + xy + y^2$，其梯度为

$$\nabla f(\boldsymbol{x}) = \begin{bmatrix} \dfrac{\partial f}{\partial x} \\ \dfrac{\partial f}{\partial y} \end{bmatrix} = \begin{bmatrix} \dfrac{\partial}{\partial x}(x^2 + xy + y^2) \\ \dfrac{\partial}{\partial y}(x^2 + xy + y^2) \end{bmatrix} = \begin{bmatrix} 2x + y \\ 2y + x \end{bmatrix} \tag{7.8}$$

由于f是标量场，因此二维空间中的任意点都有对应的函数值，换言之，$f(\boldsymbol{x}) = f(x, y)$。因此，我们可以在三维空间中对$f$值进行绘图，结果是一个面，它的形状由不同位置的$f$值决定。梯度旨在通过一组方程告诉我们函数值在某一点$\boldsymbol{x} = (x, y)$处的变化方向和幅度。

只有单个变量的函数在任意点处只有一个斜率值。以图 7-1 中的切线为例，它在x_t处只有一个斜率。此时，x_t处导数的符号表示斜率的方向，导数的绝对值则表示斜率的大小（也就是倾斜的程度）。

但是，对于多维情形，事情就没有这么简单了。此时，函数在一点处的切线斜率并不唯一，而是有无穷多个值。想象一下，在函数曲线的某一点上，我们可以沿任意方向做切线，其斜率大小表示沿该方向函数值的变化率。这个变化率可以通过方向导数来计算，它等于该点处梯度与该方向上单位向量的内积：

$$\mathrm{D}_{\boldsymbol{u}} f(\boldsymbol{x}) = \boldsymbol{u} \cdot \nabla f(\boldsymbol{x}) = \boldsymbol{u}^{\mathrm{T}} \nabla f(\boldsymbol{x}) = \|\boldsymbol{u}\| \, \|\nabla f(\boldsymbol{x})\| \cos\theta$$

其中，$\boldsymbol{u}$是该方向上的单位向量，$\nabla f(\boldsymbol{x})$是该点处的函数梯度，θ是两者的夹角。当$\cos\theta$取最大值时，方向导数也为最大值，此时$\theta = 0$。也就是说，函数值在一点变化最快的方向就是该点处梯度的方向。

在二维空间中，以函数曲线$f(x, y) = x^2 + xy + y^2$上的一点$\boldsymbol{x} = (x, y) = (0.5, -0.4)$为例，在该点处，函数值为$x^2 + xy + y^2 = (0.5)^2 + 0.5 \times (-0.4) + (-0.4)^2 = 0.21$，该点处的梯度为

$$\nabla f(0.5,-0.4)=\begin{bmatrix}2x+y=2\times 0.5+(-0.4)=0.6\\2y+x=2\times(-0.4)+0.5=-0.3\end{bmatrix}$$

因此，在点(0.5, −0.4)处，函数 f 的值变化最快的方向指向点(0.6, −0.3)，变化率为 $\sqrt{(0.6)^2+(-0.3)^2}\approx 0.67$。

7.5.2　可视化梯度

让我们将这些概念具象化。图 7-4 给出了函数 $f(x,y)=x^2+xy+y^2$ 在给定点处的散点图。

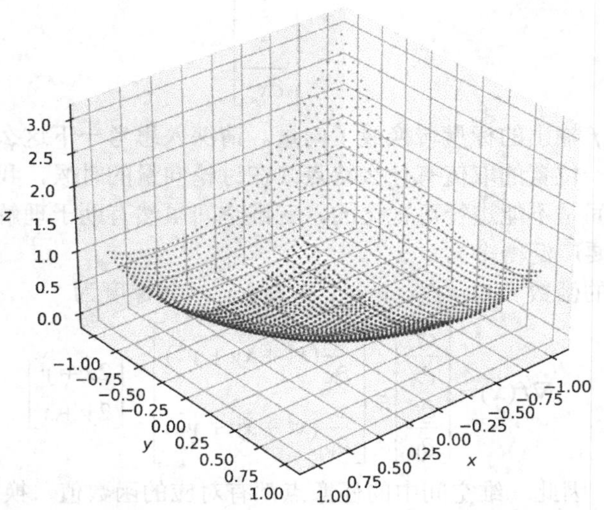

图 7-4　函数 $f(x,y)=x^2+xy+y^2$ 在给定点处的散点图

绘制代码如下：

```
import numpy as np
x = np.linspace(-1.0,1.0,50)
y = np.linspace(-1.0,1.0,50)
xx = []; yy = []; zz = []
for i in range(50):
    for j in range(50):
        xx.append(x[i])
        yy.append(y[j])
        zz.append(x[i]*x[i]+x[i]*y[j]+y[j]*y[j])
x = np.array(xx)
y = np.array(yy)
z = np.array(zz)
```

上述代码利用 for 循环生成了用于绘制散点图的点(x, y, z)，以帮助你理解梯度的概念。我们首先用 NumPy 生成了两个数组 x 和 y，它们由区间[−1, 1]上的 50 个等分点构成。然后用两层的 for 循环遍历 x 和 y 的所有两两组合以计算函数值。所有的中间结果被保存在列表 xx、yy 和 zz 中，最后将它们转换为 NumPy 数组用于绘图。

绘图代码如下：

```
from mpl_toolkits.mplot3d import Axes3D
import matplotlib.pylab as plt
fig = plt.figure()
ax = fig.add_subplot(111, projection='3d')
ax.scatter(x, y, z, marker='.', s=2, color='b')
ax.view_init(30,20)
plt.draw()
plt.show()
```

上述代码首先加载了 matplotlib 扩展库用于三维绘图，然后通过 projection 参数指定子图为三维图像，最后调用 ax.scatter 函数进行绘图并通过 ax.view_init 和 plt.draw 函数对图像做了旋转以便更好地进行可视化。

图 7-5 给出了由各个向量构成的函数 $f(x, y) = x^2 + xy + y^2$ 的向量场，其中的每个箭头都显示了函数在点(x, y)处梯度的方向和相对幅度。

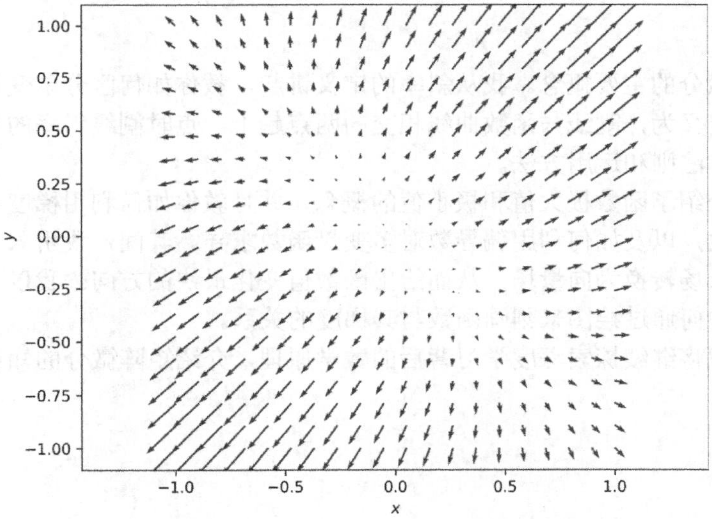

图 7-5　函数 $f(x, y)=x^2+xy+y^2$ 的梯度的二维投影

回忆一下，梯度是向量场，因此 xOy 平面上的任意点都有对应的向量，梯度指向函数值在该点处变化最快的方向。你可以在脑海中思考图 7-4 和图 7-5 的对应关系，在点(−1, −1)和点(1, 1)附近，函数值变化较快；在点(0, 0)附近，函数值变化较慢。

向量场的绘制代码如下：

```
fig = plt.figure()
ax = fig.add_subplot(111)
x = np.linspace(-1.0,1.0,20)
y = np.linspace(-1.0,1.0,20)
xv, yv = np.meshgrid(x, y, indexing='ij', sparse=False)
dx = 2*xv + yv
dy = 2*yv + xv
ax.quiver(xv, yv, dx, dy, color='b')
plt.axis('equal')
plt.show()
```

上述代码首先定义了图像 fig 并且设定子图为二维图形（没有指定 projection 参数）。然后定义了一组坐标点阵。在之前的代码中，坐标点阵是通过循环得到的，但那时只是为了让你理解需要做什么。这里直接利用 NumPy 提供的 np.meshgrid 函数来得到坐标点阵。注意，可通过为 np.meshgrid 函数传入相同的数组 x 和 y 来得到整个坐标域。

接下来的两行代码直接根据式（7.8）实现了函数的梯度计算。其中，dx 和 dy 指定所绘向量的方向和幅度；xv 和 yv 为输入点集，其中一共有 400 个元素。

函数 ax.quiver 用于绘制箭头，其参数为坐标点阵(xv, yv) 以及其中每一点所对应向量的 x 值和 y 值(dx, dy)。最后，为了避免图像变形，这里利用 plt.axis 函数来对齐坐标轴。

至此，对梯度的讲解结束。在本书第 8 章以及第 11 章关于梯度下降的讨论中，我还会提及梯度的内容。

7.6 小结

本章介绍了微分的主要概念。我从斜率的定义讲起，教你如何区分单变量函数的割线与切线。梯度的正式定义为，割线与函数曲线相交的两点趋于一点时割线斜率的极限值。之后，你学习了微分的基本法则和运用方法。

接下来，我介绍了函数极大值和极小值的概念，并且教你如何利用梯度寻找这些极值点。我还介绍了偏导数，以及如何利用偏导数对多变量函数求导。其间，我引入了梯度的概念。梯度运算旨在将标量场转换为向量场，从而给出函数值变化最快的方向。我以一个二维函数的梯度为例，阐述了如何通过绘图来刻画函数与其梯度的关系。

在第 8 章，我将继续探索深度学习背后的数学原理，介绍矩阵微分的知识。

第8章 矩阵微分

第 7 章介绍了微分的知识。本章介绍矩阵微分，矩阵微分是微分在向量和矩阵上的扩展。

在深度学习中，由于要大量使用向量和矩阵，因此有必要建立一套符号系统和表示方法来处理这类对象的求导问题，这就是矩阵微分。矩阵微分的概念在第 7 章的末尾已经有所涉及，当时我们讨论了向量函数（以向量为输入并输出标量的一类函数）的导数，即梯度。

本章将首先介绍矩阵求导的类型及其定义，然后研究矩阵求导的一些性质。数学家通常喜欢研究各种性质，但在这里，我们只讨论矩阵求导的少数性质。从矩阵微分中，我们引出两个特殊的矩阵：雅可比矩阵和黑塞矩阵。在深度学习中，我们会经常遇到这两个矩阵，我将在关于优化的内容中讨论它们。请记住，神经网络的训练在本质上就是一个优化问题，因此理解这些特殊的矩阵表示和使用方法极为重要。最后，我将在矩阵求导的几个例子中结束本章的内容。

8.1 一些公式

表 8-1 总结了本章将会讨论的矩阵求导类型，它们在实际应用中最为常见。表 8-1 中的各列代表函数类型，也就是函数返回值的类型。注意，这里使用 3 种字体表示函数的类型。当返回值为标量时，使用 f；当返回值是向量时，使用 $\boldsymbol{f}$；当返回值是矩阵时，使用 $\boldsymbol{F}$。表 8-1 中的各行则代表自变量的类型，其中，x 表示标量，$\boldsymbol{x}$ 表示向量，$\boldsymbol{X}$ 表示矩阵。

表 8-1 矩阵求导类型

自变量	函数返回值		
	标量	向量	矩阵
标量	$\partial f/\partial x$	$\partial \boldsymbol{f}/\partial x$	$\partial \boldsymbol{F}/\partial x$
向量	$\partial f/\partial \boldsymbol{x}$	$\partial \boldsymbol{f}/\partial \boldsymbol{x}$	—
矩阵	$\partial f/\partial \boldsymbol{X}$	—	—

表 8-1 给出了 6 种导数的定义，虽然一共有 9 种可能的类型，但是剩下的 3 种要么不是标准形式，要么很少使用，它们不值得我们花时间讨论。

在表 8-1 中，表身的左上角为第 1 种求导类型，也是求导的标准形式，对应以标量为输入且输出标量的函数类型（若想了解标准形式的微分，请参考第 7 章的内容）。

本节主要介绍表 8-1 中的另 5 种求导类型。我将参考标量导数的讲解方式依次讨论其中的每种类型：先介绍它们的定义，再解释它们所代表的含义。掌握它们的定义有助于你在大脑中构建各类导数的模型。等到本章结束时，相信你将能够提前预判它们的定义。

不过，在正式介绍它们之前，我们需要先解决一个比较麻烦的问题。矩阵微分中有大量的符号标识，但没有统一的规范。这跟微分具有的多种符号规范相似。矩阵微分主要有两种布局规范：分子列式和分母列式。不同学科似乎喜欢用不同的规范，有时候还会混用。由于本书面向深度学习读者，因此我更倾向于使用分子列式。你需要知道的是，分子列式和分母列式的结果互为转置关系。

8.1.1 关于标量的向量函数

我们首先考虑关于标量的向量函数，这类函数被标记为 $\boldsymbol{f}(x)$，以表示函数的参数为标量，输出为向量。这类函数会将一个标量映射为一个多维向量：

$$\boldsymbol{f}:\mathbb{R}\to\mathbb{R}^m$$

其中，m 为输出向量中的元素数。这类函数也称为以标量为参数的向量值函数。

三维曲线的参数方程是此类函数的完美例子，这类方程通常可以写为

$$\boldsymbol{f}(x)=f_0(x)\hat{\boldsymbol{x}}+f_1(x)\hat{\boldsymbol{y}}+f_2(x)\hat{\boldsymbol{z}}$$

其中，$\hat{\boldsymbol{x}}$、$\hat{\boldsymbol{y}}$ 和 $\hat{\boldsymbol{z}}$ 分别是 x、y 和 z 方向上的单位向量。

以图 8-1 给出的三维曲线为例，其对应的参数方程为

$$\boldsymbol{f}(t)=t\cos(t)\hat{\boldsymbol{x}}+t\sin(t)\hat{\boldsymbol{y}}+t\hat{\boldsymbol{z}} \tag{8.1}$$

随着参数 t 的变化，各个坐标值也会相应地发生变化，整个轨迹便形成一条螺旋状的曲线。其中，参数 t 的每个取值都对应三维空间中的一个点。

与式（8.1）不同，在矩阵微分的符号系统中，函数 $\boldsymbol{f}(t)$ 可以用列向量来表示：

$$\boldsymbol{f}(t)=\begin{bmatrix} t\cos(t) \\ t\sin(t) \\ t \end{bmatrix}$$

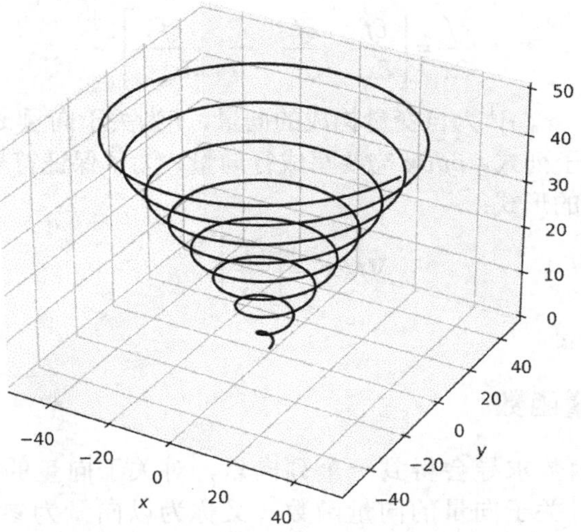

图 8-1 三维曲线

一般地，我们有

$$\boldsymbol{f}(x)=\begin{bmatrix} f_0(x) \\ f_1(x) \\ \vdots \\ f_{n-1}(x) \end{bmatrix}$$

其中，$\boldsymbol{f}$ 有 n 个元素。

$\boldsymbol{f}(x)$的导数称为切向量。由于$\boldsymbol{f}$是向量，因此$\boldsymbol{f}$的导数是其中各成员的导数，结果也确实如此：

$$\frac{\partial \boldsymbol{f}}{\partial x}=\begin{bmatrix} \partial f_0 / \partial x \\ \partial f_1 / \partial x \\ \vdots \\ \partial f_{n-1} / \partial x \end{bmatrix}$$

我们来看一个简单的例子。首先定义$\boldsymbol{f}(x)$，然后对$\boldsymbol{f}(x)$求导：

$$\boldsymbol{f}(x)=\begin{bmatrix} 2x^2-3x+2 \\ x^3-3 \end{bmatrix}, \frac{\partial \boldsymbol{f}}{\partial x}=\begin{bmatrix} 4x-3 \\ 3x^2 \end{bmatrix}$$

在这里，$\partial \boldsymbol{f}/\partial x$ 的每个元素都是$\boldsymbol{f}$中相应成员的导数。

8.1.2 关于向量的标量函数

第 7 章讲过，以向量为输入且输出为标量的函数形成了标量场：

$$f:\mathbb{R}^m \to \mathbb{R}$$

此类函数的导数就是梯度。按照矩阵微分的符号规范，我们可以将$f(\boldsymbol{x})$的导数$\partial f/\partial \boldsymbol{x}$ 记为

$$\frac{\partial f}{\partial \boldsymbol{x}}=\begin{bmatrix}\frac{\partial f}{\partial x_0} & \frac{\partial f}{\partial x_1} & \cdots & \frac{\partial f}{\partial x_{m-1}}\end{bmatrix}$$

其中，$\boldsymbol{x}=[x_0\ \ x_1\ \ \cdots\ \ x_{m-1}]^{\mathrm{T}}$为自变量构成的向量，$f$为关于向量$\boldsymbol{x}$的函数。

注意，由于选用了分子列式，$\partial f/\partial \boldsymbol{x}$需要写成行向量，为了保证符号正确，我们需要将行向量转为列向量以符合梯度的形式：

$$\nabla f(\boldsymbol{x})=\left[\frac{\partial f}{\partial \boldsymbol{x}}\right]^{\mathrm{T}}$$

其中，∇是梯度运算符。

8.1.3 关于向量的向量函数

对关于标量的向量函数求导会得到一个列向量，对关于向量的标量函数求导会得到一个行向量，那么是不是对关于向量的向量函数（又称为以向量为参数的向量值函数）求导就会得到一个矩阵呢？是的，在这种情况下，我们用$\partial \boldsymbol{f}/\partial \boldsymbol{x}$表示以向量为输入且输出也为向量的函数$\boldsymbol{f}(\boldsymbol{x})$的导数。

在分子列式中，对$\boldsymbol{f}(x)$求导将得到一个列向量，这意味着$\boldsymbol{f}$的每个成员对应一行。类似地，对$f(\boldsymbol{x})$求导将得到一个行向量。将这两者相结合，便可以得出对$\boldsymbol{f}(\boldsymbol{x})$求导的结果为

$$\frac{\partial \boldsymbol{f}}{\partial \boldsymbol{x}}=\begin{bmatrix}\frac{\partial f_0}{\partial x_0} & \frac{\partial f_0}{\partial x_1} & \cdots & \frac{\partial f_0}{\partial x_{m-1}}\\ \frac{\partial f_1}{\partial x_0} & \frac{\partial f_1}{\partial x_1} & \cdots & \frac{\partial f_1}{\partial x_{m-1}}\\ \vdots & \vdots & & \vdots\\ \frac{\partial f_{n-1}}{\partial x_0} & \frac{\partial f_{n-1}}{\partial x_1} & \cdots & \frac{\partial f_{n-1}}{\partial x_{m-1}}\end{bmatrix} \tag{8.2}$$

这里的函数$\boldsymbol{f}$以$\boldsymbol{m}$维向量$\boldsymbol{x}$为输入，且输出一个$\boldsymbol{n}$维向量：

$$\boldsymbol{f}:\mathbb{R}^m\to\mathbb{R}^n$$

由于$\boldsymbol{f}$中的每一行又是一个关于$\boldsymbol{x}$的标量函数$\boldsymbol{f}_0(x)$，因此式（8.2）也可以写成

$$\frac{\partial \boldsymbol{f}}{\partial \boldsymbol{x}}=\begin{bmatrix}\nabla f_0(\boldsymbol{x})^{\mathrm{T}}\\ \nabla f_1(\boldsymbol{x})^{\mathrm{T}}\\ \vdots\\ \nabla f_{n-1}(\boldsymbol{x})^{\mathrm{T}}\end{bmatrix} \tag{8.3}$$

这样我们就可以将矩阵表示为一系列梯度的形式，其中的每个元素都对应$\boldsymbol{f}$中的各个标量函数。

8.1.4 关于标量的矩阵函数

既然$\boldsymbol{f}(x)$是以标量为输入且输出为向量的函数，因此我们很容易猜到$\boldsymbol{F}(x)$是以标量为输入

且输出为矩阵的函数：

$$\boldsymbol{F}:\mathbb{R}\to\mathbb{R}^{n\times m}$$

例如，假定 $\boldsymbol{F}$ 是 $n\times m$ 的矩阵函数：

$$\boldsymbol{F}=\begin{bmatrix} f_{00}(x) & f_{01}(x) & \cdots & f_{0,m-1}(x) \\ f_{10}(x) & f_{11}(x) & \cdots & f_{1,m-1}(x) \\ \vdots & \vdots & & \vdots \\ f_{n-1,0}(x) & f_{n-1,1}(x) & \cdots & f_{n-1,m-1}(x) \end{bmatrix}$$

则关于输入 x 的导数也非常简单：

$$\frac{\partial \boldsymbol{F}}{\partial x}=\begin{bmatrix} \frac{\partial f_{00}}{\partial x} & \frac{\partial f_{01}}{\partial x} & \cdots & \frac{\partial f_{0,m-1}}{\partial x} \\ \frac{\partial f_{10}}{\partial x} & \frac{\partial f_{11}}{\partial x} & \cdots & \frac{\partial f_{1,m-1}}{\partial x} \\ \vdots & \vdots & & \vdots \\ \frac{\partial f_{n-1,0}}{\partial x} & \frac{\partial f_{n-1,1}}{\partial x} & \cdots & \frac{\partial f_{n-1,m-1}}{\partial x} \end{bmatrix}$$

正如关于标量的向量函数的导数称为切向量一样，关于标量的矩阵函数的导数则称为切矩阵。

8.1.5 关于矩阵的标量函数

考虑函数 $f(\boldsymbol{X})$，该函数以矩阵 $\boldsymbol{X}$ 为输入并输出一个标量：

$$f:\mathbb{R}^{n\times m}\to\mathbb{R}$$

你应该能猜到，f 关于矩阵 $\boldsymbol{X}$ 的导数也是一个矩阵。但是，根据分子列式规范，结果并不是完全按照 $\boldsymbol{X}$ 的顺序进行排列的，而是按照 $\boldsymbol{X}$ 的转置矩阵 $\boldsymbol{X}^{\mathrm{T}}$ 的顺序进行排列的。

为了理解结果为何按照 $\boldsymbol{X}$ 的转置矩阵而非 $\boldsymbol{X}$ 本身进行排列，我们需要回顾有关 $\partial f/\partial \boldsymbol{x}$ 的定义。其中，$\boldsymbol{x}$ 虽然是一个列向量，但是根据求导规范，结果为行向量，也就是按照 $\boldsymbol{x}^{\mathrm{T}}$ 进行排列。因此，考虑到一致性，我们需要按照 $\boldsymbol{X}$ 的转置矩阵对 $\partial f/\partial \boldsymbol{X}$ 中的行和列进行交换。$\partial f/\partial \boldsymbol{X}$ 最终被定义为

$$\frac{\partial f}{\partial \boldsymbol{X}}=\begin{bmatrix} \frac{\partial f}{\partial x_{00}} & \frac{\partial f}{\partial x_{10}} & \cdots & \frac{\partial f}{\partial x_{n-1,0}} \\ \frac{\partial f}{\partial x_{01}} & \frac{\partial f}{\partial x_{11}} & \cdots & \frac{\partial f}{\partial x_{n-1,1}} \\ \vdots & \vdots & & \vdots \\ \frac{\partial f}{\partial x_{0,m-1}} & \frac{\partial f}{\partial x_{1,m-1}} & \cdots & \frac{\partial f}{\partial x_{n-1,m-1}} \end{bmatrix} \tag{8.4}$$

式（8.4）定义的 $m\times n$ 梯度矩阵是以 $n\times m$ 矩阵 $\boldsymbol{X}$ 为输入的函数 $f(\boldsymbol{X})$ 的求导结果。梯度矩

阵扮演了类似梯度 $\nabla f(\boldsymbol{x})$ 的角色。接下来我们介绍矩阵微分的一些性质。

8.2　一些性质

由于矩阵微分包含关于标量、向量和矩阵求导的情况，并且函数本身也有以标量、向量和矩阵为输出的不同类型，因此我们可以推测它们之间存在很多关联和性质。但本节讨论的性质只与矩阵微分和第 7 章介绍的标准微分之间的关系有关，其中既包含基本的关系，也包含链式法则。在所有的讨论中，我们采用的都是分子列式规范。

8.2.1　关于向量的标量函数

让我们从输入为向量、输出为标量的函数的性质开始讨论。若不加特殊说明，f 和 g 都表示以向量 $\boldsymbol{x}$ 为输入且输出为标量的函数。$\boldsymbol{a}$ 表示与 $\boldsymbol{x}$ 无关的常向量，而 a 表示作为常数的标量。

如下基本性质很好理解：

$$\frac{\partial}{\partial \boldsymbol{x}}(af) = a\frac{\partial f}{\partial \boldsymbol{x}} \tag{8.5}$$

此外还有

$$\frac{\partial}{\partial \boldsymbol{x}}(f+g) = \frac{\partial f}{\partial \boldsymbol{x}} + \frac{\partial g}{\partial \boldsymbol{x}} \tag{8.6}$$

这表明与常数标量相乘的作用与第 7 章的情况类似，而线性运算与偏导数的情况类似。

乘法法则也同样适用：

$$\frac{\partial}{\partial \boldsymbol{x}}(fg) = f\frac{\partial g}{\partial \boldsymbol{x}} + g\frac{\partial f}{\partial \boldsymbol{x}} \tag{8.7}$$

请你暂停一下并仔细理解式（8.5）~ 式（8.7）中输入和输出的形状。我们知道，对输入为向量、输出为标量的函数求导的结果为行向量，因此式（8.5）返回的是行向量与标量相乘的结果，也就是将导数的每个元素都与 a 相乘。

由于微分属于线性运算，满足加法的分配律，因此式（8.6）返回的结果包含两项，其中的每一项都是对各自求导得到的行向量。

式（8.7）返回的结果也包含两项，其中的每一项都是由求导得到的行向量与标量函数 $f(x)$ 或 $g(x)$ 相乘后得到的新的行向量。

标对向（标量函数对向量求导的简称）的链式法则为

$$\frac{\partial}{\partial \boldsymbol{x}}f(g) = \frac{\partial f}{\partial g}\frac{\partial g}{\partial \boldsymbol{x}} \tag{8.8}$$

其中，$f(g)$ 的输入和输出都是标量，$g(\boldsymbol{x})$ 则以向量为输入且输出为标量，因此最终得到一个行向量。下面我们通过一个完整的例子来帮助你理解这一过程。

给定向量 $\boldsymbol{x} = [x_0 \;\; x_1 \;\; x_2]^{\mathrm{T}}$ 以及关于其中各成员的函数 $g(\boldsymbol{x}) = x_0 + x_1x_2$，同时给出关于 g 的函数 $f(g) = g^2$。根据式（8.8），f 关于 $\boldsymbol{x}$ 的导数为

$$
\begin{aligned}
\frac{\partial f}{\partial \boldsymbol{x}} &= \frac{\partial f}{\partial g}\frac{\partial g}{\partial \boldsymbol{x}} \\
&= \frac{\partial f}{\partial g}\begin{bmatrix} \frac{\partial g}{\partial x_0} & \frac{\partial g}{\partial x_1} & \frac{\partial g}{\partial x_2} \end{bmatrix} \\
&= (2g)[1 \quad x_2 \quad x_1] \\
&= [2g \quad 2gx_2 \quad 2gx_1] \\
&= [2(x_0 + x_1x_2) \quad 2(x_0 + x_1x_2)x_2 \quad 2(x_0 + x_1x_2)x_1] \\
&= [2x_0 + 2x_1x_2 \quad 2x_0x_2 + 2x_1x_2^2 \quad 2x_0x_1 + 2x_1^2x_2]
\end{aligned}
$$

为了检验上述结果是否正确，我们可以把 $g(\boldsymbol{x}) = x_0 + x_1x_2$ 代入 $f(g) = g^2$，于是得到

$$
f(\boldsymbol{x}) = x_0^2 + 2x_0x_1x_2 + x_1^2x_2^2
$$

从而可以进一步得到

$$
\begin{aligned}
\frac{\partial f}{\partial \boldsymbol{x}} &= \begin{bmatrix} \frac{\partial f}{\partial x_0} & \frac{\partial f}{\partial x_1} & \frac{\partial f}{\partial x_2} \end{bmatrix} \\
&= \begin{bmatrix} 2x_0 + 2x_1x_2 & 2x_0x_2 + 2x_1x_2^2 & 2x_0x_1 + 2x_1^2x_2 \end{bmatrix}
\end{aligned}
$$

这与链式法则得到的结果一致。当然，对于这个例子而言，直接代入并求导更方便。此处之所以没有这么做，是为了证明链式法则的正确性。

标对向的性质远不止这些。由于向量的点乘结果为标量，因此对向量的点乘结果求导也满足标对向的导数性质，即便点乘的输入是向量。

例如，考虑以下求导：

$$
\frac{\partial}{\partial \boldsymbol{x}}(\boldsymbol{a} \cdot \boldsymbol{x}) = \frac{\partial}{\partial \boldsymbol{x}}(\boldsymbol{a}^{\mathrm{T}}\boldsymbol{x}) = \boldsymbol{a}^{\mathrm{T}} \tag{8.9}
$$

式（8.9）是对 $\boldsymbol{x}$ 和向量 $\boldsymbol{a}$（向量 $\boldsymbol{a}$ 与 $\boldsymbol{x}$ 无关）的点乘结果求导。

我们可以对式（8.9）进行扩展，用向量函数 $\boldsymbol{f}(\boldsymbol{x})$ 替换 $\boldsymbol{x}$，从而得到

$$
\frac{\partial}{\partial \boldsymbol{x}}(\boldsymbol{a} \cdot \boldsymbol{f}) = \frac{\partial}{\partial \boldsymbol{x}}(\boldsymbol{a}^{\mathrm{T}}\boldsymbol{f}) = \boldsymbol{a}^{\mathrm{T}}\frac{\partial \boldsymbol{f}}{\partial \boldsymbol{x}} \tag{8.10}
$$

式（8.10）的输出形状是什么样子的？假定 $\boldsymbol{f}$ 以 m 维向量为输入，输出为 n 维向量，并且假定 $\boldsymbol{a}$ 为 n 维向量，那么根据式（8.2），我们知道 $\partial \boldsymbol{f}/\partial \boldsymbol{x}$ 的结果是一个 $n \times m$ 的矩阵，因此最终我们得到一个 $1 \times m$ 的行向量。太棒了！我们知道了标对向的输出为行向量，这与分子列式规范一致。

下面对两个向量函数 $\boldsymbol{f}$ 和 $\boldsymbol{g}$ 的点乘结果求导：

$$
\frac{\partial}{\partial \boldsymbol{x}}(\boldsymbol{f} \cdot \boldsymbol{g}) = \frac{\partial}{\partial \boldsymbol{x}}(\boldsymbol{f}^{\mathrm{T}}\boldsymbol{g}) = \boldsymbol{f}^{\mathrm{T}}\frac{\partial \boldsymbol{g}}{\partial \boldsymbol{x}} + \boldsymbol{g}^{\mathrm{T}}\frac{\partial \boldsymbol{f}}{\partial \boldsymbol{x}} \tag{8.11}
$$

根据式（8.10）的求导结果是行向量可知，在式（8.11）中，对两个行向量相加的结果仍是行向量。

8

8.2.2 关于标量的向量函数

由于向对标（向量函数对标量求导的简称）的导数在机器学习中很少出现，因此这里只考虑它的少数几个性质。首先是与常数相乘：

$$\frac{\partial}{\partial x}(a\boldsymbol{f}) = a\frac{\partial \boldsymbol{f}}{\partial x}$$

$$\frac{\partial}{\partial x}(\boldsymbol{A}\boldsymbol{f}) = \boldsymbol{A}\frac{\partial \boldsymbol{f}}{\partial x}$$

注意，因为求导结果为向量，所以左乘一个矩阵是合法的。

加法法则依然成立：

$$\frac{\partial}{\partial x}(\boldsymbol{f}+\boldsymbol{g}) = \frac{\partial \boldsymbol{f}}{\partial x} + \frac{\partial \boldsymbol{g}}{\partial x}$$

链式法则也成立：

$$\frac{\partial}{\partial x}(\boldsymbol{f}(\boldsymbol{g})) = \frac{\partial \boldsymbol{f}}{\partial \boldsymbol{g}}\frac{\partial \boldsymbol{g}}{\partial x} \tag{8.12}$$

式（8.12）之所以成立，是因为向对标的结果为向量，而向量函数对向量求导的结果为矩阵。因此，在式（8.12）的右边，用矩阵右乘一个列向量的结果也是一个列向量。

需要注意的是另外两种关于点乘结果对标量求导的情况。第一种情况类似于式（8.11），只不过输入是两个关于标量的向量函数：

$$\begin{aligned}\frac{\partial}{\partial x}(\boldsymbol{f}\cdot\boldsymbol{g}) &= \boldsymbol{f}\cdot\frac{\partial \boldsymbol{g}}{\partial x} + \frac{\partial \boldsymbol{f}}{\partial x}\cdot\boldsymbol{g} \\ &= \boldsymbol{f}^{\mathrm{T}}\frac{\partial \boldsymbol{g}}{\partial x} + \boldsymbol{g}^{\mathrm{T}}\frac{\partial \boldsymbol{f}}{\partial x}\end{aligned}$$

另一种情况是关于复合函数（由 $f(\boldsymbol{g})$ 和 $\boldsymbol{g}(x)$ 构成）求导：

$$\frac{\partial}{\partial x}(f(\boldsymbol{g})) = \frac{\partial f}{\partial \boldsymbol{g}}\cdot\frac{\partial \boldsymbol{g}}{\partial x} = \frac{\partial f}{\partial \boldsymbol{g}}\frac{\partial \boldsymbol{g}}{\partial x}$$

结果是一个行向量与一个列向量点乘。

8.2.3 关于向量的向量函数

以向量为输入的向量函数的导数在物理学和工程学领域很常用。在机器学习领域，这种函数经常出现在反向传播中，比如损失函数的导数。让我们先从简单的性质开始：

$$\frac{\partial}{\partial \boldsymbol{x}}(a\boldsymbol{f}) = a\frac{\partial \boldsymbol{f}}{\partial \boldsymbol{x}}$$

$$\frac{\partial}{\partial \boldsymbol{x}}(\boldsymbol{A}\boldsymbol{f}) = \boldsymbol{A}\frac{\partial \boldsymbol{f}}{\partial \boldsymbol{x}}$$

以及

$$\frac{\partial}{\partial \boldsymbol{x}}(\boldsymbol{f}+\boldsymbol{g}) = \frac{\partial \boldsymbol{f}}{\partial \boldsymbol{x}} + \frac{\partial \boldsymbol{g}}{\partial \boldsymbol{x}}$$

结果是两个矩阵相加。

接下来是链式法则——与标对向和向对标的链式法则类似：

$$\frac{\partial}{\partial \boldsymbol{x}}(\boldsymbol{f}(\boldsymbol{g}))=\frac{\partial \boldsymbol{f}}{\partial \boldsymbol{g}}\frac{\partial \boldsymbol{g}}{\partial \boldsymbol{x}}$$

结果是两个矩阵相乘。

8.2.4　关于矩阵的标量函数

以矩阵为输入且返回标量的函数的加法法则如下：

$$\frac{\partial}{\partial \boldsymbol{X}}(f+g)=\frac{\partial f}{\partial \boldsymbol{X}}+\frac{\partial g}{\partial \boldsymbol{X}}$$

结果是两个矩阵相加。回忆一下，如果 $\boldsymbol{X}$ 是 $n \times m$ 的矩阵，那么按照分子列式规范，求导结果为 $m \times n$ 的矩阵。

乘法法则也与我们的预期一致：

$$\frac{\partial}{\partial \boldsymbol{X}}(fg)=f\frac{\partial g}{\partial \boldsymbol{X}}+g\frac{\partial f}{\partial \boldsymbol{X}}$$

但链式法则有所不同：这里要求 $f(g)$ 必须是以标量为输入且输出为标量的函数，并且要求 $g(\boldsymbol{X})$ 是以矩阵为输入且输出为标量的函数。如果满足上述要求，则链式法则如下：

$$\frac{\partial}{\partial \boldsymbol{X}}(f(g))=\frac{\partial f}{\partial g}\frac{\partial g}{\partial \boldsymbol{X}} \tag{8.13}$$

下面我们通过一个例子来帮助你理解式（8.13）。首先，我们需要一个 2×2 的矩阵 $\boldsymbol{X}$：

$$\boldsymbol{X}=\begin{bmatrix} x_0 & x_1 \\ x_2 & x_3 \end{bmatrix}$$

我们还需要 $f(g)=\frac{1}{2}g^2$ 以及 $g(\boldsymbol{X})=x_0x_3+x_1x_2$。注意，虽然 $g(\boldsymbol{X})$ 的输入为矩阵，但它的输出是对输入矩阵 $\boldsymbol{X}$ 中的各个元素进行运算后得到的标量结果。

为了运用链式法则，我们需要求两个导数：

$$\frac{\partial f}{\partial g}=g$$

$$\frac{\partial g}{\partial \boldsymbol{X}}=\begin{bmatrix} \partial g/\partial x_0 & \partial g/\partial x_2 \\ \partial g/\partial x_1 & \partial g/\partial x_3 \end{bmatrix}=\begin{bmatrix} x_3 & x_1 \\ x_2 & x_0 \end{bmatrix}$$

这里同样采用分子列式规范。

通过计算得到的最终结果为

$$
\begin{aligned}
\frac{\partial f}{\partial \boldsymbol{X}} &= \frac{\partial f}{\partial g}\frac{\partial g}{\partial \boldsymbol{X}} \\
&= g\begin{bmatrix} x_3 & x_1 \\ x_2 & x_0 \end{bmatrix} \\
&= \begin{bmatrix} x_3 g & x_1 g \\ x_2 g & x_0 g \end{bmatrix} \\
&= \begin{bmatrix} x_3(x_0x_3+x_1x_2) & x_1(x_0x_3+x_1x_2) \\ x_2(x_0x_3+x_1x_2) & x_0(x_0x_3+x_1x_2) \end{bmatrix}
\end{aligned}
$$

为了验证上面的计算结果，我们可以把复合函数改写为单一函数 $f(\boldsymbol{X})=\frac{1}{2}(x_0x_3+x_1x_2)^2$，然后利用标准的链式法则求导以得到结果矩阵中各个元素的值，结果如下：

$$
\frac{\partial f}{\partial \boldsymbol{X}} = \begin{bmatrix} \partial f/\partial x_0 & \partial f/\partial x_2 \\ \partial f/\partial x_1 & \partial f/\partial x_3 \end{bmatrix} = \begin{bmatrix} x_3(x_0x_3+x_1x_2) & x_1(x_0x_3+x_1x_2) \\ x_2(x_0x_3+x_1x_2) & x_0(x_0x_3+x_1x_2) \end{bmatrix}
$$

这与上面的计算结果相同。

有了以上定义和性质，我们不妨回顾一下以向量为输入的向量函数的导数，其求导结果是一种非常特殊的矩阵，我们在深度学习中会频繁遇到这种矩阵。

8.3　雅可比矩阵和黑塞矩阵

式（8.2）定义了以向量 $\boldsymbol{x}$ 为输入的向量函数 $\boldsymbol{f}$ 的导数：

$$
\boldsymbol{J}_{\boldsymbol{x}} = \frac{\partial \boldsymbol{f}}{\partial \boldsymbol{x}} = \begin{bmatrix}
\frac{\partial f_0}{\partial x_0} & \frac{\partial f_0}{\partial x_1} & \cdots & \frac{\partial f_0}{\partial x_{m-1}} \\
\frac{\partial f_1}{\partial x_0} & \frac{\partial f_1}{\partial x_1} & \cdots & \frac{\partial f_1}{\partial x_{m-1}} \\
\vdots & \vdots & & \vdots \\
\frac{\partial f_{n-1}}{\partial x_0} & \frac{\partial f_{n-1}}{\partial x_1} & \cdots & \frac{\partial f_{n-1}}{\partial x_{m-1}}
\end{bmatrix} \tag{8.14}
$$

以上求导结果称为雅可比矩阵，简称 $\boldsymbol{J}$。在深度学习中，尤其是在有关梯度下降以及其他关于模型训练的优化算法中，你会时不时地遇到 $\boldsymbol{J}$。$\boldsymbol{J}$ 有时候带有下标，表示关于什么变量求导。例如，$\boldsymbol{J}_{\boldsymbol{x}}$ 表示关于向量 $\boldsymbol{x}$ 求导。但是在给定上下文的情况下，我们常常忽略 $\boldsymbol{J}$ 的下标。

本节将首先讨论雅可比矩阵，然后讨论黑塞矩阵——一种基于雅可比矩阵的矩阵，我们将学习如何利用黑塞矩阵解决优化问题。

从本质上讲，本节是在讨论一阶求导的一般化形式（即雅可比矩阵）以及二阶求导的一般化形式（即黑塞矩阵）。

8.3.1 雅可比矩阵

前面讲过，我们可以把式（8.14）看作将一系列梯度向量［见式（8.3)］转置后堆叠的结果：

$$\boldsymbol{J}_{\boldsymbol{x}} = \begin{bmatrix} \nabla f_0(\boldsymbol{x})^{\mathrm{T}} \\ \nabla f_1(\boldsymbol{x})^{\mathrm{T}} \\ \vdots \\ \nabla f_{n-1}(\boldsymbol{x})^{\mathrm{T}} \end{bmatrix}$$

把雅可比矩阵看作梯度的堆叠有助于我们理解其含义。回忆一下，以向量为输入并且输出为标量的函数又称标量场，其梯度指向函数值变化最快的方向。类似地，雅可比矩阵提供了关于向量函数在某一点 $\boldsymbol{x}_p$ 的邻域内如何变化的信息。向量函数的雅可比矩阵等价于标量函数的梯度。换言之，雅可比矩阵表示当向量函数在点 $\boldsymbol{x}_p$ 处发生微小位移时，函数值相应变化多少。

一种理解雅可比矩阵的方式，就是将其视作更为特殊的第 7 章所讨论斜率的一般化形式。表 8-2 给出了不同类型函数之间的关系，以及它们各自的导数所具有的测量意义。

8

表 8-2 雅可比矩阵、梯度和斜率之间的关系

函数	导数
$\boldsymbol{f}(\boldsymbol{x})$	$\partial \boldsymbol{f}/\partial \boldsymbol{x}$，雅可比矩阵
$f(\boldsymbol{x})$	$\partial f/\partial \boldsymbol{x}$，梯度向量
$f(x)$	$\mathrm{d}f/\mathrm{d}x$，斜率

在表 8-2 中，雅可比矩阵是最一般化的形式。如果将函数限定为标量函数，雅可比矩阵将退化为梯度向量（在分子列式下是行向量）。如果再将函数的输入限定为标量，梯度向量将退化为斜率。从某种意义上，雅可比矩阵、梯度向量和斜率具有相同的含义：函数值在某一点附近如何发生变化。

雅可比矩阵有很多用途，下面举两个例子来说明。第一个例子来自微分方程系统。第二个例子则使用牛顿法求向量函数的根。等到第 10 章讨论反向传播时，我还会提到雅可比矩阵，到时你需要对向量函数关于向量求导。

1. 自主微分方程

微分方程是关于导数和函数值的方程，这种方程在物理学和工程学中到处都有应用。我们的第一个例子基于自主系统理论，源于自变量不出现在等式右侧的微分方程系统。例如，如果系统由函数值以及函数关于时间 t 的导数组成，则 t 不会显式地出现在描述系统的方程中。

上面介绍的是背景信息，通过自主微分方程系统最终引出雅可比矩阵才是我们的目的。如果把这样的系统视作向量函数，则可以利用雅可比矩阵来刻画系统的临界点（导数为 0 的点）。第 7 章已经讨论过有关函数临界点的内容。

分析用以下方程组描述的系统：

$$\begin{cases} \dfrac{\mathrm{d}x}{\mathrm{d}t} = 4x - 2xy \\ \dfrac{\mathrm{d}y}{\mathrm{d}t} = 2y + xy - 2y^2 \end{cases}$$

该系统包含两个函数：$x(t)$和 $y(t)$。由于 $x(t)$和 $y(t)$的函数值都出现在对方的表达式中，因此 $x(t)$的变化率同时取决于 x 和 y 的值，$y(t)$的变化率亦如此。

我们可以把整个系统视作如下向量函数：

$$\boldsymbol{f}(\boldsymbol{x})=\begin{bmatrix} f_0 \\ f_1 \end{bmatrix}=\begin{bmatrix} 4x_0-2x_0x_1 \\ 2x_1+x_0x_1-2x_1^2 \end{bmatrix},\quad \boldsymbol{x}=\begin{bmatrix} x_0 \\ x_1 \end{bmatrix} \tag{8.15}$$

这里用 x_0 和 x_1 替代了 x 和 y。

如果用 $\boldsymbol{f}$ 表示整个系统，则 $\boldsymbol{f}=\boldsymbol{0}$ 处为临界点，这里的 $\boldsymbol{0}$ 是一个 2×1 的向量。临界点为

$$\boldsymbol{c}_0=\begin{bmatrix} 0 \\ 0 \end{bmatrix},\quad \boldsymbol{c}_1=\begin{bmatrix} 0 \\ 1 \end{bmatrix},\quad \boldsymbol{c}_2=\begin{bmatrix} 2 \\ 2 \end{bmatrix} \tag{8.16}$$

把这些临界点代入 $\boldsymbol{f}$，即可得到零向量。现在，假定我们已经知道这些临界点，下面分析它们的性质。

为了分析这些临界点的性质，我们需要求 $\boldsymbol{f}$ 的雅可比矩阵：

$$\boldsymbol{J}=\begin{bmatrix} \dfrac{\partial f_0}{\partial x_0} & \dfrac{\partial f_0}{\partial x_1} \\ \dfrac{\partial f_1}{\partial x_0} & \dfrac{\partial f_1}{\partial x_1} \end{bmatrix}=\begin{bmatrix} 4-2x_1 & -2x_0 \\ x_1 & 2+x_0-4x_1 \end{bmatrix} \tag{8.17}$$

由于雅可比矩阵描述了函数在特定点的邻域内的变化特性，因此我们可以利用雅可比矩阵来分析临界点的性质。在第 7 章，我们利用导数来判断某个点是不是函数的极大值点或极小值点，而对于雅可比矩阵，我们需要利用其特征值来分析临界点的类型和平稳性。

首先计算 $\boldsymbol{f}$ 在各个临界点的雅可比矩阵：

$$\boldsymbol{J}\Big|_{x=c_0}=\begin{bmatrix} 4 & 0 \\ 0 & 2 \end{bmatrix},\quad \boldsymbol{J}\Big|_{x=c_1}=\begin{bmatrix} 2 & 0 \\ 1 & -2 \end{bmatrix},\quad \boldsymbol{J}\Big|_{x=c_2}=\begin{bmatrix} 0 & -4 \\ 2 & -4 \end{bmatrix}$$

我们可以利用 NumPy 来获得雅可比矩阵的特征值：

```
>>> import numpy as np
>>> np.linalg.eig([[4,0],[0,2]])[0]
array([4., 2.])
>>> np.linalg.eig([[2,0],[1,-2]])[0]
array([-2., 2.])
>>> np.linalg.eig([[0,-4],[2,-4]])[0]
array([-2.+2.j, -2.-2.j])
```

由于函数 np.linalg.eig 的返回值中的第一项就是特征值，因此这里使用“[0]”作为返回值的下标。

针对自主微分方程系统的临界点，特征值表明了这些临界点的类型和平稳性。如果所有特征值为实数且同号，则临界点为节点。如果特征值小于 0，则临界点平稳，否则不平稳。你可以把平稳的临界点想象为坑：随着你不断靠近坑，你会跌入坑中。非平稳的临界点可以想象为山顶：随着你远离山顶，也就是临界点所在的位置，你将顺着山坡向远离山顶的方向滑落。第一个临界点 $\boldsymbol{c}_0$ 具有正实数特征值，它代表一个非平稳节点。

如果雅可比矩阵的特征值为实数但符号不同，则临界点是鞍点（第 7 章讨论过鞍点）。鞍点最终将变成非平稳点，但是在二维空间中，若沿着一个方向会“跌入”鞍点，则沿着另一个方

向就能“跳出”鞍点。有研究人员认为在训练深度神经网络时，大多数极值点实际上是损失函数的鞍点。临界点 c_1 是鞍点，因为 c_1 的特征值是符号不同的实数。

最后，c_2 的特征值为复数，这表明临界点 c_2 是螺旋点（又称焦点）。如果特征值的实部小于 0，那么螺旋点平稳，否则不平稳。由于特征值总是互相共轭，因此它们的实数部分必定同号。临界点 c_2 的实部为负号，因此它是一个平稳的螺旋点。

2. 牛顿法

式（8.15）展示的系统非常简单，我们可以直接代数求解临界点的值，但情况并非总是如此。一种求解函数根（返回 0 的点）的经典方法名为牛顿法：首先随机猜测一个初始值，然后利用一阶导数迭代地逼近函数的根。下面首先讨论牛顿法在一维空间中的应用情况，然后扩展到二维空间。当扩展到二维空间或更高维的空间以后，我们就需要使用雅可比矩阵了。

以利用牛顿法计算 $\sqrt{2}$ 为例。我们需要一个能使 $f(\sqrt{2})=0$ 的方程。思考一下，我们可以构造 $f(x)=2-x^2$。显然，当 $x=\sqrt{2}$ 时，$f(x)=0$。

牛顿法在一维空间中的核心方程为

$$x_{n+1}=x_n-\frac{f(x_n)}{f'(x_n)} \tag{8.18}$$

其中，x_0 为猜测的初始值。

在式（8.18）中，用 x_0 替换 x_n，即可得到 x_1。然后代入 x_1，得到 x_2。不断重复，直到 x_n 的变化足够小。只要猜测的初始值是合理的，我们最终就一定能得到想要的结果。由于牛顿法的收敛速度很快，因此通常情况下，我们只需要进行很少的迭代就能完成计算。当然，我们不需要手动计算，执行代码清单 8-1 即可。

代码清单 8-1：用牛顿法求 $\sqrt{2}$

```
import numpy as np
def f(x):
    return 2.0 - x*x
def d(x):
    return -2.0*x

x = 1.0
for i in range(5):
    x = x - f(x)/d(x)
    print("%2d: %0.16f" % (i+1,x))
print("NumPy says sqrt(2) = %0.16f for a deviation of %0.16f" %
     (np.sqrt(2), np.abs(np.sqrt(2)-x)))
```

代码清单 8-1 定义了两个函数。第一个函数是 f(x)，用于返回给定 x 的函数值。第二个函数是 d(x)，用于返回给定 x 的导数。对于 $f(x)=2-x^2$，有 $f'(x)=-2x$。

指定初始值 x = 1.0，然后循环计算式（8.18），一共 5 次，每次都输出当前对 $\sqrt{2}$ 的估计值。最终，我们可以利用 NumPy 来计算估计值与真实值的差距。

代码清单 8-1 的执行结果如下：

```
1: 1.5000000000000000
2: 1.4166666666666667
3: 1.4142156862745099
```

```
4: 1.4142135623746899
5: 1.4142135623730951

NumPy says sqrt(2) = 1.4142135623730951 for a
deviation of 0.0000000000000000
```

太棒了！对于 $\sqrt{2}$，我们只用了 5 次循环，精度就可以准确到小数点后 16 位。

牛顿法还可以扩展到以向量为输入的向量函数，按照式（8.15），我们可以将分母的导数替换为雅可比矩阵的逆矩阵。为什么是逆矩阵呢？回想一下，对于对角矩阵，其逆矩阵由对角线元素的倒数构成。如果把标量视作 1×1 的矩阵，那么它的倒数就等价于它的逆。实际上，式（8.18）也可视作使用了雅可比矩阵的逆矩阵，只不过矩阵的大小为 1×1。

于是，迭代方程为

$$\boldsymbol{x}_{n+1} = \boldsymbol{x}_n - \boldsymbol{J}^{-1}\Big|_{x=x_n} \boldsymbol{f}(\boldsymbol{x}_n) \tag{8.19}$$

其中，我们需要给定合理的初始值 $\boldsymbol{x}_0$，并且每次循环都需要计算点 $\boldsymbol{x}_n$ 处的雅可比矩阵的逆矩阵。

在编写 Python 代码之前，我们需要计算式（8.17）中雅可比矩阵的逆矩阵。2×2 矩阵 $\boldsymbol{A} = \begin{bmatrix} a & b \\ c & d \end{bmatrix}$ 的逆矩阵为 $\boldsymbol{A}^{-1} = \dfrac{1}{\det(\boldsymbol{A})}\begin{bmatrix} d & -b \\ -c & a \end{bmatrix}$。

假设行列式不为 0。由于 $\boldsymbol{A}$ 的行列式为 $ad-bc$，因此式（8.17）中雅可比矩阵的逆矩阵为

$$\boldsymbol{J}^{-1} = \frac{1}{(4-2x_1)(2+x_0-4x_1)+2x_0x_1}\begin{bmatrix} 2+x_0-4x_1 & 2x_0 \\ -x_1 & 4-2x_1 \end{bmatrix}$$

现在可以编写代码了，如代码清单 8-2 所示。

代码清单 8-2：二维牛顿法

```
import numpy as np

def f(x):
    x0,x1 = x[0,0],x[1,0]
    return np.array([[4*x0-2*x0*x1],[2*x1+x0*x1-2*x1**2]])

def JI(x):
    x0,x1 = x[0,0],x[1,0]
    d = (4-2*x1)*(2-x0-4*x1)+2*x0*x1
    return (1/d)*np.array([[2-x0-4*x1,2*x0],[-x1,4-2*x0]])

x0 = float(input("x0: "))
x1 = float(input("x1: "))
❶ x = np.array([[x0],[x1]])

N = 20
for i in range(N):
❷   x = x - JI(x) @ f(x)
    if (i > (N-10)):
        print("%4d: (%0.8f, %0.8f)" % (i, x[0,0],x[1,0]))
```

代码清单 8-2 将代码清单 8-1 的一维情况拓展到了二维。函数 f (x)用于计算给定输入向量的函数值，函数 JI(x)则用于计算 x 处雅可比矩阵的逆矩阵。注意，f (x)返回一个列向量，而 JI(x)返回一个 2×2 的矩阵。

我们首先给出了猜测的初始值 x0 和 x1，它们用于生成初始化向量 x。注意，这里显式地指

定 x 为列向量❶。

接下来计算式（8.19）中雅可比矩阵的逆矩阵❷。雅可比矩阵的逆矩阵是一个 2 × 2 的矩阵，将它右乘函数 $\boldsymbol{f}$ 输出的 2 × 1 列向量，结果得到一个新的 2 × 1 列向量，注意这里使用了 NumPy 提供的矩阵乘法运算符@。然后用 x 减去这个列向量并对 x 自身进行更新。当循环执行到最后 10 次时，将当前值输出到控制台。

代码清单 8-2 能否工作呢？执行上述代码并尝试不同的初始值，看看是否能收敛到式(8.15)所示系统的临界点。对于初始值 $\boldsymbol{x}_0=\begin{bmatrix}-1\\2\end{bmatrix}$，执行结果如下：

```
11: (0.00004807, -1.07511237)
12: (0.00001107, -0.61452262)
13: (0.00000188, -0.27403667)
14: (0.00000019, -0.07568702)
15: (0.00000001, -0.00755378)
16: (0.00000000, -0.00008442)
17: (0.00000000, -0.00000001)
18: (0.00000000, -0.00000000)
19: (0.00000000, -0.00000000)
```

这对应式（8.15）所示系统的第一个临界点。为了得到剩余的几个临界点，我们需要指定特定的初始值。如果随意指定，则有些结果会发散，有些结果会收敛至零向量。不过，尝试几次后，你就会发现：

若指定初始值$\begin{bmatrix}1\\1\end{bmatrix}$，结果收敛至$\begin{bmatrix}0\\1\end{bmatrix}$；若指定初始值$\begin{bmatrix}1.6\\1.8\end{bmatrix}$，结果收敛至$\begin{bmatrix}2\\2\end{bmatrix}$。

这表明使用牛顿法确实可以得到式（8.15）所示系统的临界点。

本节从微分方程切入，首先将系统视作向量函数，然后用雅可比矩阵刻画系统的临界点。接下来，我们基于牛顿法，再次使用雅可比矩阵定位系统的临界点。之所以可以这么做，是因为雅可比矩阵是梯度在向量函数上的扩展，而梯度本身又是一阶导数在标量函数上的扩展。如前所述，等到第 10 章讲解反向传播时，我还会提到雅可比矩阵。

8.3.2 黑塞矩阵

如果说雅可比矩阵类似于单变量函数的一阶导数，则黑塞矩阵类似于单变量函数的二阶导数。在这种情况下，我们研究的对象是以向量为输入且输出为标量的函数。对于函数 $f(\boldsymbol{x})$，其黑塞矩阵为

$$\boldsymbol{H}_f=\begin{bmatrix}\dfrac{\partial^2 f}{\partial x_0^2} & \dfrac{\partial^2 f}{\partial x_0\partial x_1} & \cdots & \dfrac{\partial^2 f}{\partial x_0\partial x_{n-1}}\\ \dfrac{\partial^2 f}{\partial x_1\partial x_0} & \dfrac{\partial^2 f}{\partial x_1^2} & \cdots & \dfrac{\partial^2 f}{\partial x_1\partial x_{n-1}}\\ \vdots & \vdots & & \vdots\\ \dfrac{\partial^2 f}{\partial x_{n-1}\partial x_0} & \dfrac{\partial^2 f}{\partial x_{n-1}\partial x_1} & \cdots & \dfrac{\partial^2 f}{\partial x_{n-1}^2}\end{bmatrix} \tag{8.20}$$

其中，$\boldsymbol{x} = [x_0\ x_1\ \cdots\ x_{n-1}]^{\mathrm{T}}$。

式（8.20）表明黑塞矩阵是对称的方阵，即 $\boldsymbol{H} = \boldsymbol{H}^{\mathrm{T}}$。

黑塞矩阵其实就是标量场梯度的雅可比矩阵：

$$\boldsymbol{H}_f = \boldsymbol{J}(\nabla f)$$

以如下函数为例：

$$f(\boldsymbol{x}) = 2x_0^2 + x_0x_2 + 3x_1x_2 - x_1^2$$

如果直接套用式（8.20），那么由于 $\frac{\partial f}{\partial x_0} = 4x_0 + x_2$，因此 $\frac{\partial^2 f}{\partial x_0^2} = 4$。在进行类似的计算后，我们便可以得到整个黑塞矩阵为

$$\begin{bmatrix} 4 & 0 & 1 \\ 0 & -2 & 3 \\ 1 & 3 & 0 \end{bmatrix}$$

在这个例子中，黑塞矩阵是常数矩阵而不是关于 $\boldsymbol{x}$ 的函数，这是因为在函数 $f(\boldsymbol{x})$ 中，自变量的最高次项的幂是 2。

如果按照列向量的定义，则 $f(\boldsymbol{x})$ 的梯度为

$$\nabla f = \begin{bmatrix} \dfrac{\partial f}{\partial x_0} \\ \dfrac{\partial f}{\partial x_1} \\ \dfrac{\partial f}{\partial x_2} \end{bmatrix} = \begin{bmatrix} 4x_0 + x_2 \\ 3x_2 - 2x_1 \\ x_0 + 3x_1 \end{bmatrix}$$

对上述梯度求雅可比矩阵，得到的结果如下，这与直接套用式（8.20）得到的计算结果是一致的。

$$\boldsymbol{J}(\nabla f) = \begin{bmatrix} \dfrac{\partial f_0}{\partial x_0} & \dfrac{\partial f_0}{\partial x_1} & \dfrac{\partial f_0}{\partial x_2} \\ \dfrac{\partial f_1}{\partial x_0} & \dfrac{\partial f_1}{\partial x_1} & \dfrac{\partial f_1}{\partial x_2} \\ \dfrac{\partial f_2}{\partial x_0} & \dfrac{\partial f_2}{\partial x_1} & \dfrac{\partial f_2}{\partial x_2} \end{bmatrix} = \begin{bmatrix} 4 & 0 & 1 \\ 0 & -2 & 3 \\ 1 & 3 & 0 \end{bmatrix}$$

1. 极小值和极大值

我在第 7 章介绍了如何利用二阶导数来判断函数的临界点是极小值点（$f'' > 0$）还是极大值点（$f'' < 0$）。如何在优化问题中使用临界点呢？下面我们先学习如何利用黑塞矩阵的特征值来寻找临界点。继续使用前面的例子，其中，黑塞矩阵的大小为 3×3，这意味着存在最多 3 个（也可以更少）特征值。同样，我们可以直接利用 NumPy 来计算特征值：

```
>>> np.linalg.eig([[4,0,1],[0,-2,3],[1,3,0]])[0]
array([ 4.34211128, 1.86236874, -4.20448002])
```

你可以看到，3 个特征值中有两个是正数，剩下的一个是负数。如果 3 个特征值都是正数，那么对应的就是极小值。反过来，如果 3 个特征值都是负数，那么对应的就是极大值。注意，极小值对应正值，而极大值对应负值，这与单变量的情况类似。如果 3 个特征值中至少有一个特征值为正数，并且还有一个特征值为负数，那么临界点就是一个鞍点。

很自然地，你会想到黑塞矩阵是否可以扩展到向量函数 $\boldsymbol{f}(\boldsymbol{x})$。毕竟我们可以对这类函数计算雅可比矩阵，并且我们知道黑塞矩阵就是梯度的雅可比矩阵。

黑塞矩阵确实可以扩展到向量函数，但结果不再是矩阵，而是一个三维张量。为了弄明白这一点，请考虑向量函数的定义：

$$\boldsymbol{f}(\boldsymbol{x}) = \begin{bmatrix} f_0(\boldsymbol{x}) \\ f_1(\boldsymbol{x}) \\ \vdots \\ f_{m-1}(\boldsymbol{x}) \end{bmatrix}$$

我们可以把该向量函数（又称向量场）视作由以向量为输入的标量函数构成的向量。对其中的 m 个函数分别计算黑塞矩阵，结果将构成一个由矩阵构成的向量：

$$\boldsymbol{H}_{\boldsymbol{f}} = \begin{bmatrix} \boldsymbol{H}_{f_0} \\ \boldsymbol{H}_{f_1} \\ \vdots \\ \boldsymbol{H}_{f_{m-1}} \end{bmatrix}$$

但是，由矩阵构成的向量是三维对象。例如，RGB 图像格式就可视为由二维图像构成的三维数组，其中的元素对应红、绿、蓝三个颜色通道。因此，虽然可以定义并计算向量函数的黑塞矩阵，但这已经超出本书的讨论范围。

2. 优化问题

在深度学习中，最常用到黑塞矩阵的地方就是优化问题。例如，神经网络的训练过程就是一个优化问题，优化目标是找到与损失函数图像上的最低点对应的权重和偏置。

我在第 7 章曾提到，梯度提供了有关如何达到函数最小值的信息。而像梯度下降这类优化算法，就是以梯度为向导寻找最优解的，详见第 11 章。由于梯度是损失函数的一阶导数，因此仅靠梯度进行优化的算法称为一阶优化算法。

黑塞矩阵则提供了比梯度更进一步的信息。作为二阶导数，黑塞矩阵提供了损失函数图像上的梯度如何变化的信息，即曲率。下面解释曲率的物理意义以帮助你理解。朝某个方向运动的粒子，其位置是关于时间的函数 $x(t)$。$x(t)$函数的一阶导数就是粒子的运动速度，即 $\mathrm{d}x/\mathrm{d}t = v(t)$。速度衡量的是位置随时间变化的快慢。然而，由于粒子也可能做变速运动，因此速度的导数 $\mathrm{d}v/\mathrm{d}t = a(t)$就是加速度。如果说速度是位置关于时间的一阶导数，那么加速度就是位置关于时间的二阶导数，即 $\frac{\mathrm{d}^2x}{\mathrm{d}t^2}=a(t)$。类似地，损失函数的二阶导数（即黑塞矩阵）则提供了梯度的变化信息。使用黑塞矩阵的优化算法或其近似实现算法称为二阶优化算法。

以一维情况为例。给定函数 $f(x)$ 以及当前位置 x_0。我们希望从位置 x_0 移到新的位置 x_1，从而使函数值更靠近极小值。一阶优化算法利用梯度（即导数）作为向导，因为我们知道函数值会沿负梯度的方向减小。因此，如果以 η 为步长，则有

$$x_1=x_0-\eta f'(x_0)$$

假定存在最小值，按照这种方式从位置 x_0 移到位置 x_1，函数值就会更接近 $f(x)$ 的极小值。

既然上面的公式能够实现我们的目的，那么为什么还需要二阶优化算法呢？当研究对象从 $f(x)$ 变为 $f(\boldsymbol{x})$ 时，就需要使用二阶优化算法了。由于现在用到的是梯度而不再是导数，因此 $f(\boldsymbol{x})$ 在某一点附近的变化会更加复杂。梯度下降的一般形式为

$$\boldsymbol{x}_1=\boldsymbol{x}_0-\eta\nabla f(\boldsymbol{x}_0)$$

此时黑塞矩阵能给我们提供额外的帮助。为了理解这一点，我们需要引入泰勒级数展开的概念，这是利用无限项的求和式来近似任意函数的一种方法。在物理学和工程学领域，我们经常使用泰勒级数对复杂函数在某一点的邻域进行简化表示。我们还经常使用泰勒级数计算超越函数（那些无法用有限次初等代数运算表示的函数）的值。比如，当你在程序中使用 cos(x)时，底层实现可能是 32 位或 64 位浮点数精度要求下的泰勒级数展开：

$$\cos(x)=\sum_{k=0}^{\infty}(-1)^k\frac{x^{2k}}{(2k)!}\approx 1-\frac{x^2}{2!}+\frac{x^4}{4!}-\frac{x^6}{6!}+\frac{x^8}{8!}$$

一般情况下，函数 $f(x)$ 在 $x=a$ 邻域内有如下用于近似的泰勒级数展开：

$$f(x)=\sum_{k=0}^{\infty}\frac{f^{(k)}(a)}{k!}(x-a)^k$$

其中，$f^{(k)}(a)$ 是 $f(x)$ 在点 a 处的 k 阶导数。

$f(x)$ 在 $x=a$ 处的线性近似为

$$f(x)\approx f(a)+f'(a)(x-a)$$

$f(x)$ 的二次近似为

$$f(x)\approx f(a)+f'(a)(x-a)+\frac{1}{2}f''(a)(x-a)^2 \tag{8.21}$$

可以看出，线性近似使用 $f(x)$ 的一阶导数，二次近似则需要同时使用 $f(x)$ 的一阶导数和二阶导数。一阶优化算法使用线性近似，二阶优化算法使用二次近似。

如果函数由输入和输出都是标量的 $f(x)$ 变为输入为向量、输出为标量的 $f(\boldsymbol{x})$，那么在函数的二次近似表达式中，就需要把一阶导数替换为梯度，并把二阶导数替换为黑塞矩阵。

$$f(\boldsymbol{x})\approx f(\boldsymbol{a})+(\boldsymbol{x}-\boldsymbol{a})^{\mathrm{T}}\nabla f(\boldsymbol{a})+\frac{1}{2}(\boldsymbol{x}-\boldsymbol{a})^{\mathrm{T}}\boldsymbol{H}_f(\boldsymbol{a})(\boldsymbol{x}-\boldsymbol{a})$$

其中，$\boldsymbol{H}_f(\boldsymbol{a})$ 是 $f(\boldsymbol{x})$ 在点 $\boldsymbol{a}$ 处的黑塞矩阵。由于涉及向量和矩阵的运算，为了保证维度匹配，这里对乘法的顺序进行了调整。例如，如果 $\boldsymbol{x}$ 是 n 维向量，那么在上面的式子中，等号右侧的

第一项 $f(\boldsymbol{a})$是标量；第二项是$(\boldsymbol{x}-\boldsymbol{a})^{\mathrm{T}}$（一个行向量）与函数在点 $\boldsymbol{a}$ 处的梯度（一个 n 维的列向量）的乘积，因此也是标量；最后一项先将 $1\times n$ 的矩阵与 $n\times n$ 的矩阵相乘，再与 $n\times 1$ 的矩阵相乘，结果同样是标量。

要在求函数极小值这类优化问题中使用泰勒级数展开，我们可以参照式（8.18）使用牛顿法。首先对式（8.21）进行改写，表示成在当前位置 x 发生位移 ∇x 的情况，结果为

$$f(x+\Delta x)\approx f(x)+f'(x)\Delta x+\frac{1}{2}f''(x)(\Delta x)^2 \tag{8.22}$$

式（8.22）是关于Δx 的抛物线，可将其作为对f 在 $x+\Delta x$ 邻域内复杂函数形状的近似。为了得到式（8.22）的最小值，我们需要对其求导，得到

$$\frac{\mathrm{d}}{\mathrm{d}(\Delta x)}f(x+\Delta x)\approx f'(x)+f''(x)\Delta x$$

令上面的式子为 0，整理后可以得到

$$\Delta x=-\frac{f'(x)}{f''(x)} \tag{8.23}$$

式（8.23）表示$f(x)$为抛物线时从当前位置 x 移到$f(x)$的极小值点需要发生的位移。但实际上$f(x)$并非抛物线，因此根据式（8.23）计算得到的Δx 并非真实所需的位移。但由于泰勒级数展开同时用到了$f(x)$在点 x 处真实的斜率 $f'(x)$ 和曲率 $f''(x)$，因此根据式（8.23），我们可以得到相比线性近似更好的对达到$f(x)$极小值所需位移的估计，但前提是极小值真实存在。

既然已经从当前位置 x 移到 $x+\Delta x$，为何不利用式（8.23）继续得到移向下一个新位置所需的位移呢？按照这个思路，就有了如下递推式：

$$x_{n+1}=x_n-\frac{f'(x_n)}{f''(x_n)} \tag{8.24}$$

其中，x_0 为起始点。

我们可以将上述过程扩展到输入为向量、输出为标量的函数$f(\boldsymbol{x})$，在深度学习中，这类函数是损失函数的常见类型。于是，式（8.24）变为

$$\boldsymbol{x}_{n+1}=\boldsymbol{x}_n-\boldsymbol{H}_f^{-1}\Big|_{\boldsymbol{x}_n}\nabla f(\boldsymbol{x}_n)$$

分母中原来的二阶导数被替换成了黑塞矩阵的逆矩阵在 $\boldsymbol{x}_n$ 处的取值。

现在，你已经掌握了求$f(\boldsymbol{x})$极小值的快速算法。前面曾提到，牛顿法的收敛速度很快，所以使用牛顿法求解损失函数极小值的收敛速度会比梯度下降法更快，因为后者只用到一阶导数的信息。

既然如此，我们为什么还使用梯度下降法，而不是使用牛顿法来训练神经网络呢？

首先，我们还没有讨论引入黑塞矩阵导致的应用方面的问题，这与黑塞矩阵的正定性有关。对称矩阵如果是正定矩阵，那么矩阵的所有特征值都为正数。黑塞矩阵在鞍点的附近可能是非正定的，这会导致参数更新到远离极小值的地方。你可能会想，对于像牛顿法这样简单的算法，应该会有一些变体算法用来解决此类问题。但是，即便解决了黑塞矩阵的特征值问题，在更新参数时计算黑塞矩阵也仍会导致巨大的计算开销，这挡住了牛顿法的应用之路。

其次，每次更新神经网络的权重和偏置时，都需要重新计算黑塞矩阵及其逆矩阵。考虑网络训练所需的 mini-batch 数。在每个 mini-batch 中，神经网络都有 k 个参数需要更新，k 值轻易就能达到百万甚至上亿的量级。黑塞矩阵是 $k \times k$ 的对称正定矩阵，对其求逆通常需要进行楚列斯基分解。虽然这是一种高效的求逆算法，但也需要 $O(k^3)$的计算复杂度。O 表示算法所需的时间和内存开销与参数量的 3 次方成正比。这意味着参数量每增加一倍，对黑塞矩阵求逆导致的计算开销就会变为原先的 $2^3 = 8$ 倍；如果参数量增加两倍，那么计算开销就会变为原先的 $3^3 = 27$ 倍；而如果参数量增加 3 倍，那么计算开销就会变为原先的 $4^3 = 64$ 倍。以上还是在没有将对黑塞矩阵的 k^2 个浮点元素进行排序所需的开销考虑在内的情形。

对于深度网络，即便网络不是很大，使用牛顿法所需的计算开销也是难以承受的。因此，我们只能选择使用基于梯度的一阶优化算法来训练网络。

注意：以上结论可能言之过早。近年来，神经进化领域的一些研究表明，进化算法可以成功地训练深度网络。我用粒子群优化算法进行神经网络训练的一些实验也佐证了这一点。

一阶优化算法能有如此优异的表现，目前看来似乎有些让人意外。

8.4　矩阵微分的一些实例

在本节，我会给出深度学习中常见的一些求导实例。

8.4.1　元素级运算求导

我将从诸如向量加法这样的元素级运算的导数讲起。考虑

$$\boldsymbol{f} = \boldsymbol{a} + \boldsymbol{b} = \begin{bmatrix} f_0 \\ f_1 \\ \vdots \\ f_{n-1} \end{bmatrix} = \begin{bmatrix} a_0 + b_0 \\ a_1 + b_1 \\ \vdots \\ a_{n-1} + b_{n-1} \end{bmatrix}$$

这是一个将两个向量按元素相加的简单例子。$\boldsymbol{f}$ 的雅可比矩阵（即$\partial \boldsymbol{f}/\partial \boldsymbol{a}$）是什么样子呢？根据定义，我们有

$$\frac{\partial \boldsymbol{f}}{\partial \boldsymbol{a}} = \begin{bmatrix} \dfrac{\partial f_0}{\partial a_0} & \dfrac{\partial f_0}{\partial a_1} & \cdots & \dfrac{\partial f_0}{\partial a_{n-1}} \\ \dfrac{\partial f_1}{\partial a_0} & \dfrac{\partial f_1}{\partial a_1} & \cdots & \dfrac{\partial f_1}{\partial a_{n-1}} \\ \vdots & \vdots & & \vdots \\ \dfrac{\partial f_{n-1}}{\partial a_0} & \dfrac{\partial f_{n-1}}{\partial a_1} & \cdots & \dfrac{\partial f_{n-1}}{\partial a_{n-1}} \end{bmatrix}$$

在这个例子中，f_0 仅依赖于 a_0，f_1 仅依赖于 a_1，以此类推。因此，对于所有的 $i \neq j$，都有$\partial f_i/\partial a_j = 0$。所有的非对角线元素都为 0，结果如下：

$$\frac{\partial \boldsymbol{f}}{\partial \boldsymbol{a}}=\begin{bmatrix}\frac{\partial f_0}{\partial a_0} & 0 & \cdots & 0\\ 0 & \frac{\partial f_1}{\partial a_1} & \cdots & 0\\ \vdots & \vdots & & \vdots\\ 0 & 0 & \cdots & \frac{\partial f_{n-1}}{\partial a_{n-1}}\end{bmatrix}=\begin{bmatrix}1 & 0 & \cdots & 0\\ 0 & 1 & \cdots & 0\\ \vdots & \vdots & & \vdots\\ 0 & 0 & \cdots & 1\end{bmatrix}=\boldsymbol{I}$$

对于所有的 i，都有$\partial f_i/\partial a_i=1$。类似地，也有$\partial \boldsymbol{f}/\partial \boldsymbol{b}=\boldsymbol{I}$。同理，如果改为元素级减法运算，则有$\partial \boldsymbol{f}/\partial \boldsymbol{a}=\boldsymbol{I}$，但是$\partial \boldsymbol{f}/\partial \boldsymbol{b}=-\boldsymbol{I}$。

对于元素级相乘运算 $\boldsymbol{f}=\boldsymbol{a}\otimes\boldsymbol{b}$，结果如下。其中，diag($\boldsymbol{x}$)表示以 n 元向量 $\boldsymbol{x}$ 的各元素为对角线元素且其余位置都为 0 的 $n\times n$ 矩阵。

$$\frac{\partial \boldsymbol{f}}{\partial \boldsymbol{a}}=\begin{bmatrix}\frac{\partial (a_0b_0)}{\partial a_0} & 0 & \cdots & 0\\ 0 & \frac{\partial (a_1b_1)}{\partial a_1} & \cdots & 0\\ \vdots & \vdots & & \vdots\\ 0 & 0 & \cdots & \frac{\partial (a_{n-1}b_{n-1})}{\partial a_{n-1}}\end{bmatrix}=\begin{bmatrix}b_0 & 0 & \cdots & 0\\ 0 & b_1 & \cdots & 0\\ \vdots & \vdots & & \vdots\\ 0 & 0 & \cdots & b_{n-1}\end{bmatrix}=\mathrm{diag}(\boldsymbol{b})$$

$$\frac{\partial \boldsymbol{f}}{\partial \boldsymbol{b}}=\begin{bmatrix}\frac{\partial (a_0b_0)}{\partial b_0} & 0 & \cdots & 0\\ 0 & \frac{\partial (a_1b_1)}{\partial b_1} & \cdots & 0\\ \vdots & \vdots & & \vdots\\ 0 & 0 & \cdots & \frac{\partial (a_{n-1}b_{n-1})}{\partial b_{n-1}}\end{bmatrix}=\begin{bmatrix}a_0 & 0 & \cdots & 0\\ 0 & a_1 & \cdots & 0\\ \vdots & \vdots & & \vdots\\ 0 & 0 & \cdots & a_{n-1}\end{bmatrix}=\mathrm{diag}(\boldsymbol{a})$$

8.4.2 激活函数的导数

如何计算前馈神经网络中隐藏层的某一节点关于权重和偏置的导数呢？回忆一下，节点的输入是上一层网络的输出 $\boldsymbol{x}$，将 $\boldsymbol{x}$ 与权重向量 $\boldsymbol{w}$ 按元素相乘，然后将结果相加，最后加上偏置 b，得到的将是一个标量。将这个标量传给一个激活函数，便可得到节点的输出值。在这里，我们使用 ReLU 函数作为激活函数。当输入大于零时，ReLU 函数返回输入值，否则返回 0。整个过程可以表示为

$$y=\mathrm{ReLU}\,(\boldsymbol{w}\cdot\boldsymbol{x}+b) \tag{8.25}$$

为了进行反向传播，我们需要计算式（8.25）中关于 $\boldsymbol{w}$ 和 b 的导数。下面我们来看看如何计算它们。

首先处理式（8.25）中括号里的部分。根据式（8.9），对点乘运算 $\boldsymbol{w}\cdot\boldsymbol{x}$ 进行求导的结果如下：

$$\frac{\partial(\boldsymbol{x}\cdot\boldsymbol{w})}{\partial\boldsymbol{w}}=\boldsymbol{x}^{\mathrm{T}}$$

这里利用了点乘运算的可交换性，即 $\boldsymbol{w}\cdot\boldsymbol{x}=\boldsymbol{x}\cdot\boldsymbol{w}$。此外，由于 b 与 $\boldsymbol{w}$ 无关，因此有

$$\frac{\partial(\boldsymbol{w}\cdot\boldsymbol{x}+b)}{\partial\boldsymbol{w}}=\frac{\partial(\boldsymbol{w}\cdot\boldsymbol{x})}{\partial\boldsymbol{w}}+\frac{\partial b}{\partial\boldsymbol{w}}=\boldsymbol{x}^{\mathrm{T}}+\boldsymbol{0}=\boldsymbol{x}^{\mathrm{T}} \tag{8.26}$$

ReLU 函数的导数是什么呢？ReLU 函数的定义如下：

$$\mathrm{ReLU}(z)=\max(0,z)=\begin{cases}0, & z\leqslant 0\\ z, & z>0\end{cases}$$

这意味着

$$\frac{\partial}{\partial z}\mathrm{ReLU}(z)=\begin{cases}0, & z\leqslant 0\\ 1, & z>0\end{cases} \tag{8.27}$$

因为$\partial z/\partial z=1$。

为了计算式（8.25）中关于 $\boldsymbol{w}$ 和 b 的导数，我们需要对上述结果使用链式法则。为此，下面首先计算关于 $\boldsymbol{w}$ 的导数。由链式法则可知

$$\frac{\partial y}{\partial\boldsymbol{w}}=\frac{\partial y}{\partial z}\frac{\partial z}{\partial\boldsymbol{w}}$$

其中，$z=\boldsymbol{w}\cdot\boldsymbol{x}+b$，$y=\mathrm{ReLU}(z)$。

根据式（8.27），$\partial y/\partial z$ 为 0 或 1，于是有

$$\frac{\partial y}{\partial\boldsymbol{w}}=\begin{cases}0\dfrac{\partial z}{\partial\boldsymbol{w}}, & z\leqslant 0\\[2ex] 1\dfrac{\partial z}{\partial\boldsymbol{w}}, & z>0\end{cases}$$

然后根据式（8.26），$\partial z/\partial\boldsymbol{w}=\boldsymbol{x}^{\mathrm{T}}$，因此最后的结果为

$$\frac{\partial y}{\partial\boldsymbol{w}}=\begin{cases}0, & \boldsymbol{w}\cdot\boldsymbol{x}+b\leqslant 0\\ \boldsymbol{x}^{\mathrm{T}}, & \boldsymbol{w}\cdot\boldsymbol{x}+b>0\end{cases}$$

这里将 z 替换成了 $\boldsymbol{w}\cdot\boldsymbol{x}+b$。

类似地，我们也可以计算$\partial y/\partial b$，结果为

$$\frac{\partial y}{\partial b}=\frac{\partial y}{\partial z}\frac{\partial z}{\partial b}$$

但$\partial y/\partial z$ 只能为 0 或 1，具体取决于 z 的符号。类似地，由于 $\dfrac{\partial z}{\partial b}=1$，因此最后的结果为

$$\frac{\partial y}{\partial b}=\begin{cases}0, & \boldsymbol{w}\cdot\boldsymbol{x}+b\leqslant 0\\ 1, & \boldsymbol{w}\cdot\boldsymbol{x}+b>0\end{cases}$$

8.5 小结

本章干货满满。你学习了矩阵微分的知识，包括如何在涉及向量和矩阵的情况下对函数求导。我首先介绍了矩阵微分的定义，然后给出了矩阵微分的一些公式和性质。接下来，我介绍了雅可比矩阵和黑塞矩阵，它们是一阶导数和二阶导数的扩展，我们还讨论了如何用它们解决优化问题。由于深度网络的训练在本质上是优化问题，因此雅可比矩阵和黑塞矩阵的应用前景十分明确，但是后者在大型的深度网络中不怎么常用。最后，本章给出了深度学习中矩阵微分的一些实例。

至此，本书有关数学的一般性知识点介绍完毕。接下来，我将转向它们的应用以帮助你理解深度网络的工作原理。

第9章 神经网络中的数据流

本章将展示数据在训练好的神经网络中是如何流转的。换句话说，你将看到数据如何从输入向量或张量变为输出，以及数据在整个过程中所具有的形式。如果你已经对神经网络的工作机制非常熟悉，这当然很好；如果不熟悉，那么尝试理解神经网络层之间的数据流转方式有助于你更好地理解神经网络的整个工作过程。

首先，你将看到数据在两种不同类型的神经网络中分别是如何表示的。然后，你将通过传统神经网络的工作方式理解数据流转的基本原理。其间，你会看到用神经网络进行推理的代码有多么简洁。最后，你将学习卷积神经网络的工作机制，并理解卷积层和池化层的概念。本章的目的并非展示主流组件在底层实现时如何进行数据传递。实际上，这些组件为提升效率进行了数据传递的各种优化，但了解这些细节并不能帮助你在更高层面理解数据的流转机制。本章的目的在于让你理解数据是如何一步一步从输入层流转到输出层的。

9.1 数据的表示

数据是深度学习的终极伙伴。构建模型需要数据，测试模型也需要数据，进行最终的预测则需要更多的数据。本节介绍在两种不同类型的神经网络中如何表示数据，它们分别是传统神经网络和深度卷积网络。

9.1.1 在传统神经网络中表示数据

对于传统神经网络或其他经典的机器学习模型而言，输入都是数值向量，也就是特征向量。训练数据是由这些向量构成的集合，其中的每一个向量都有对应的标签（本章仅讨论有监督学习的情况）。由特征向量构成的集合可以方便地表示为矩阵，其中的每一行对应一个样本的特征向量，行数就是样本量。我们知道，计算机可以方便地用二维数组来表示矩阵，因此在传统神经网络和其他经典的机器学习模型（如支撑向量机、随机森林等）中，可以使用二维数组来表示数据集。

你在第 6 章遇到的 iris 数据集就是一个由 4 维的特征向量构成的集合，这个集合可以表示为矩阵：

```
>>> import numpy as np
>>> from sklearn import datasets
>>> iris = datasets.load_iris()
>>> X = iris.data[:5]
>>> X
array([[5.1, 3.5, 1.4, 0.2],
       [4.9, 3. , 1.4, 0.2],
       [4.7, 3.2, 1.3, 0.2],
       [4.6, 3.1, 1.5, 0.2],
       [5. , 3.6, 1.4, 0.2]])
>>> Y = iris.target[:5]
```


与第 6 章一样，这里输出了 iris 数据集中的前 5 个样本。这 5 个样本都属于类别 0。为了将这一事实传给模型，我们需要对应的类别标签向量。X[i]表示样本 i 的特征，Y[i]为对应的类别标签。通常情况下，类别标签会以从 0 开始递增的整数对数据集中的各个类别进行编码。虽然有些组件更倾向于使用独热向量对类别进行编码，但如果有需要，你可以很方便地把整数标签转换为独热编码。

因此，传统的数据集在各层之间用矩阵存储网络权重，并且用向量存储各层的输入值和输出值。这确实非常简单，那么深度卷积网络又是如何做的呢？

9.1.2 在深度卷积网络中表示数据

深度卷积网络有时也使用向量来表示特征，尤其是一维卷积的场景，但深度卷积网络更大的优势在于能够利用卷积层来获得数据中的空间位置信息。通常情况下，这意味着输入是用二维数组表示的图像，但也不绝对。实际上，模型本身并不需要知道输入的物理意义，只有模型的设计者才需要知道——他们还需要根据自己的理解来决定采用什么样的网络架构。为了便于讨论，这里假定输入就是图像，因为我们至少知道计算机在高层是如何处理图像信息的。

对于黑白图像或者只包含灰色的灰度图来说，它们都是用单个数字来表示像素值的。因此，灰度图是由用二维数组表示的单个矩阵构成的。然而，我们在计算机上看到的大多数图像是彩色图像而非灰度图。大多数软件使用 3 个数字来表示像素的颜色，它们分别是红色色度、绿色色度和蓝色色度，计算机对彩色图像使用的 RGB 标签就源于此。虽然还有很多其他表示颜色的方式，但 RGB 是其中最为常用的一种。通过对 3 种原色进行调配，就可以让计算机呈现出上百万种颜色。如果一个像素需要 3 个数值，那么一幅彩色图像就不仅对应一个二维数组，而是对应 3 个二维数组，其中的每个二维数组则对应一种颜色。

例如，在第 4 章，我们从 sklearn 中加载了一幅彩色图像。下面让我们看看这幅彩色图像在内存中是如何存储的：

```
>>> from sklearn.datasets import load_sample_image
>>> china = load_sample_image('china.jpg')
>>> china.shape
(427, 640, 3)
```

这幅图像被存储为一个 NumPy 数组，大小为(427, 640, 3)。这是一个三维数组，其中的第一维表示图像的高度，这里是 427 像素；第二维表示图像的宽度，这里是 640 像素；第三维表示图像的通道数，RGB 图像的通道数为 3，分别对应每个像素的红色部分、绿色部分和蓝色部分。如果单独显示某一通道的图像，结果将呈现为一幅灰度图。执行如下代码：

```
>>> from PIL import Image
>>> Image.fromarray(china).show()
>>> Image.fromarray(china[:,:,0]).show()
>>> Image.fromarray(china[:,:,1]).show()
>>> Image.fromarray(china[:,:,2]).show()
```

如图 9-1 所示，输出的 3 幅图片起初看起来非常类似，但在仔细对比后，你就会发现它们实际上是有差异的。各个通道的图片叠加在一起的效果就是一幅完整的彩色图像。你可以将上述代码中的 china[:, :, 0]替换为 china，输出原始图像以进行对比。

图 9-1 从左到右，单独显示红色、绿色和蓝色通道的图像

在上述代码中，PIL 代表 Pillow 库。Pillow 库是一个用于处理图像的 Python 包。如果还没有安装 Pillow 库的话，请执行如下代码：

```
pip3 install pillow
```

深度卷积网络的输入通常是多维数据。如果输入的是彩色图像，则需要使用三维张量来表示单张图片。这还没有完，虽然输入的每个样本是一个三维张量，但我们很少一次只处理单张图片。在训练网络时，我们经常采用 mini-batch 的方式，也就是用一组图片来计算平均损失。这意味着我们还需要一个维度以表示每张图片在 mini-batch 中的序号。因此，最终的输入将是一个 $N \times H \times W \times C$ 的四维张量。其中，N 表示每个 mini-batch 的图片数，H 表示每张图片的高度，W 表示每张图片的宽度，C 表示通道数。有时候，输入的大小也可以表示为元组：(N, H, W, C)。

下面我们来看看深度卷积网络中的一些实战数据。以 CIFAR-10 数据集为例，这是一个经典的基准数据集，可以通过搜索名称轻松找到。不过，你不用下载原始数据，本书已经提供它们的 NumPy 版本。如前所述，我们需要两个数组以分别存储图像和对应的标签，这两个数组分别位于文件 cifar10_test_images.npy 和 cifar10_test_labels.npy 中。下面我们查看一下图片的属性：

```
>>> images = np.load("cifar10_test_images.npy")
>>> labels = np.load("cifar10_test_labels.npy")
>>> images.shape
(10000, 32, 32, 3)
>>> labels.shape
(10000,)
```

注意 images 是四维数组。其中，第 1 维表示数组中的图片数量（$N = 10\,000$）；第 2 维和第 3 维表示图片的大小为 32 像素 × 32 像素；最后一维表示图片有 3 个通道，这说明其中存储的是彩色图片。不过请注意，一般来说，第四维为 3 并不一定表示三通道的图片，也可能表示其他类型的数据集，只不过其该维度大小刚好为 3。与 images 数组对应的 labels 数组也包含 10 000 个元素，里面存储的是类别标签。CIFAR-10 数据集中的图片一共分为 10 类，包括各种动物图片和汽车图片。例如：

```
>>> labels[123]
2
>>> Image.fromarray(images[123]).show()
```

从运行结果来看，第 123 张图片对应的类别标签是正确的，因为类别 2 确实对应“鸟”。请回忆一下，在 NumPy 中使用单个索引可以返回整个子数组，因此 images[123]等价于 images[123:, :, :]。Image 类的 fromarray 函数能够将一个 NumPy 数组转为一张图片，因此我们可以使用 show 函数将其显示出来。

使用 mini-batch 的方式进行训练，意味着我们每次都需要给模型传入整个数据集的一个子集。如果设置的 mini-batch 的大小为 24，那么使用 CIFAR-10 数据集的深度卷积网络的输入就是大小为(24, 32, 32, 3)的数组，即 24 张图片，每张图片有 32 行、32 列，包含 3 个通道。后面你会看到，通道数的概念并不局限于网络的输入，它还适用于各层之间的数据形状。

我们很快还会回到有关深度卷积网络的数据的话题。现在我们先切换到有关传统神经网络中的数据流的简单话题。

9.2 传统神经网络中的数据流

如前所述，传统神经网络的各层之间的网络参数是以矩阵的方式存储的。例如，若第 i 层有 n 个节点，并且第$(i-1)$层有 m 个输出，则这两层之间的参数 $\boldsymbol{W}_i$ 就是一个 $n \times m$ 的矩阵。将这个矩阵右乘第$(i-1)$层输出的 $m \times 1$ 向量，得到大小为 $n \times 1$ 的向量，将其作为第 i 层的 n 个节点的输入。具体来说，就是计算

$$\boldsymbol{a}_i = \sigma\left(\boldsymbol{W}_i \boldsymbol{a}_{i-1} + \boldsymbol{b}_i\right)$$

其中，$\boldsymbol{a}_{i-1}$ 是第$(i-1)$层输出的 $m \times 1$ 向量，用 $\boldsymbol{W}_i$ 乘以 $\boldsymbol{a}_{i-1}$，得到 $n \times 1$ 的列向量，再加上偏置 $\boldsymbol{b}_i$，最后将结果输入激活函数 σ，得到第 i 层的响应结果 $\boldsymbol{a}_i$。$\boldsymbol{a}_i$ 作为第 i 层的输出，将被传给第$(i+1)$层。由于使用了矩阵和向量，因此我们可以直接运用矩阵的乘法法则进行运算，而不需

要显式地在代码中编写循环。

下面举个简单的例子。首先随机生成包含两个特征的数据集，然后把它们划分为训练集和测试集。在这个例子中，我们将使用 sklearn 训练一个简单的前馈神经网络，其中有一个包含 5 个节点的单隐藏层，它以 ReLU 函数为激活函数。最后，我们将测试网络的训练效果，并重点讨论权重矩阵和偏置向量。

为了构建数据集，我们决定挑选二维空间中部分重叠的不同聚类的点集。我们希望神经网络学得不错，代码如下：

```
from sklearn.neural_network import MLPClassifier

np.random.seed(8675309)
❶ x0 = np.random.random(50)-0.3
y0 = np.random.random(50)+0.3
x1 = np.random.random(50)+0.3
y1 = np.random.random(50)-0.3
x = np.zeros((100,2))
x[:50,0] = x0; x[:50,1] = y0
x[50:,0] = x1; x[50:,1] = y1
❷ y = np.array([0]*50+[1]*50)

❸ idx = np.argsort(np.random.random(100))
x = x[idx]; y = y[idx]
x_train = x[:75]; x_test = x[75:]
y_train = y[:75]; y_test = y[75:]
```

上述代码首先加载了我们需要用到的来自 sklearn 的 MLPClassifier 库，然后定义了一个包含两组且每组各有 50 个元素的二维点集 x。所有的点（也就是点(x0, y0)和点(x1, y1)）都随机分布在点(0.2, 0.8)和点(0.8, 0.2)的周围❶。注意，这里设置 NumPy 的随机数种子为定值，这样每次代码运行的结果就会与后面显示的一致。如果想看一下神经网络在不同数据集上的训练效果，你可以将这一行代码注释掉。

由于我们已经知道点集 x 中的前 50 个点来自类别 0，后 50 个点来自类别 1，因此我们相应地定义类别标签向量 y❷。接下来，将点集 x 中点的顺序打乱❸，注意 y 中的标签也需要进行同样的顺序调整。最后，将数据划分为训练输入（x_train）和训练标签（y_train）以及测试输入（x_test）和测试标签（y_test）。划分后，训练样本占总样本的 75%，测试样本占总样本的 25%。

图 9-2 显示了整个数据集，其中的两个坐标分别对应两个特征，圆点对应类别 0，方形点对应类别 1。很明显，类别 0 和类别 1 有一定的重叠部分。

现在，准备工作已经完成了。sklearn 提供了默认的配置以帮助你轻松完成对神经网络的训练。

```
❹ clf = MLPClassifier(hidden_layer_sizes=(5,))
clf.fit(x_train, y_train)

❺ score = clf.score(x_test, y_test)
print("Model accuracy on test set: %0.4f" % score)

❻ W0 = clf.coefs_[0].T
b0 = clf.intercepts_[0].reshape((5,1))
W1 = clf.coefs_[1].T
b1 = clf.intercepts_[1]
```

在训练过程中，首先需要定义分类器模型的一个实例❹。注意，在默认配置下，分类器以

ReLU 函数为激活函数，你只需要指定各隐藏层的节点数。由于需要一个包含 5 个节点的单隐藏层，因此这里传入元组“(5,)”。为了进行训练，你只需要调用 fit 函数，然后传入训练输入 x_train 和训练标签 y_train。训练完毕后，请在测试数据(x_test, y_test)上计算模型的准确率并输出。

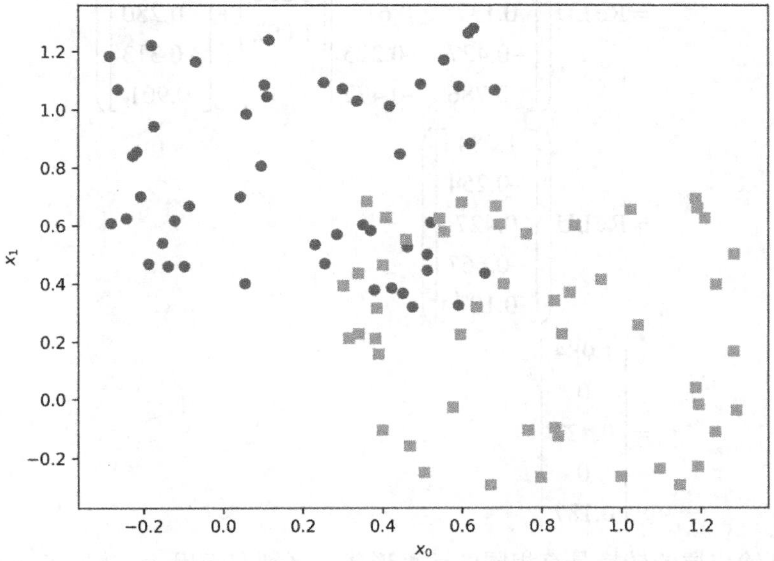

图 9-2 网络训练用到的数据集，圆点对应类别 0，方形点对应类别 1

神经网络的初始化过程是随机的，但是由于这里设置 NumPy 的随机数种子为定值，而 sklearn 用的也是 NumPy 的随机数生成器，因此神经网络的每次训练结果都是一样的，模型在测试集上的准确率一定是 92%❺。这种机制虽然可以提供便利，但也有一定的隐患：很多组件在底层使用了 NumPy，设置随机数种子可能导致的影响时常会被人们忽略，使得问题难以定位。

训练完神经网络之后，你就可以查看权重矩阵和偏置向量的值了❻。由于 sklearn 使用 np.dot 进行矩阵乘法运算，因此需要对权重矩阵 W0 和 W1 进行转置以便做数学处理。类似地，由于隐藏层的偏置向量 b0 是一维 NumPy 数组，因此需要将其转换为列向量。由于神经网络的输出层需要给激活函数传入唯一的数值，用于得到属于类别 1 的概率值，因此输出层的偏置 b1 是一个标量。

以第一个测试样本为例。为了节约篇幅，我在这里的矩阵中只展示各元素小数点后的 3 位数值，但实际运算时会使用完整的精度值。神经网络的输入为

$$\boldsymbol{x}=\begin{bmatrix}0.252\\1.092\end{bmatrix}$$

我们希望神经网络可以输出上述输入属于类别 1 的概率。

为了获得隐藏层的输出，我们需要用 $\boldsymbol{x}$ 乘以权重矩阵 $\boldsymbol{W}_0$，再加上偏置向量 $\boldsymbol{b}_0$，最后传给 ReLU 函数：

$$\boldsymbol{a}_0 = \mathrm{ReLU}(\boldsymbol{W}_0\boldsymbol{x}+\boldsymbol{b})$$

$$= \mathrm{ReLU}\left(\begin{bmatrix} 0.111 & 1.018 \\ 0.419 & -0.547 \\ 0.137 & 0.615 \\ -0.427 & -0.225 \\ -0.786 & -0.472 \end{bmatrix}\begin{bmatrix} 0.252 \\ 1.092 \end{bmatrix} + \begin{bmatrix} -0.055 \\ 0.238 \\ -0.280 \\ -0.313 \\ 0.901 \end{bmatrix}\right)$$

$$= \mathrm{ReLU}\left(\begin{bmatrix} 1.084 \\ -0.254 \\ 0.427 \\ -0.667 \\ 0.187 \end{bmatrix}\right)$$

$$= \begin{bmatrix} 1.084 \\ 0 \\ 0.427 \\ 0 \\ 0.187 \end{bmatrix}$$

从隐藏层到输出层的转换具有相同的运算形式，区别在于用 $\boldsymbol{a}_0$ 替换了 $\boldsymbol{x}$，并且不再使用 ReLU 函数：

$$a_1 = \boldsymbol{W}_1\boldsymbol{a}_0 + b_1$$

$$= \begin{bmatrix} -0.383 & 1.227 & -0.938 & 0.329 & -0.638 \end{bmatrix}\begin{bmatrix} 1.084 \\ 0 \\ 0.427 \\ 0 \\ 0.187 \end{bmatrix} + 0.340$$

$$= -0.59575099$$

将标量 a_1 传给 S 型函数，即可得到输出的概率值。S 型函数又称为逻辑斯谛函数。

$$\sigma(a_1) = \frac{1}{1+\mathrm{e}^{-a_1}} = \frac{1}{1+\mathrm{e}^{0.59575099}} \approx 0.35531640$$

上述结果表明神经网络认为输入有大约 35.5%的可能性属于类别 1。由于我们通常采用 50%作为二分类中的阈值，因此神经网络给出的输出是“$\boldsymbol{x}$ 属于类别 0”。看一下 y_test[0]的值，神经网络答对了：$\boldsymbol{x}$ 确实属于类别 0。

9.3　卷积神经网络中的数据流

在传统的神经网络中，数据的流转可以用简单的矩阵–向量运算来表示。而为了追踪卷积神经网络（Convolutional Neural Network，CNN）的数据流转过程，我们首先需要知道什么是卷积运算以及卷积运算的方式。具体来说，我们需要掌握如何使数据经过卷积层和池化层，最终到达全连接层。

9.3.1 卷积

卷积涉及两个函数，卷积的过程是用其中一个函数对另一个函数进行滚动加权平均。假定这两个函数是 $f(x)$和 $g(x)$，则卷积的定义为

$$(f*g)(t)=\int_{-\infty}^{\infty}f(\tau)g(t-\tau)\mathrm{d}\tau \tag{9.1}$$

幸运的是，卷积通常是在离散域进行的，并且输入的是二维数值，因此实际上不需要进行积分运算。当然，使用记号“*”表示卷积运算还是很实用的。

式（9.1）实现的效果是使 $g(x)$以不同的位移滑过 $f(x)$。

1. 一维卷积

在图 9-3 中，上半部分是函数 f 和 g 对应的两组数值，下半部分是卷积的结果。

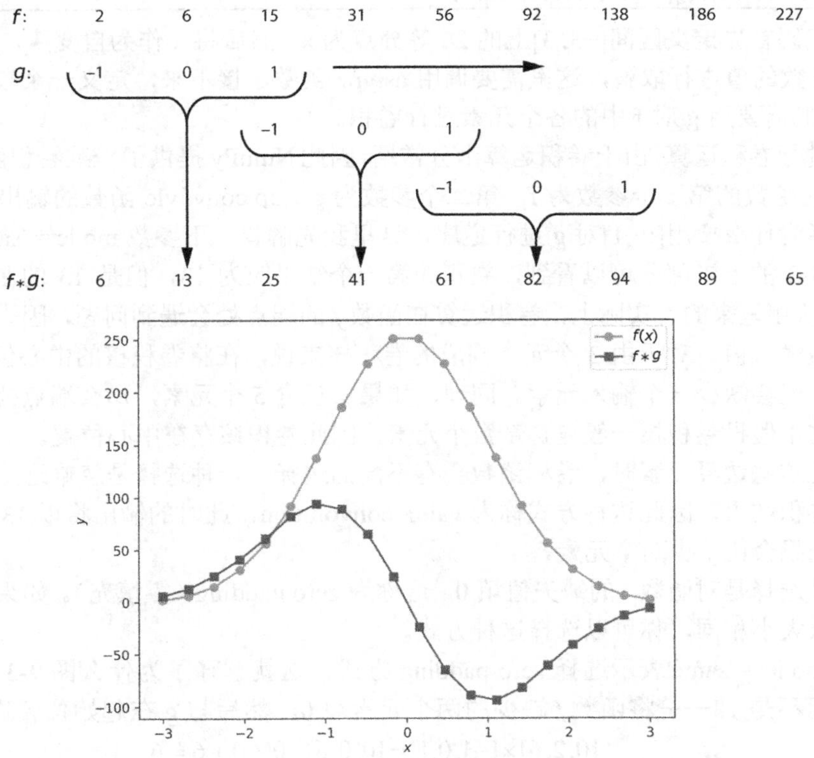

图 9-3 一维离散卷积

观察图 9-3 上半部分的两组数值，其中的第一行是 f 的离散数值序列，下方则是由 3 个元

素构成的线性滤波器。可以看出，g 是从左边开始与 f 进行运算的。首先对如下两个数组按元素相乘：

$$[2,6,15]\times[-1,0,1]=[-2,0,15]$$

然后将结果相加：

$$-2+0+15=13$$

由此得到相应位置的 $f*g$ 的输出值。整个卷积需要将 g 以 1 为步长从左向右滑动并重复以上运算过程。注意在图 9-3 中，为了阐述方便，我们每滑动两个元素就展示一次 g，所以看起来步长为 2。通常情况下，我们称 g 为卷积核。卷积核用于对输入 f 进行滑动卷积运算。

图 9-3 的下半部分给出了函数 $f(x)=255\mathrm{e}^{-0.5x^2}$ 在区间[−3, 3]上圆点所在位置的函数值，为了简化讨论，这里通过执行 floor 操作对 $f(x)$函数的值做了取整。方形点对应的是以 $g(x)=[-1, 0, 1]$ 对 $f(x)$进行卷积后的输出。

要获得 f 和 $f*g$ 在这些点的值，可以执行如下代码：

```
x = np.linspace(-3,3,20)
f = (255*np.exp(-0.5*x**2)).astype("int32")
g = np.array([-1,0,1])
fp= np.convolve(f,g[::-1], mode='same')
```

上述代码首先定义区间[−3, 3]上的 20 等分点为 x。然后将 x 作为自变量，得到 f 函数的值。为了对 f 函数的值进行取整，这里需要调用 astype 函数。接下来，定义一个较小的线性滤波器 g，后面我们需要用 g 对 f 中的各个元素进行卷积。

最后进行卷积运算。由于卷积运算十分常用，因此 NumPy 提供了一维卷积函数 np.convolve。np.convolve 函数的第一个参数为 f，第二个参数为 g。np.convovle 函数的输出被赋给 fp。我很快就会解释为什么要用[::−1]对 g 进行逆序，这里我先解释一下参数 mode = 'same'的含义。

从图 9-3 的上半部分可以看到，卷积的第一个结果应为 13，但是 13 的左边有一个输出元素 6，6 是从哪里来的？实际上，卷积运算在函数 f 的端点处会遇到问题，因为卷积核在这里无法完全覆盖输入值。对于由 3 个元素构成的卷积核来说，在将卷积核的中心位置与函数 f 的端点对齐时，就会缺少一个输入元素。同理，如果 g 包含 5 个元素，那么端点处就会缺少两个输入元素。这里假设卷积核一般包含奇数个元素，因此卷积核存在中心位置。

在处理这些边界元素时，卷积函数会有不同的选择。一种选择是忽略这些边界元素，只返回有效的卷积结果，因此这种方式称为 valid convolution，此时的输出将以 13 为第一个元素，并且输出结果会比 y 少两个元素。

另一种选择是对函数 f 的缺失值填 0，这称为 zero padding（零填充）。如果希望卷积的输出结果和输入大小相同，你可以选择这种方式。

参数 mode = 'same'表示选择 zero padding 方式，这就解释了为什么图 9-3 中输出的第一个元素是 6 而不是 13——将函数 f 缺少的两个元素填 0，然后与 g 在起始位置进行了如下运算：

$$[0,2,6]\times[-1,0,1]=[0,0,6],\ 0+0+6=6$$

如果想选择 valid convolution 方式，你可以使用参数 mode = 'valid'进行替代。

在调用 np.convolve 函数时，我们实际传入的是 g 的逆序 g[::−1]而不是 g 本身。这是因为函数 np.convolve 进行的是类似深度神经网络中的卷积操作。从数学和信号处理的角度看，卷积是需要对卷积核进行逆序的。因此，函数 np.convovle 实际上将卷积核弄反了，所以必须对卷积核取反，才能实现我们想要的效果。如果不取反，则实际上进行的是互相关（cross-correlation）运算。不过，这在深度学习中一般不是什么大的问题，因为我们主要通过训练学习到卷积核，而不是手动设置卷积核。理解了这一点，你就明白了，无论深度学习组件在底层是否对卷积核进行逆序，都不影响训练结果。虽然卷积核的顺序可能不同，但我们在推理过程中，不用关心卷积核的顺序，底层会自然地给 NumPy 和 SciPy 输入正确的卷积核。

总的来说，要对离散型输入进行卷积运算，我们首先需要将卷积核的中心位置与输入的左端点对齐，然后与输入按元素相乘并累加，从而得到输出的第一个元素。接下来，以步长为 1 将卷积核向右滑动，重复上面的过程，依次得到各个输出。

下面我们将卷积扩展到二维离散卷积。现在最流行的 CNN 使用的就是二维卷积核，当然有时候也可能使用一维和三维卷积核。

2. 二维卷积

二维卷积核针对二维数组进行卷积运算。图像就是由二维数组构成的，所以这类卷积运算通常用于处理图像数据。以我们在第 3 章中看到的小浣熊的脸部照片为例，加载并对其进行二维卷积运算的代码如下：

```
from scipy.signal import convolve2d
from scipy.misc import face

img = face(True)
img = img[:512,(img.shape[1]-612):(img.shape[1]-100)]

k = np.array([[1,0,0],[0,-8,0],[0,0,3]])
c = convolve2d(img, k, mode='same')
```

上述代码用到了 SciPy 的 signal 库提供的 convolve2d 函数。首先加载小浣熊的脸部照片，然后将其转换成大小为 512 像素 × 512 像素的图片 img。接下来，定义一个 3 × 3 的卷积核 k。最后，用卷积核 k 对图片 img 进行卷积操作，并将卷积结果赋给 c。参数 mode = 'same'表示采用 zero padding 方式对图片 img 的边缘进行处理。

上述代码的执行结果如下：

```
img[:8,:8]:
    [[ 88 97 112 127 116  97  84  84]
     [ 62 70 100 131 126  88  52  51]
     [ 41 46  87 127 146 116  78  56]
     [ 42 45  76 107 145 137 112  76]
     [ 58 59  69  79 111 106  90  68]
     [ 74 73  68  60  72  74  72  67]
     [ 92 87  75  63  57  74  91  93]
     [105 97  85  74  60  79 102 110]]

k:
    [[ 1  0 0]
     [ 0 -8 0]
     [ 0  0 3]]

c[1:8,1:8]:
```

```
[[-209 -382 -566 -511 -278  -69 -101]
 [-106 -379 -571 -638 -438 -284 -241]
 [-168 -391 -484 -673 -568 -480 -318]
 [-278 -357 -332 -493 -341 -242 -143]
 [-335 -304 -216 -265 -168 -165 -184]
 [-389 -307 -240 -197 -274 -396 -427]
 [-404 -331 -289 -215 -368 -476 -488]]
```

这里只展示了图片左上角 8×8 的区域以及卷积结果的有效部分。请记住，卷积的有效部分为卷积核可以完整覆盖输入的部分。

对于卷积核 k 和图片 img 来说，第一个有效的卷积输出为−209。在数学上，这个输出可以通过以下计算得出。首先，将输入数据与卷积核按元素相乘

$$\begin{bmatrix} 88 & 97 & 112 \\ 62 & 70 & 100 \\ 41 & 46 & 87 \end{bmatrix} \odot \begin{bmatrix} 3 & 0 & 0 \\ 0 & -8 & 0 \\ 0 & 0 & 1 \end{bmatrix} = \begin{bmatrix} 264 & 0 & 0 \\ 0 & -560 & 0 \\ 0 & 0 & 87 \end{bmatrix}$$

接下来，将各元素相加，得到：

$$264+0+0+0+(-560)+0+0+0+87=-209$$

这里引入了算子⊙来表示计算阿达马积。

注意，卷积核不能按照上面的定义直接使用，而是首先需要使用 convolve2d 函数进行上下翻转，然后用它从左向右进行运算。利用卷积核自左向右重复上面的乘法和加法运算，便可得到 c 中第一行剩余的元素。接下来，将卷积核向下移动一个单元，再次从左向右扫描，以此类推，直到完成对整张图片的卷积运算。在上述过程中，卷积核每次移动的步长在深度学习中称为 stride，步长并非一定为 1，而且水平方向和垂直方向的步长也不一定必须相等。

图 9-4 显示了小浣熊脸部的原始照片和卷积结果。

图 9-4　小浣熊脸部的原始照片（左图）和卷积结果（右图）

为了得到卷积后的图像，我们首先需要将 c 除以其元素的最大值，使其全部元素映射到取值范围[0, 1]内，然后乘以 255，得到灰度图。观察图 9-4 可以发现，通过对图像进行卷积，原始照片的一部分区域被强化，另一部分则被抑制。

以上关于如何用卷积核对图像进行卷积的介绍，不仅能帮助我们理解卷积的运算过程，也

能帮助我们更好地理解 CNN 的训练过程。从理论上讲，CNN 主要包含两部分：其一是由卷积层和其他网络层构成的用于抽取图像特征的部分，其二则是最顶层用于分类的部分。CNN 的强大之处就在于能够同时训练这两部分以达到有效的统一。而想要抽取有效的图像特征，关键就在于是否能训练出好的卷积核。正是卷积核对输入数据的卷积，才使得输入数据被抽取为图像特征，而卷积核的训练是通过梯度下降和反向传播完成的。

现在，让我们看一下数据在 CNN 的各个卷积层之间是如何流转的。

9.3.2　卷积层

前面提到过，张量通常包含 4 个维度（N、H、W、C）。为了阐述卷积神经网络中的数据流，这里先忽略 N，因为卷积运算对于张量中的每个样本都是相同的。卷积层的输入可以看作一个大小为 $H\times W\times C$ 的三维张量。

卷积层的输出也是一个三维张量，其高度和宽度取决于卷积核的大小和我们对边界的处理方式。在这里，我们先假定采用 valid convolution 方式，也就是将卷积核不能完全覆盖的输入区域直接丢弃。这样的话，如果卷积核的大小为 3×3，那么输出的宽和高就比输入小 2 像素，因为对边界两端各舍弃了 1 像素。同理，如果卷积核的大小为 5×5，那么输出的宽和高就比输入小 4 像素。

卷积层是由一组卷积核阵列（又称滤波器）构成的，卷积核阵列又由一组卷积核构成。卷积输出的通道数等于卷积核阵列的数量，而每个卷积核阵列包含的卷积核的数量等于输入的通道数。例如，假设输入包含 M 个通道，而我们希望输出包含 N 个通道，如果卷积核的大小为 $K\times K$，则卷积核阵列的数量就是 N，每个卷积核阵列包含 M 个 $K\times K$ 大小的卷积核。

此外，每个卷积核阵列还包含一个常数项，后面我们会介绍这个常数项的作用。下面我们先计算一下整个卷积运算涉及的参数量。输入的通道数为 M，卷积核的大小为 $K\times K$，输出的通道数为 N，因此参数量为 $K\times K\times M\times N$。换言之，我们需要 N 个卷积核阵列，其中的每一个卷积核阵列都包含 $K\times K\times M$ 个参数，外加 1 个常数项。

下面举一个具体的例子。假定我们的卷积层要处理大小为 $(H, W, C)=(5, 5, 2)$ 的张量。换言之，所要处理的张量的高度和宽度分别为 5，通道数为 2。如果使用 3×3 大小的卷积核，那么输出的宽度和高度就分别为 3。假设希望输出的通道数为 3，那么整个卷积运算就需要将 $(5, 5, 2)$ 的输入映射为 $(3, 3, 3)$ 的输出。根据上面的讨论，我们知道这需要 3 个卷积核阵列，每个卷积核阵列包含 $3\times 3\times 2$ 个参数，外加 1 个常数项。

假设卷积层的输入为

$$
0:\begin{bmatrix} 2 & 1 & -1 & 0 & 3 \\ 3 & 0 & 2 & 2 & 0 \\ -1 & 2 & -1 & 3 & 1 \\ 3 & 1 & 3 & -1 & -2 \\ 2 & 1 & 0 & 0 & 3 \end{bmatrix}
$$

$$1:\begin{bmatrix}1 & 1 & 0 & -2 & 3\\ 2 & 1 & -1 & -1 & 3\\ -2 & -3 & -3 & 0 & 1\\ 0 & 0 & 1 & 0 & 1\\ -1 & -1 & 0 & -1 & 2\end{bmatrix}$$

此处将输入的两个通道展开，展示成两个 5 × 5 的矩阵。

需要的 3 个卷积核阵列如下：

$$\begin{array}{cccc} & f_0 & f_1 & f_2\\ 0: & \begin{bmatrix}-1 & 0 & -1\\ 1 & 1 & 1\\ 2 & 2 & 2\end{bmatrix} & \begin{bmatrix}2 & 2 & 1\\ -1 & 2 & 1\\ -2 & -2 & 0\end{bmatrix} & \begin{bmatrix}3 & 2 & 1\\ -1 & 0 & -1\\ -2 & -2 & 3\end{bmatrix}\\ 1: & \begin{bmatrix}1 & 1 & 1\\ 0 & 0 & 0\\ -1 & -1 & -1\end{bmatrix} & \begin{bmatrix}1 & 0 & 1\\ 1 & 1 & 1\\ 0 & 0 & 1\end{bmatrix} & \begin{bmatrix}1 & 0 & 0\\ 0 & 1 & 0\\ 1 & 0 & -1\end{bmatrix}\end{array}$$

同样，这里按通道展开矩阵。注意每个卷积核阵列包含两个 3 × 3 的卷积核，对应 5 × 5 × 2 的输入的每个通道。

下面用第一个卷积核阵列 f_0 进行运算。我们首先需要对输入的第一个通道和 f_0 的第一个卷积核进行卷积运算：

$$\begin{bmatrix}2 & 1 & -1 & 0 & 3\\ 3 & 0 & 2 & 2 & 0\\ -1 & 2 & -1 & 3 & 1\\ 3 & 1 & 3 & -1 & -2\\ 2 & 1 & 0 & 0 & 3\end{bmatrix} * \begin{bmatrix}-1 & 0 & -1\\ 1 & 1 & 1\\ 2 & 2 & 2\end{bmatrix} \to \begin{bmatrix}4 & 11 & 8\\ 9 & 8 & 1\\ 15 & 0 & 6\end{bmatrix}$$

接下来，我们需要对输入的第二个通道与 f_0 的第二个卷积核进行运算：

$$\begin{bmatrix}1 & 1 & 0 & -2 & 3\\ 2 & 1 & -1 & -1 & 3\\ -2 & -3 & -3 & 0 & 1\\ 0 & 0 & 1 & 0 & 1\\ -1 & -1 & 0 & -1 & 2\end{bmatrix} * \begin{bmatrix}1 & 1 & 1\\ 0 & 0 & 0\\ -1 & -1 & -1\end{bmatrix} \to \begin{bmatrix}10 & 5 & 4\\ 1 & -2 & -1\\ -6 & -4 & -3\end{bmatrix}$$

最后，我们需要将上面的两个卷积输出与一个常数项相加，结果为

$$f_0:\begin{bmatrix}4 & 11 & 8\\ 9 & 8 & 1\\ 15 & 0 & 6\end{bmatrix} + \begin{bmatrix}10 & 5 & 4\\ 1 & -2 & -1\\ -6 & -4 & -3\end{bmatrix} = \begin{bmatrix}14 & 16 & 11\\ 10 & 6 & 0\\ 9 & -4 & 3\end{bmatrix} \xrightarrow{+1} \begin{bmatrix}15 & 17 & 12\\ 11 & 7 & 1\\ 10 & -3 & 4\end{bmatrix}$$

这样就得到了第一个 3 × 3 的输出。

用 f_2 和 f_3 重复以上过程，可以得到

$$f_1:\begin{bmatrix}4 & 4 & 6\\0 & -7 & 15\\-5 & 6 & 2\end{bmatrix},\ f_2:\begin{bmatrix}-1 & 2 & -9\\11 & -13 & -2\\-16 & 2 & 6\end{bmatrix}$$

至此，我们完成卷积层的运算，得到 3 × 3 × 3 的输出结果。

许多组件还支持在构建卷积层的时候添加额外的操作。不过，理论上这些操作都属于以 3 × 3 × 3 的卷积结果为输入的网络层。例如，我们可以在 Keras 中指定对上面的卷积结果进行非线性运算（通过增加 ReLU），结果如下：

$$f_0:\begin{bmatrix}15 & 17 & 12\\11 & 7 & 1\\10 & 0 & 4\end{bmatrix},\ f_1:\begin{bmatrix}4 & 4 & 6\\0 & 0 & 15\\0 & 6 & 2\end{bmatrix},\ f_2:\begin{bmatrix}0 & 2 & 0\\11 & 0 & 0\\0 & 2 & 6\end{bmatrix}$$

注意，所有小于 0 的元素都被置为 0。在卷积层之间进行非线性运算的原理，与在传统神经网络的各层之间应用非线性激活函数相同，即避免多层卷积退化为单层卷积。卷积操作完成的是线性运算。也就是说，卷积的输出实际上是对输入进行了线性加权。增加 ReLU 则可以打破这种线性加权。

使用卷积层的目的之一是减小需要训练的参数量。例如，在上面的例子中，原始输入包含 5 × 5 × 2 = 50 个元素，输出则包含 3 × 3 × 3 = 27 个元素。如果采用全连接层，则需要训练的参数包括 50 × 27 = 1350 个权重外加 27 个偏置；如果采用卷积层，则需要 3 个大小为 3 × 3 × 2 的卷积核阵列外加 3 个偏置，所以一共有 3 × (3 × 3 × 2) + 3 = 57 个参数。也就是说，利用卷积层可以省掉约 1300 个参数。

卷积层的输出通常作为池化层的输入，下面介绍池化层。

9.3.3 池化层

卷积神经网络的卷积层之后通常会接一个池化层。人们对这种结构存在一定的争议，因为池化操作会丢失一部分信息，导致网络难以学到空间位置关系。池化操作一般会在输入张量的水平和垂直分量上展开，而在通道数上保持不变。

池化操作非常简单：对图像的像素在一个滑动窗口内进行组合，通常窗口的大小为 2 × 2，滑动步长为 2。不同的池化操作可能使用不同的组合策略，如 max pooling（最大池化）和 average pooling（平均池化）。如果使用 max pooling 策略，则只保留滑动窗口内最大的像素值，而丢弃其他像素值；而如果采用 average pooling 策略，则只保留滑动窗口内所有像素值的均值。

如果使用 2 × 2 的窗口且步长为 2，则输出的大小在水平和垂直方向上都会减半。因此，如果输入为张量(24, 24, 32)，那么输出的张量就是(12, 12, 32)。图 9-5 给出了采用 max pooling 策略的一个例子。

图 9-5 的左侧是输入的单通道像素矩阵，长宽各为 8。我们可以看到，当使用 2 × 2 的窗口并以 2 作为步长进行滑动时，各个区域之间没有重叠。每个 2 × 2 的区域对应的输出为相应区域内最大的像素值。而如果使用 average pooling 策略，那么输出为区域内 4 个像素值的均值。同卷积操作一样，当窗口滑动到行末时，就向下移动步长 2，然后从左端重新开始操作。重复这一过程，

直到完成对整张图片的处理。最终的结果是将这一通道的 8 × 8 输入转换为 4 × 4 的输出。

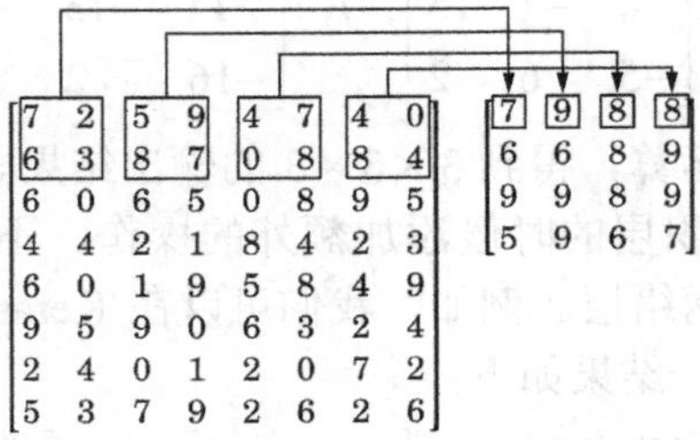

图 9-5　滑动窗口的大小为 2 × 2，步长为 2

如前所述，这种区域不重叠的池化操作会丢失一部分空间信息。这让深度学习领域的一些人，包括大名鼎鼎的杰弗里·欣顿，对池化操作的使用持保留态度，因为这种空间信息的丢失有可能扭曲物体甚至破坏物体各部分之间的关系。对于上面的例子，在采用 max pooling 策略的情况下，如果使用 2 × 2 的窗口并以 1 为步长进行滑动，则得到的输出如下：

$$\begin{bmatrix} 7 & 8 & 9 & 9 & 8 & 8 & 8 \\ 6 & 8 & 8 & 7 & 8 & 9 & 9 \\ 6 & 6 & 6 & 8 & 8 & 9 & 9 \\ 6 & 4 & 9 & 9 & 8 & 8 & 9 \\ 9 & 9 & 9 & 9 & 8 & 8 & 9 \\ 9 & 9 & 9 & 6 & 6 & 7 & 7 \\ 5 & 7 & 9 & 9 & 6 & 7 & 7 \end{bmatrix}$$

此时，输出的大小为 7 × 7，相当于对 8 × 8 输入的行数和列数分别减 1。在这个例子中，由于输入是随机生成的，因此我们可以预料到，max pooling 策略下的池化操作会朝更倾向于捕捉 8 和 9 的方向偏移。也就是说，几乎没有我们希望模型捕捉的结构信息。当然，这在实际的 CNN 模型中并不常见，因为通常情况下，输入中包含一些我们希望利用的内在结构信息。

由于池化操作在深度学习网络（尤其 CNN）中非常常用，因此理解池化操作的运作机制及其优缺点非常重要。接下来，我们将目光转移到 CNN 中的输出层，它们通常是全连接层。

9.3.4　全连接层

站在权重和数据流的角度，CNN 中的全连接层与传统神经网络中典型的网络层之间并无二致。很多用于分类的深度学习网络，在经过一系列卷积和池化操作后，会将输出展平为张量，然后潜在地转换为向量并输入给处于输出端的全连接层。与传统神经网络一样，全连接层将使用一个权重矩阵将输入向量转换为输出向量。

9.3.5　综合应用

现在我们将以上内容结合到一起，看看 CNN 中的数据流是如何从输入一步一步到达输出的。我们将在 MNIST 数据集上训练一个简单的 CNN。MNIST 数据集中包含一组大小为 28 像

素 × 28 像素的手写数字的灰度图。我们的网络架构为：

输入层→ 卷积层（32） → 卷积层（64） → 池化层 →

展平层 → 全连接层（128） →全连接层（10）

输入是一张单通道的 28 像素 × 28 像素的灰度图，卷积层则使用 3 × 3 的卷积核并采用 valid convolution 方式，因此输出的宽高相比输入各小 1 像素。第一个卷积层使用 32 个卷积核阵列，第二个卷积层使用 64 个卷积核阵列。此处省略网络中不改变数据量的节点，如卷积之后的 ReLU 层。接下来，使用窗口大小为 2 × 2、滑动步长为 2 的池化层进行池化。后面的第一个全连接层包含 128 个节点，作为输出层的第二个全连接层则包含 10 个节点，对应数字 0~9。

对于单个样本，从输入到输出，张量的大小变化依次如下：

(28, 28, 1)	→	(26, 26, 32)	→	(24, 24, 64)	→	(12, 12, 64)	→	9216	→	128	→	10
输入层		卷积层		卷积层		池化层		展平层		全连接层		全连接层

展平层会将(12, 12, 64)的张量展平，形成一个包含 9216 个元素（12 × 12 × 64 = 9216）的向量。这个向量会被传给第一个全连接层，得到 128 个元素的输出。最后一步是将这个 128 维的向量映射为 10 个元素的输出。

注意，上面的数值对应输入网络的包含 *N* 个样本的 mini-batch 中的单个样本，它们并不是整个网络需要学习的全部参数（包含权重和偏置）。

使用 Keras 在 MNIST 数据集上对我们的 CNN 进行训练。图 9-6 展示了 CNN 是如何对其中两组输入进行操作的，其中对 CNN 各层的输出进行了可视化，并且展示的结果分别对应输入的两个数字 4 和 6。

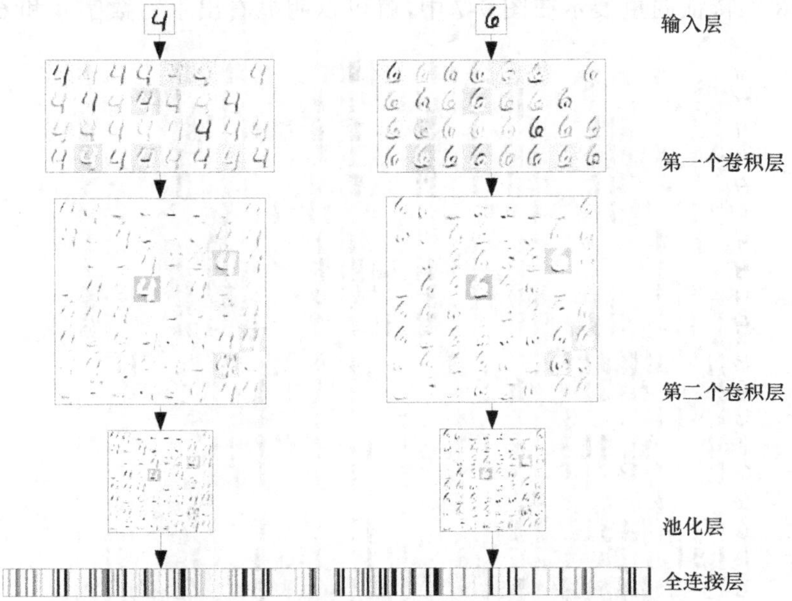

图 9-6 可视化 CNN 各层的输出（输入 CNN 的是 4 和 6 两个数字）

观察图 9-6，从上往下看，输入 CNN 的是 4 和 6 两个数字。这里对灰度值进行了反转，因此更深的颜色代表更高的数值。(28, 28, 1)的张量中，第 3 个维度的大小为 1，这表明输入是一张单通道图像。使用 3 × 3 的卷积核进行 valid padding，得到的输出大小为 26 × 26。由于第一个卷积层包含 32 个卷积核阵列，因此输出为(26, 26, 32)的张量。在图 9-6 中，卷积核阵列的输出被显示为图片，像素值 0 被缩放为中等灰度值（即 128），更大的正数代表颜色更深，更小的负数代表颜色更浅。从图 9-6 中也可以看出训练后的卷积核阵列如何作用于输入。输入为单通道图像，这意味着输入层的卷积核阵列包含一个 3 × 3 的卷积核。观察图像的某一区域，颜色的深浅渐变对应该区域内特定方向的边沿特征。

(26, 26, 32)的张量在经过一个 ReLU 层（图 9-6 中并未显示）后，被传给第二个卷积层。第二个卷积层的输出为(24, 24, 64)的张量，这个张量已被排列成 8 × 8 的图像阵列并显示在图 9-6 中。你可以看到，所输入数字的一些区域已被高亮显示。

接下来的池化层虽然不改变通道数，却让输入在空间维度上减半了。从图像上看，原本以 8 × 8 排列的 24 像素 × 24 像素的图片阵列，变成了以 8 × 8 排列的 12 像素 × 12 像素的图片阵列。最后的展平操作则将(12, 12, 64)的张量映射成了一个 9126 维的向量。

第一个全连接层的输出是一个包含 128 个元素的向量。在图 9-6 中，这个向量被显示为包含 128 个元素的“条形码”，元素自左向右排列。条形码的高度无关紧要，此处只是为了让结果得到更好的呈现。“条形码”就是包含 10 个节点的顶层网络所使用的最终特征表示，用于生成输出并传给 softmax 函数。softmax 函数输出的最大值对应预测的标签，如“4”或“6”。

因此，我们可以将网络中的所有卷积层以及第一个全连接层的功能，理解为将原始输入映射成一个易于分类的新特征。实际上，如果为网络输入 10 组“4”和“6”的样本并且将最终的 128 维特征向量展示在图 9-7 中，就可以明显看出手写数字 4 和 6 之间的差异。

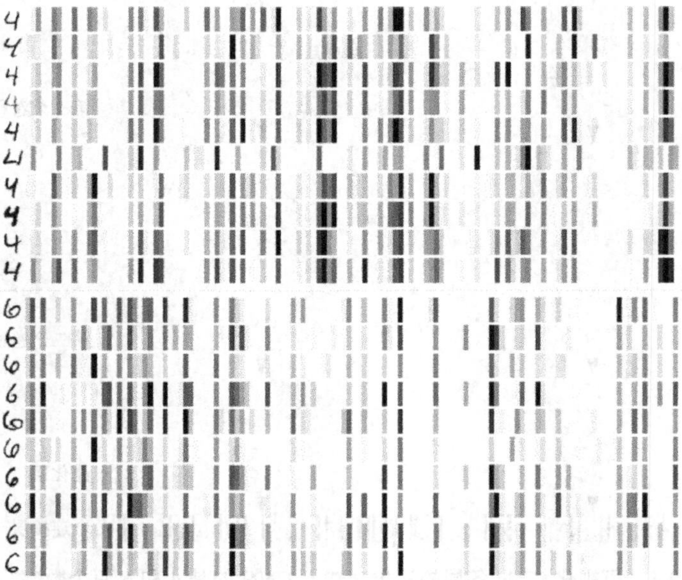

图 9-7　不同的“4”和“6”的第一层卷积输出

当然，人类手写数字的目的就是方便认读——我们虽然也能学会利用这个 128 维的向量“条形码”来区分数字，但还是会很自然地选择使用手写体，这一方面是习惯使然，另一方面则是因为人类大脑的视觉中枢具有高度的抽象能力，这使得我们能够轻松识别手写数字。

这个有关 CNN 如何学习更有助于机器理解的输入特征值的例子，值得我们牢记于心，因为它说明了人类和神经网络运用数据进行分类的方式是大不相同的。这可能也部分解释了为什么一些预处理步骤，如数据增强中对训练样本的各种变换，能够有效帮助网络得到更好的训练，但对人类来说却有些奇怪。

9.4 小结

本章旨在解释神经网络如何对输入数据进行各种运算并得到输出。当然，我们并没有覆盖所有类型的神经网络，但是一般性的原则大体相同：传统神经网络通常以向量的形式在网络层之间传递信息，卷积神经网络则传递张量，并且通常是四维张量。

首先，我们介绍了如何给网络传递数据，包括特征向量的传输方式以及进行多维输入的方式。

然后，我们介绍了传统神经网络中的数据传输方式。传统神经网络的输入和输出都是以向量形式表示的，这使得我们能够用简单的矩阵及向量的乘法和加法对此类网络进行实现。

接下来，我们介绍了卷积神经网络的各层之间的数据传递过程，涵盖卷积的运算方式，以及卷积层和池化层如何对 mini-batch 中单个样本的三维张量进行操作。CNN 的最顶层是用于分类的全连接层，其工作机制与在传统神经网络中完全一致。

最后，我们对图像在 CNN 中传输时发生的变化进行了可视化，让你理解了为何最终的特征有助于网络正确地完成分类任务。我们简要地对这个过程进行了讨论，说明了神经网络在训练过程中的关注点与人类浏览图片时的关注点有何不同。

第 10 章将围绕反向传播展开。反向传播算法与梯度下降法构成了神经网络训练得以开展的核心条件。

第 10 章

反向传播

在深度学习领域，反向传播处于核心地位。如果没有反向传播，我们就不可能在合理的时间内完成对神经网络的训练。因此，深度学习领域的从业人员需要理解何为反向传播、反向传播对训练过程的意义是什么，并且至少需要学会如何在一个简单的神经网络中对反向传播加以实现。本章假定你不具备反向传播的任何知识。

本章将首先讨论反向传播是什么，然后通过一个简单的神经网络来阐述其数学原理。接下来，本章将介绍一种适用于前馈全连接网络的反向传播的矩阵描述形式。本章不仅讨论与反向传播相关的数学知识，也会给出基于 NumPy 对反向传播加以实现的实例。

然而，诸如 TensorFlow 的深度学习组件在具体的实现中并不会采用 10.1 节和 10.2 节介绍的方式。实际上，它们会使用计算图（computational graph），在 10.4 节中，我将在更高的层面上讨论相关的内容。

10.1 什么是反向传播

第 7 章介绍了以向量为输入的标量函数的梯度的概念，第 8 章则进一步讨论了梯度与雅可比矩阵的关系。我在第 8 章曾提到，神经网络的训练过程在本质上是一个优化问题。神经网络的训练涉及损失函数，损失函数是有关网络权重（后面简称权重）和偏置的函数，损失函数的取值体现了神经网络在训练集上的表现。当进行梯度下降时，我们实际上就是在利用梯度指导自己如何让损失函数向表现更好的区域移动。训练的目标则是让损失函数在训练样本上取到最小值。

以上是从全局视角给出的描述。下面进一步加以说明。首先，梯度适用于以向量为输入的标量函数。在神经网络中，权重和偏置就是输入的向量，神经网络的架构一旦固定，神经网络的性能表现就将由这些参数决定。损失函数被写作 $L(\boldsymbol{\theta})$，其中的 $\boldsymbol{\theta}$ 就是由所有权重和偏置构成的向量。我们的目标是找到损失函数取到最小值时对应的区域，也就是 L 取到最小值时对应的 $\boldsymbol{\theta}$ 值。因此，为了利用梯度下降训练神经网络，我们需要知道权重和偏置是如何影响损失函数的。也就是说，我们需要对所有的权重和偏置计算 $\partial L/\partial \boldsymbol{w}$。

反向传播就是对神经网络中的所有权重和偏置计算 $\partial L/\partial \boldsymbol{w}$。通过利用偏导数进行梯度下降以更新参数，我们就能在一次次的迭代中不断改进神经网络在训练集上的表现。

在进一步讲解之前，我先解释一下术语“反向传播”的含义。反向传播通常被用来表示神经网络训练的全过程，经验丰富的开发人员对此已经习以为常，但这对于机器学习新手来说多少有些让人费解。准确地讲，反向传播仅用于计算损失函数关于权重和偏置的偏导数，也就是计算 $\partial L/\partial \boldsymbol{w}$。梯度下降才是利用 $\partial L/\partial \boldsymbol{w}$ 的计算结果更新权重和偏置，从而使神经网络在训练样本上有更好表现的算法。

Rumelhart、Hinton 和 Williams 在他们于 1986 年发表的文章“Learning Representations by Back-propagating Errors”中提出了反向传播算法。从本质上讲，反向传播算法就是第 7 章和第 8 章讨论的链式法则的一种应用。反向传播开始于网络输出层得到的损失函数，并反向移动（这也是“反向传播”一词的由来）到神经网络的各个层。在此过程中，各个权重和偏置的 $\partial L/\partial \boldsymbol{w}$ 是通过传递损失信号来计算的。

在 10.2 节和 10.3 节中，我将通过实例来介绍反向传播的过程。目前，你需要知道反向传播算法是构成神经网络训练过程的两大关键算法之一，另一个关键的算法——梯度下降法——则提供了输入，我将在第 11 章讨论有关梯度下降的内容。

10.2　手把手进行反向传播

下面定义一个简单的神经网络，它接收两个输入，并且包含一个由两个节点构成的隐藏层以及一个由单个节点构成的输出层，如图 10-1 所示。

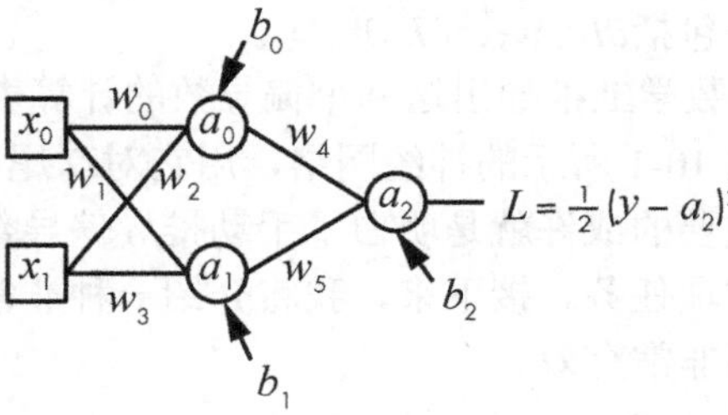

图 10-1　一个简单的神经网络

从图 10-1 中可以看出，这个神经网络包含 6 个权重（w_0～w_5）和 3 个偏置（b_0～b_2），它们都是标量。

隐藏层使用了 S 型函数作为激活函数：

$$\sigma(x)=\frac{1}{1+\mathrm{e}^{-x}}$$

输出层则没有使用激活函数。我们可以定义平方误差损失函数来训练神经网络：

$$L=\frac{1}{2}(y-a_2)^2$$

其中，y 是给定训练样本的标签，取值为 0 或 1；a_2 是网络针对给定训练样本的输入 x_0 和 x_1 得到的输出。

下面我们写出与网络正向传播过程对应的表达式，整个正向传播过程开始于网络的左端（即 x_0 和 x_1），终止于网络的右端（即 a_2）：

$$\begin{cases}z_0=w_0x_0+w_2x_1+b_0\\a_0=\sigma(z_0)\\z_1=w_1x_0+w_3x_1+b_1\\a_1=\sigma(z_1)\\a_2=w_4a_0+w_5a_1+b_2\end{cases}\tag{10.1}$$

这里引入了中间变量 z_0 和 z_1，用于表示激活函数的输入。注意，a_2 并非来自激活函数。虽然这里也可以利用 S 型激活函数得到 a_2，但由于样本的标签只能是 0 或 1，因此即便不使用激活函数，我们的这个神经网络也能得到比较好的输出结果。

如果给网络输入单个样本 $\boldsymbol{x}=(x_0, x_1)$，则输出为 a_2，这个样本的标签为 y，对应的平方误差损失函数见图 10-1。

在损失函数的输入中，y 为常量，a_2 为自变量。然而，由于 a_2 取决于 w_4、w_5、b_2、a_0 和 a_1 的值，而 a_0 和 a_1 的值又取决于 w_0、w_1、w_2、w_3、b_0、b_1、x_0 和 x_1 的值，因此我们可以把损失函数表示为关于这些权重和偏置的函数：

$$L=L(w_0,w_1,w_2,w_3,w_4,w_5,b_0,b_1,b_2;x_0,x_1,y)=L(\boldsymbol{\theta};\boldsymbol{x},y)$$

其中，$\boldsymbol{\theta}$ 代表的权重和偏置为自变量，x_0、x_1 和 y 为常量。

接下来，我们需要计算损失函数的偏导数 $\nabla L(\boldsymbol{\theta};\boldsymbol{x},y)$。更进一步说，我们需要计算有关所有权重和偏置的 9 个偏导数，包括 $\partial L/\partial w_5$、$\partial L/\partial b_0$ 等。

我们的计划如下：首先从数学上推导出这 9 个偏导数的计算表达式，然后用 Python 代码实现这些表达式，并据此训练图 10-1 所示的神经网络，用它对鸢尾花进行分类。在这个过程中，你将学到不少知识，其中最重要的或许就是明白了手动推导偏导数的计算表达式有多么让人痛苦。好在我们最终能够完成这项任务。接下来，我将介绍一种非常精简的反向传播表达式，这种表达式对正向的全连接网络非常有效。

10.2.1　计算偏导数

我们需要推导出图 10-1 中的损失函数关于所有参数的偏导数的计算表达式。此外，我们还需要知道 S 型函数的求导公式。下面我们从 S 型函数的求导过程讲起，这里用到一个聪明的技巧，就是利用正向传播过程中 S 型函数的输出值来表示 S 型函数的导数。

对 S 型函数求导的过程如下：

$$
\begin{aligned}
\sigma'(x) &= \frac{\mathrm{d}}{\mathrm{d}x}\left(\frac{1}{1+\mathrm{e}^{-x}}\right) = \left(\frac{-1}{(1+\mathrm{e}^{-x})^2}\right)(-\mathrm{e}^{-x}) \\
&= \frac{\mathrm{e}^{-x}}{(1+\mathrm{e}^{-x})^2} \\
&= \left(\frac{1}{1+\mathrm{e}^{-x}}\right)\left(\frac{\mathrm{e}^{-x}}{1+\mathrm{e}^{-x}}\right) \\
&= \sigma(x)\left(\frac{\mathrm{e}^{-x}}{1+\mathrm{e}^{-x}}\right) \qquad (10.2) \\
&= \sigma(x)\left(\frac{1+\mathrm{e}^{-x}-1}{1+\mathrm{e}^{-x}}\right) \\
&= \sigma(x)\left(\frac{1+\mathrm{e}^{-x}}{1+\mathrm{e}^{-x}} - \frac{1}{1+\mathrm{e}^{-x}}\right) \\
&= \sigma(x)(1-\sigma(x)) \qquad (10.3)
\end{aligned}
$$

在式（10.2）中，我们使用了一个技巧，即通过对分子加减 1，使得分式可以表示为关于 S 型函数自身的表达式。因此，S 型函数的求导结果最终可以写成σ和$1-\sigma$的乘积。根据式（10.1），我们发现，将正向传播过程中计算得到的值，即 a_0 和 a_1，直接代入式（10.3）就可以计算出 S 型函数的导数，从而避免了在对反向传播求偏导数时重复计算。

接下来计算损失函数的导数。根据反向传播的字面意思，我们需要利用链式法则，对损失函数进行反向推导以得到最终的计算表达式。对损失函数

$$L = \frac{1}{2}(y-a_2)^2$$

求偏导的结果为

$$\frac{\partial L}{\partial a_2} = (2)\left(\frac{1}{2}\right)(y-a_2)(-1) = a_2 - y \qquad (10.4)$$

这意味着在后面的表达式中，凡是出现$\partial L/\partial a_2$ 的地方，都可以用 a_2-y 进行替换。记住，y 是当前训练样本对应的标签，而 a_2 是正向传播过程中网络的输出值。

由于 a_2 是关于 w_5、w_4 和 b_2 的函数，因此可以进一步对这些参数求偏导。根据链式法则，有

$$\frac{\partial L}{\partial w_5} = \left(\frac{\partial L}{\partial a_2}\right)\left(\frac{\partial a_2}{\partial w_5}\right) = (a_2-y)a_1 \qquad (10.5)$$

其中：

$$\frac{\partial a_2}{\partial w_5} = \frac{\partial(w_4 a_0 + w_5 a_1 + b_2)}{\partial w_5} = a_1$$

在这里，对于 a_2，我们使用式（10.1）进行了替换。

采用类似的逻辑，我们可以得到关于 w_4 和 b_2 的表达式：

$$\frac{\partial L}{\partial w_4}=\left(\frac{\partial L}{\partial a_2}\right)\left(\frac{\partial a_2}{\partial w_4}\right)=(a_2-y)a_0$$

$$\frac{\partial L}{\partial b_2}=\left(\frac{\partial L}{\partial a_2}\right)\left(\frac{\partial a_2}{\partial b_2}\right)=(a_2-y)(1)=(a_2-y) \tag{10.6}$$

我们已经计算出 3 个偏导数，还有 6 个需要计算。下面是关于 b_1、w_1 和 w_3 的计算表达式：

$$\frac{\partial L}{\partial b_1}=\left(\frac{\partial L}{\partial a_2}\right)\left(\frac{\partial a_2}{\partial a_1}\right)\left(\frac{\partial a_1}{\partial z_1}\right)\left(\frac{\partial z_1}{\partial b_1}\right)=(a_2-y)w_5a_1(1-a_1)$$

$$\frac{\partial L}{\partial w_1}=\left(\frac{\partial L}{\partial a_2}\right)\left(\frac{\partial a_2}{\partial a_1}\right)\left(\frac{\partial a_1}{\partial z_1}\right)\left(\frac{\partial z_1}{\partial w_1}\right)=(a_2-y)w_5a_1(1-a_1)x_0 \tag{10.7}$$

$$\frac{\partial L}{\partial w_3}=\left(\frac{\partial L}{\partial a_2}\right)\left(\frac{\partial a_2}{\partial a_1}\right)\left(\frac{\partial a_1}{\partial z_1}\right)\left(\frac{\partial z_1}{\partial w_3}\right)=(a_2-y)w_5a_1(1-a_1)x_1$$

其中：

$$\frac{\partial a_1}{\partial z_1}=\sigma'(z_1)=\sigma(z_1)(1-\sigma(z_1))=a_1(1-a_1)$$

这里用正向传播中计算得到的 a_1 替换了 $\sigma(z_1)$。

采用类似的过程，我们可以得到最后 3 个偏导数的计算表达式：

$$\frac{\partial L}{\partial b_0}=\left(\frac{\partial L}{\partial a_2}\right)\left(\frac{\partial a_2}{\partial a_0}\right)\left(\frac{\partial a_0}{\partial z_0}\right)\left(\frac{\partial z_0}{\partial b_0}\right)=(a_2-y)w_4a_0(1-a_0)$$

$$\frac{\partial L}{\partial w_0}=\left(\frac{\partial L}{\partial a_2}\right)\left(\frac{\partial a_2}{\partial a_0}\right)\left(\frac{\partial a_0}{\partial z_0}\right)\left(\frac{\partial z_0}{\partial w_0}\right)=(a_2-y)w_4a_0(1-a_0)x_0 \tag{10.8}$$

$$\frac{\partial L}{\partial w_2}=\left(\frac{\partial L}{\partial a_2}\right)\left(\frac{\partial a_2}{\partial a_0}\right)\left(\frac{\partial a_0}{\partial z_0}\right)\left(\frac{\partial z_0}{\partial w_2}\right)=(a_2-y)w_4a_0(1-a_0)x_1$$

虽然过程有些麻烦，但我们最终还是得到了自己想要的结果。注意，这是一个严格的推导过程，如果网络架构发生改变，或是更换了损失函数或激活函数，则整个推导过程就需要重新进行。现在，让我们利用这些计算表达式对鸢尾花进行分类。

10.2.2　用 Python 进行实现

下面将要展示的代码都位于文件 nn_by_hand.py 中。你可以先熟悉一下代码的整体结构。让我们从 main 函数讲起（见代码清单 10-1）。

代码清单 10-1：main 函数

```
❶ epochs = 1000
  eta = 0.1
```

```
❷ xtrn, ytrn, xtst, ytst = BuildDataset()

❸ net = {}
  net["b2"] = 0.0
  net["b1"] = 0.0
  net["b0"] = 0.0
  net["w5"] = 0.0001*(np.random.random() - 0.5)
  net["w4"] = 0.0001*(np.random.random() - 0.5)
  net["w3"] = 0.0001*(np.random.random() - 0.5)
  net["w2"] = 0.0001*(np.random.random() - 0.5)
  net["w1"] = 0.0001*(np.random.random() - 0.5)
  net["w0"] = 0.0001*(np.random.random() - 0.5)

❹ tn0,fp0,fn0,tp0,pred0 = Evaluate(net, xtst, ytst)

❺ net = GradientDescent(net, xtrn, ytrn, epochs, eta)

❻ tn,fp,fn,tp,pred = Evaluate(net, xtst, ytst)

  print("Training for %d epochs, learning rate %0.5f" % (epochs, eta))
  print()
  print("Before training:")
  print("    TN:%3d FP:%3d" % (tn0, fp0))
  print("    FN:%3d TP:%3d" % (fn0, tp0))
  print()
  print("After training:")
  print("    TN:%3d FP:%3d" % (tn, fp))
  print("    FN:%3d TP:%3d" % (fn, tp))
```

上述代码首先设置了周期数 epochs（即 epoch 的数量）和学习率 eta（代表 η）❶。一个 epoch（周期）指的是在训练样本上完成一轮完整的迭代并更新网络参数。由于我们的神经网络很简单，并且只有很少的 70 个样本，因此我们需要很多个 epoch 来进行训练。学习率则决定了在梯度下降中如何根据梯度进行参数更新，相关内容将在第 11 章详细展开。

接下来载入数据集❷。这里使用的 iris 数据集与第 6 章和第 9 章使用的一致，我们只用到其中的前两维特征以及类别标签 0 和 1。函数 BuildDataset 被定义在 nn_by_hand.py 文件中，这个函数返回的数组 xtrn（大小为 70 × 2）和 xtst（大小为 30 × 2）分别是训练集和测试集的输入，对应的标签分别是 ytrn 和 ytst。

为了存储神经网络的权重和偏置，Python 为我们提供了字典类型。我们可以使用字典对象来存储网络参数并设置初始值❸。对于偏置，这里直接将初始值设置为 0；对于权重，则设置为区间[−0.00005, + 0.00005]内一个很小的随机数。在这个例子中，这样的设置效果还是不错的。

main 函数接下来要做的是，首先对随机初始化的神经网络在测试集上的性能进行评估（通过调用 Evaluate 函数）❹，然后通过梯度下降来训练网络（通过调用 GradientDescent 函数）❺，最后再次对神经网络在测试集上的性能进行评估，以证明网络训练有效❻。

代码清单 10-2 给出了 Evaluate 函数及其用到的 Forward 函数的定义。

代码清单 10-2：Evaluate 函数及其用到的 Forward 函数的定义

```
def Evaluate(net, x, y):
    out = Forward(net, x)
    tn = fp = fn = tp = 0
```

```
    pred = []
    for i in range(len(y)):
    ❶ c = 0 if (out[i] < 0.5) else 1
       pred.append(c)
       if (c == 0) and (y[i] == 0):
           tn += 1
       elif (c == 0) and (y[i] == 1):
           fn += 1
       elif (c == 1) and (y[i] == 0):
           fp += 1
       else:
           tp += 1
    return tn,fp,fn,tp,pred
def Forward(net, x):
    out = np.zeros(x.shape[0])
    for k in range(x.shape[0]):
     ❷ z0 = net["w0"]*x[k,0] + net["w2"]*x[k,1] + net["b0"]
        a0 = sigmoid(z0)
        z1 = net["w1"]*x[k,0] + net["w3"]*x[k,1] + net["b1"]
        a1 = sigmoid(z1)
        out[k] = net["w4"]*a0 + net["w5"]*a1 + net["b2"]
    return out
```

Evaluate 函数有 3 个参数，它们分别是输入特征的集合 x、各个输入所对应标签的集合 y 以及网络参数 net。Evaluate 函数的作用是通过调用 Forward 函数来获得网络对于输入 x 的输出值，也就是网络的原始浮点输出值。为了将其与真实的类别标签做比较，我们需要设置一个阈值（这里设置的阈值为 0.5）❶，使得输出小于 0.5 时被视为类别 0，大于或等于 0.5 时被视为类别 1。将网络的预测结果存储到 pred 中，并通过与真实标签 y 进行比较来获得相应的统计量。

如果预测的标签和真实标签都是 0，则说明网络正确预测了一个负例，记为一次真阴性（TN）。如果预测的标签为 0，但真实标签为 1，则记为一次假阴性（FN）。如果预测的标签为 1，但是真实标签为 0，则记为一次假阳性（FP）。如果预测的标签和真实标签都是 1，则记为一次真阳性（FP）。这些统计量和预测结果将作为 Evaluate 函数的返回值被一起返回。

Forward 函数的作用是对集合 x 中的所有数据进行正向传播，过程如下：首先为网络输出定义变量 out，然后用网络当前的参数值对所有的输入进行运算❷。这实际上是对式（10.1）进行了实现，out[k]就是式（10.1）中的 a_2。在完成对所有输入的计算后，将结果返回。

代码清单 10-3 给出了 GradientDescent 函数的定义，这个函数的功能是对我们之前手动推导的偏导数进行实现。

代码清单 10-3：GradientDescent 函数的定义

```
def GradientDescent(net, x, y, epochs, eta):
 ❶ for e in range(epochs):
        dw0 = dw1 = dw2 = dw3 = dw4 = dw5 = db0 = db1 = db2 = 0.0

     ❷ for k in range(len(y)):
     ❸     z0 = net["w0"]*x[k,0] + net["w2"]*x[k,1] + net["b0"]
            a0 = sigmoid(z0)
            z1 = net["w1"]*x[k,0] + net["w3"]*x[k,1] + net["b1"]
            a1 = sigmoid(z1)
            a2 = net["w4"]*a0 + net["w5"]*a1 + net["b2"]

     ❹     db2 += a2 - y[k]
            dw4 += (a2 - y[k]) * a0
```

```
            dw5 += (a2 - y[k]) * a1
            db1 += (a2 - y[k]) * net["w5"] * a1 * (1 - a1)
            dw1 += (a2 - y[k]) * net["w5"] * a1 * (1 - a1) * x[k,0]
            dw3 += (a2 - y[k]) * net["w5"] * a1 * (1 - a1) * x[k,1]
            db0 += (a2 - y[k]) * net["w4"] * a0 * (1 - a0)
            dw0 += (a2 - y[k]) * net["w4"] * a0 * (1 - a0) * x[k,0]
            dw2 += (a2 - y[k]) * net["w4"] * a0 * (1 - a0) * x[k,1]

        m = len(y)
❺       net["b2"] = net["b2"] - eta * db2 / m
        net["w4"] = net["w4"] - eta * dw4 / m
        net["w5"] = net["w5"] - eta * dw5 / m
        net["b1"] = net["b1"] - eta * db1 / m
        net["w1"] = net["w1"] - eta * dw1 / m
        net["w3"] = net["w3"] - eta * dw3 / m
        net["b0"] = net["b0"] - eta * db0 / m
        net["w0"] = net["w0"] - eta * dw0 / m
        net["w2"] = net["w2"] - eta * dw2 / m

    return net
```

GradientDescent 函数包含内外两层循环：外层循环❶一次对整个训练集进行一轮迭代，一共进行 epochs 轮；内层循环❷一次只对训练集中的一个样本进行迭代，循环次数等于样本的数量。内层循环可以完成网络的正向传播❸，以计算 a_2 和其他所需的中间结果。

接下来的代码利用偏导数实现了一次反向传播过程，对应式（10.4）~ 式（10.8），损失将被反向传播到网络的各个节点❹。由于我们打算使用平均损失来对网络参数进行更新，因此这里将参数在每个训练样本上对损失的贡献累加在了一起。

利用所有训练样本通过网络获得累加的损失值以后，更新网络权重和偏置❺。根据偏导数，我们可以求得梯度，梯度指向损失增长最快的方向。但由于我们希望损失变小，因此我们需要沿着梯度的反方向移动。在 Python 代码中，我们可以通过将各个参数的当前值减去其对平均损失的贡献来完成参数的更新。

例如，如下代码

```
net["b2"] = net["b2"] - eta * db2 / m
```

相当于

$$b_2 \leftarrow b_2 - \eta\left(\frac{1}{m}\sum_{i=0}^{m-1}\frac{\partial L}{\partial b_2}\bigg|_{x_i}\right)$$

其中，$\eta = 0.1$ 为学习率，m 为训练集中样本的数量。在求和式中，第 i 项是损失函数关于 b_2 在（第 i 个）样本（记为 $\boldsymbol{x}_i$）处的偏导数，对求和取平均后，乘以学习率即可得到参数的更新量，更新后的参数则被用于下一轮迭代。我们常把学习率称为步长。学习率决定了网络的权重和偏置在损失函数的定义域上以何种速度向函数最小值移动。

10.2.3 训练和测试模型

由于输入的特征是二维的，因此我们可以在平面坐标系中对样本进行可视化，这有助于我们判断数据是否可分。图 10-2 展示了样本的可视化结果，其中，类别 0 用圆点表示，类别 1 用方形点表示。

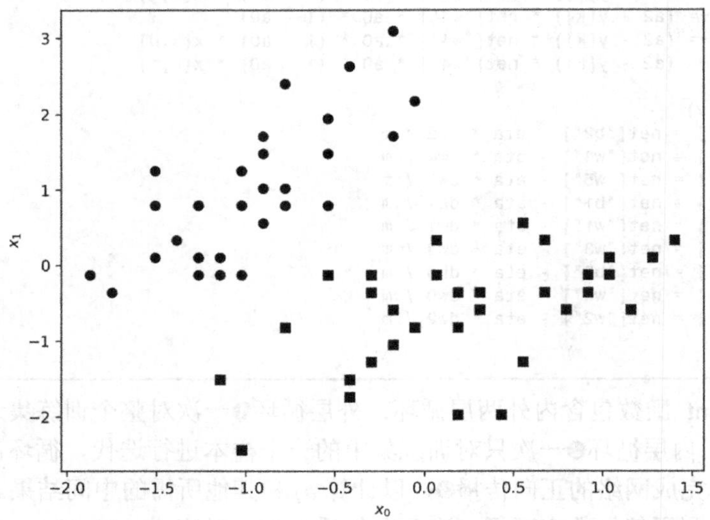

图 10-2 训练集 iris 中的类别 0（用圆点表示）和类别 1（用方形点表示）

很明显，训练集 iris 中的两类样本是清晰可分的。因此，即便我们的神经网络简单到只有两个隐藏层节点，也仍然能够通过训练对样本进行正确的分类。结合图 6-2 展示的关于 3 个鸢尾花类别的前两个特征的图像，我们可以推测，如果在训练集 iris 中加入类别 2 的样本，那么只采用两个特征并不足以对所有 3 个类别进行划分。

执行如下代码：

```
python3 nn_by_hand.py
```

输出结果如下：

```
Training for 1000 epochs, learning rate 0.10000

Before training:
    TN: 15  FP: 0
    FN: 15  TP: 0

After training:
    TN: 14  FP: 1
    FN: 1   TP: 14
```

以上是在 70 个训练样本上进行 1000 轮迭代后得到的结果，1000 也是代码清单 10-3 中外层循环的执行次数。以上输出结果中的两个表格对应网络训练前后的两组统计量。通过分析这两个表格中的值，我们可以理解训练过程中发生了什么。

这种表格的名称有好几个，比如列联表、2 × 2 表格或混淆矩阵。其中，混淆矩阵最为常见，但其通常用于多分类问题。2 × 2 表格则通常用于对测试集上的真阳性（TP）、真阴性（TN）、假阳性（FP）和假阴性（FN）出现的次数进行统计。整个测试集包含 30 个样本，两个类别各占一半的样本。如果神经网络完全正确，那么属于类别 0 的样本的数量应该等于 TN 出现的次数，属于类别 1 的样本的数量则应该等于 TP 出现的次数。FP 和 FN 则对应出错的情况。

从上述代码的输出结果中可以看出，神经网络在经过随机初始化之后，会将所有样本预测为属于类别 0，因为 TN 和 FN 出现的次数都是 15（也就是实际属于类别 0 的样本的数量）。因此，在开始训练以前，神经网络的准确率为 15/(15 + 15) = 0.5 = 50%。

在完成代码清单 10-3 中外层循环对应的 1000 轮迭代以后，神经网络在测试集上取得了近乎完美的表现，属于类别 0 的 15 个样本中预测对了 14 个，属于类别 1 的 15 个样本中也预测对了 14 个。总体准确率达到(14 + 14)/(15 + 15) = 28/30 ≈ 93.3%，考虑到我们的神经网络只有一个由两个节点构成的隐藏层，取得这样的结果已经很不错了。

同样，这个例子也只是告诉我们手动计算梯度不仅非常困难，也容易出错。上述代码只支持标量运算，因此无法利用根据对称性得到的反向传播算法的更为优雅的表达方式来处理向量或矩阵。接下来，我们将重新分析全连接网络的反向传播算法，看看是否可以利用向量和矩阵来得到更优雅的计算方法。

10.3 全连接网络的反向传播

在本节中，我们将推导把误差项从输出端传递到输入端的表达式。此外，我们还将讨论如何对误差项关于网络的各层参数求偏导数以便实施梯度下降。在有了所有必要的表达式以后，我们将利用 Python 类实现对任意深度和大小的全连接正向网络的建模。最后，我们将使用 MNIST 数据集对构建的模型进行测试。

10

10.3.1 误差的反向传播

通过观察，我们发现如下有用的事实：全连接网络的每一层都可以视作一个向量函数。

$$\boldsymbol{y} = \boldsymbol{f}(\boldsymbol{x})$$

其中，$\boldsymbol{x}$ 是输入，$\boldsymbol{y}$ 是输出。$\boldsymbol{x}$ 既可能来自实际样本的输入，也可能来自前面隐藏层的输出。虽然每一层中单个节点的输出都是一个标量，但是在把所有节点的输出组合在一起后，就构成了向量 $\boldsymbol{y}$，$\boldsymbol{y}$ 是整个全连接网络的输出。

在正向传播过程中，数据在网络各层之间是有序传播的，第 i 层将输入 $\boldsymbol{x}_i$ 映射为 $\boldsymbol{y}_i$，而 $\boldsymbol{y}_i$ 就是第$(i + 1)$层的输入 $\boldsymbol{x}_{i+1}$。在所有层都完成运算后，我们将得到最后一层的输出 $\boldsymbol{h}$，可用它来计算损失值 $L(\boldsymbol{h}, \boldsymbol{y}_{\text{true}})$。通过与样本的真实类别标签 $\boldsymbol{y}_{\text{true}}$ 做比较得到的损失值，衡量的是网络对样本 $\boldsymbol{x}$ 预测得到的结果的误差。需要注意的是，如果模型是多分类网络，则输出 $\boldsymbol{h}$ 是一个向量，其中的每个元素对应一个类别。此时，样本的真实类别标签也是一个向量，其中与所属类别对应位置的元素取值为 1，其他元素取值为 0。这也是诸如 Keras 的组件会将整型类别标签映射为独热向量的原因。

所谓反向传播，就是让损失值（又称误差）反方向通过整个网络。对于以向量为各层输入且以权重矩阵为各层参数的全连接网络来说，为了完成这一过程，就必须事先了解正向传播的实现细节。按照之前的惯例，我们依旧把激活函数和全连接层的运算过程拆分开来。

对于网络中的任何层而言，输入向量 $\boldsymbol{x}$ 来自前一层的输出，根据全连接网络的正向传播机制，我们知道该层的输出向量为

$$\boldsymbol{y} = \boldsymbol{W}\boldsymbol{x} + \boldsymbol{b}$$

其中，$\boldsymbol{W}$ 为权重矩阵，$\boldsymbol{x}$ 为输入向量，$\boldsymbol{b}$ 为偏置向量。

对于激活层，则有

$$\boldsymbol{y} = \boldsymbol{\sigma}(\boldsymbol{x})$$

上面的式子适用于任何激活函数。不过，在本章后续内容中，我将一直使用 S 型函数。注意，上面式子中的 $\boldsymbol{y}$ 是向量函数。因此，我们需要将标量函数 S 型应用于输入向量 $\boldsymbol{x}$ 的各个元素，以得到向量形式的输出：

$$\boldsymbol{\sigma}(\boldsymbol{x}) = \begin{bmatrix} \sigma(x_0) & \sigma(x_1) & \cdots & \sigma(x_{n-1}) \end{bmatrix}^{\mathrm{T}}$$

一个完整的全连接网络是由一系列全连接层和激活函数构成的，因此对于这个全连接网络而言，正向传播就是从网络的第一层开始，对输入进行以上运算，得到的结果则作为第二层的输入，并依次链式地进行这一过程，直到所有层都完成运算。

在完成整个正向传播过程后，我们就有了最后一层的输出值，从而计算出损失值。用计算出的损失值对最后一层的输出变量求导，即可得到第一个误差。接下来需要将这个误差回传给整个网络。为此，我们需要计算当网络各层的输入发生微小变化时对该误差产生的影响，但这又要求我们事先知道当网络各层的输出发生微小变化时对该误差产生的影响。具体来说，就是对于网络的每一层，我们都需要计算 $\partial E/\partial \boldsymbol{x}$ 和 $\partial E/\partial \boldsymbol{y}$。$\partial E/\partial \boldsymbol{x}$ 是当网络各层的输入发生微小变化时对误差产生的影响，$\partial E/\partial \boldsymbol{y}$ 则是当网络各层的输出发生微小变化时对误差产生的影响。$\partial E/\partial \boldsymbol{x}$ 和 $\partial E/\partial \boldsymbol{y}$ 的关系满足链式法则：

$$\frac{\partial E}{\partial \boldsymbol{x}} = \frac{\partial E}{\partial \boldsymbol{y}} \frac{\partial \boldsymbol{y}}{\partial \boldsymbol{x}} \tag{10.9}$$

在式（10.9）中，第 i 层的 $\partial E/\partial \boldsymbol{x}$ 实际上就是第 $(i-1)$ 层的 $\partial E/\partial \boldsymbol{y}$。也就是说，这一过程会反向通过整个网络。

总的来说，整个反向传播算法分为以下几个步骤。

（1）执行正向传播过程，将网络各层的输入向量 $\boldsymbol{x}$ 映射为输出向量 $\boldsymbol{y}$，并最终得到整个网络的输出 $\boldsymbol{h}$。

（2）根据 $\boldsymbol{h}$ 和 $\boldsymbol{y}_{\text{true}}$ 计算损失函数关于输出变量的导数，得到输出层的 $\partial E/\partial \boldsymbol{y}$。

（3）重复运用链式法则，根据第 i 层的 $\partial E/\partial \boldsymbol{y}$ 计算 $\partial E/\partial \boldsymbol{x}$，第 i 层的 $\partial E/\partial \boldsymbol{x}$ 则成为第 $(i-1)$ 层的 $\partial E/\partial \boldsymbol{y}$。

这就是将误差回传给整个网络的过程。接下来，我们需要进一步了解如何对网络中不同类型的层求偏导数。

以激活层为例，假定 $\partial E/\partial \boldsymbol{y}$ 已知，我们需要求 $\partial E/\partial \boldsymbol{x}$。根据链式法则，我们知道

$$\begin{aligned}\frac{\partial E}{\partial \boldsymbol{x}} &= \frac{\partial E}{\partial \boldsymbol{y}}\frac{\partial \boldsymbol{y}}{\partial \boldsymbol{x}} \\ &= \left[\frac{\partial E}{\partial y_0}\frac{\partial y_0}{\partial x_0} \quad \frac{\partial E}{\partial y_1}\frac{\partial y_1}{\partial x_1} \quad \cdots\right]^{\mathrm{T}} \\ &= \left[\frac{\partial y_0}{\partial x_0}\sigma'(x_0) \quad \frac{\partial y_1}{\partial x_1}\sigma'(x_1) \quad \cdots\right]^{\mathrm{T}} \\ &= \frac{\partial E}{\partial \boldsymbol{y}} \odot \boldsymbol{\sigma}'(\boldsymbol{x})\end{aligned} \tag{10.10}$$

$\odot$表示计算阿达马积。回忆一下，第 5 章介绍过阿达马积，阿达马积是对两个向量或矩阵按元素相乘的结果。

在知道了如何让误差通过激活层之后，下面我们考虑全连接层。对式（10.9）进行扩展，可以得到

$$\begin{aligned}\frac{\partial E}{\partial \boldsymbol{x}} &= \frac{\partial E}{\partial \boldsymbol{y}}\frac{\partial \boldsymbol{y}}{\partial \boldsymbol{x}} \\ &= \boldsymbol{W}^{\mathrm{T}}\frac{\partial E}{\partial \boldsymbol{y}}\end{aligned} \tag{10.11}$$

其中：

$$\frac{\partial \boldsymbol{y}}{\partial \boldsymbol{x}} = \frac{\partial(\boldsymbol{W}\boldsymbol{x}+\boldsymbol{b})}{\partial \boldsymbol{x}} = \boldsymbol{W}^{\mathrm{T}} \quad \text{（分母列式）}$$

注意，结果是 $\boldsymbol{W}^{\mathrm{T}}$ 而不是 $\boldsymbol{W}$，这是因为按照分母列式规范，对矩阵和向量的乘积求导的结果是矩阵的转置矩阵，而不是矩阵本身。

让我们停下来，仔细分析一下式（10.10）和式（10.11），这两个式子都是关于如何在网络各层之间传递误差的表达式。在这两个式子中，变量是什么样子的呢？首先，对于激活层，如果输入是 k 维向量，那么输出也应该是 k 维向量。因此，式（10.10）的两边都应该是 k 维向量。由于$\partial E/\partial \boldsymbol{y}$ 是 k 维向量，而激活函数的导数 $\boldsymbol{\sigma}'(\boldsymbol{x})$ 也是 k 维向量，因此它们的阿达马积依旧是 k 维向量，这符合我们的需求。

由于全连接层由 m 维输入向量 $\boldsymbol{x}$、$n \times m$ 维权重矩阵 $\boldsymbol{W}$，以及 n 维输出向量 $\boldsymbol{y}$ 构成，因此我们最终需要根据 n 维向量$\partial E/\partial \boldsymbol{y}$ 生成 m 维向量$\partial E/\partial \boldsymbol{x}$。事实上，用 $m \times n$ 维权重矩阵的转置矩阵乘以误差的 n 维向量，结果刚好是 m 维的列向量。

10.3.2 关于权重和偏置求偏导数

式（10.10）和式（10.11）向我们指明了如何在网络中回传误差，但反向传播的关键是根据权重和偏置的变化对误差的影响运用梯度下降进行参数优化。具体来说，对于全连接层，我们需要根据$\partial E/\partial \boldsymbol{y}$ 和$\partial E/\partial \boldsymbol{x}$ 来计算$\partial E/\partial \boldsymbol{W}$ 和$\partial E/\partial \boldsymbol{b}$。

下面首先计算$\partial E/\partial \boldsymbol{b}$。再次运用链式法则，我们可以得到

$$
\begin{aligned}
\frac{\partial E}{\partial \boldsymbol{b}} &= \frac{\partial E}{\partial \boldsymbol{y}}\frac{\partial \boldsymbol{y}}{\partial \boldsymbol{b}} \\
&= \frac{\partial E}{\partial \boldsymbol{y}}\frac{\partial (\boldsymbol{W}\boldsymbol{x}+\boldsymbol{b})}{\partial \boldsymbol{b}} \\
&= \frac{\partial E}{\partial \boldsymbol{y}}(\boldsymbol{0}+\boldsymbol{1}) \\
&= \frac{\partial E}{\partial \boldsymbol{y}}
\end{aligned}
\tag{10.12}
$$

因此，对于全连接层来说，偏置对误差的影响与输出值对误差的影响相同。

$\partial E/\partial \boldsymbol{x}$ 的计算方法与$\partial E/\partial \boldsymbol{b}$ 类似：

$$
\begin{aligned}
\frac{\partial E}{\partial \boldsymbol{W}} &= \frac{\partial E}{\partial \boldsymbol{y}}\frac{\partial \boldsymbol{y}}{\partial \boldsymbol{W}} \\
&= \frac{\partial E}{\partial \boldsymbol{y}}\frac{\partial (\boldsymbol{W}\boldsymbol{x}+\boldsymbol{b})}{\partial \boldsymbol{W}} \\
&= \frac{\partial E}{\partial \boldsymbol{y}}(\boldsymbol{x}^{\mathrm{T}}+\boldsymbol{0}) \\
&= \frac{\partial E}{\partial \boldsymbol{y}}\boldsymbol{x}^{\mathrm{T}}
\end{aligned}
\tag{10.13}
$$

式（10.13）说明，权重矩阵对误差的影响等于输出值对误差的影响乘以输入向量 $\boldsymbol{x}$。我们知道，权重矩阵在正向传播中需要与 m 维的输入向量相乘，其自身是大小为 $n \times m$ 的矩阵，因此权重矩阵对误差的影响$\partial E/\partial \boldsymbol{W}$ 也必须是 $n \times m$ 的矩阵。我们已经知道$\partial \boldsymbol{E}/\partial \boldsymbol{y}$ 是 n 维的列向量，而 $\boldsymbol{x}$ 的转置是 m 维的行向量，两者的外积刚好是 $n \times m$ 的矩阵，这与我们的预期一致。

式（10.10）～ 式（10.13）针对的是单个样本。也就是说，对于单个输入，这些式子［特别是式（10.12）和式（10.13）］向我们指明了网络各层的权重和偏置产生的误差有多大。

为了完成梯度下降，我们需要在整个训练集上对$\partial E/\partial \boldsymbol{W}$ 和$\partial E/\partial \boldsymbol{b}$ 进行累加，然后针对每一个 epoch 或 mini-batch 求均值，以便对权重和误差进行参数更新。考虑到第 11 章将详细讨论梯度下降这一话题，这里仅展示利用反向传播实现梯度下降的整体框架。

通常情况下，为了训练网络，我们需要对 mini-batch 中的每个样本执行如下操作。

（1）对样本进行正向传播，得到网络的输出。在此过程中，记录网络各层的输入以便实施反向传播［式（10.13）中的 $\boldsymbol{x}^{\mathrm{T}}$］。

（2）计算损失函数的导数，作为反向传播过程中的第一个误差，本例选用的是均方误差损失函数。

（3）反方向计算网络各层的$\partial E/\partial \boldsymbol{W}$ 和$\partial E/\partial \boldsymbol{b}$，并对 mini-batch 中各个样本的这些取值进行累加，得到 $\Delta\boldsymbol{W}$ 和 $\Delta\boldsymbol{b}$。

在处理完一个 mini-batch 中的所有样本并对误差进行累加以后，就可以进行梯度下降更新了，也就是根据下面的式（10.14）对网络各层的权重和偏置进行参数更新：

$$\begin{cases} \boldsymbol{W} \leftarrow \boldsymbol{W} - \eta\left(\dfrac{1}{m}\Delta\boldsymbol{W}\right) \\ \boldsymbol{b} \leftarrow \boldsymbol{b} - \eta\left(\dfrac{1}{m}\Delta\boldsymbol{b}\right) \end{cases} \tag{10.14}$$

其中，$\Delta\boldsymbol{W}$ 和 $\Delta\boldsymbol{b}$ 是整个 mini-batch 的累积误差，m 是 mini-batch 中样本的数量。重复进行梯度下降，即可最终完成对参数的更新，从而完成对网络的训练。

本节涉及大量数学内容，我们将在 10.3.3 节中对这些数学内容用 Python 代码加以实现。NumPy 具有面向对象的特性，因此这些数学内容的 Python 实现代码非常简洁和优雅。如果你对前面所讲的数学知识有困惑，那么这些代码应该有助于你理解它们。

10.3.3 Python 实现代码

我们的代码风格与诸如 Keras 的组件类似。为了能够创建任意的全连接网络，我们采用 Python 类来定义单层网络，并且用列表存储整个网络的结构。网络的各层都包含权重和偏置，并且具有正向传播、反向传播和梯度下降等功能。为了简单起见，这里采用 S 型函数和均方误差损失函数。

我们一共需要定义 3 个类：ActivationLayer、FullyConnectedLayer 和 Network。Network 类的作用是把激活层和全连接层整合在一起，并且实现训练过程。这 3 个类都被定义在文件 NN.py[①]中。下面我们来看看这 3 个类是如何定义的，首先从 ActivationLayer 类开始（见代码清单 10-4）。你可以看到，Python 可以很优雅地实现前面所讲的数学内容，通常只需要编写一行 NumPy 代码。

代码清单 10-4：ActivationLayer 类

```
class ActivationLayer:
    def forward(self, input_data):
        self.input = input_data
        return sigmoid(input_data)
    def backward(self, output_error):
        return sigmoid_prime(self.input) * output_error
    def step(self, eta):
        return
```

ActivationLayer 类包含 3 个函数：forward、backward 和 step。其中，step 函数最简单，它什么都不做，这是因为激活层没有需要在梯度下降过程中进行优化的参数。

forward 函数的输入向量是 $\boldsymbol{x}$，可以先将 $\boldsymbol{x}$ 保存起来以便将来使用，然后利用 S 型函数计算得到输出向量 $\boldsymbol{y}$。

backward 函数的输入参数 output_error 是 $\partial E/\partial \boldsymbol{y}$，也就是上一层的输出误差。backward 函数的作用是对 S 型函数在正向传播过程中的输入求导数（sigmoid_prime）并与误差按元素相乘，最后将得到的结果返回。

函数 sigmoid 和 sigmoid_prime 的定义如下：

---

① 这里的代码改编自 Omar Aflak 的最初实现版本，代码的使用已经得到作者本人的许可，我对他的代码进行修改的目的是在每个 mini-batch 上进行梯度下降。

10

```
def sigmoid(x):
  return 1.0 / (1.0 + np.exp(-x))
def sigmoid_prime(x):
  return sigmoid(x)*(1.0 - sigmoid(x))
```

FullyConnectedLayer 类比 ActivationLayer 类稍微复杂些，参见代码清单 10-5。

代码清单 10-5：FullyConnectedLayer 类

```
class FullyConnectedLayer:
  def __init__(self, input_size, output_size):
  ❶ self.delta_w = np.zeros((input_size, output_size))
    self.delta_b = np.zeros((1,output_size))
    self.passes = 0
  ❷ self.weights = np.random.rand(input_size, output_size) - 0.5
    self.bias = np.random.rand(1, output_size) - 0.5

  def forward(self, input_data):
    self.input = input_data
  ❸ return np.dot(self.input, self.weights) + self.bias

  def backward(self, output_error):
    input_error = np.dot(output_error, self.weights.T)
    weights_error = np.dot(self.input.T, output_error)
    self.delta_w += np.dot(self.input.T, output_error)
    self.delta_b += output_error
    self.passes += 1
    return input_error

  def step(self, eta):
  ❹ self.weights -= eta * self.delta_w / self.passes
    self.bias -= eta * self.delta_b / self.passes
  ❺ self.delta_w = np.zeros(self.weights.shape)
    self.delta_b = np.zeros(self.bias.shape)
    self.passes = 0
```

在 FullyConnectedLayer 类中，我们首先需要在构造函数中指定输入节点数和输出节点数。其中，输入节点数（input_size）就是全连接层的输入向量的维度，输出节点数（output_size）则是全连接层的输出向量的维度。

接下来，使用 delta_w 和 delta_b 分别存储 $\partial E/\partial \boldsymbol{W}$ 和 $\partial E/\partial \boldsymbol{b}$❶，以记录整个 mini-batch 中各个样本的累积误差。

由于网络需要对参数值进行随机初始化，因此我们在构造函数中使用区间[−0.5, 0.5]上的均匀分布对权重矩阵和偏置向量的取值进行了初始化❷。注意，偏置向量是一个 $1 \times n$ 的行向量。为了符合训练样本的数据存储方式，我们对向量的方向进行了转置，使得每一行代表一个样本，每一列代表一个特征——这并不影响计算结果，因为标量的乘法运算满足交换律：$ab = ba$。

forward 函数首先将输入向量（即 $\boldsymbol{x}$）保存起来供 backward 函数使用，然后将输入向量与权重矩阵相乘，最后加上偏置，从而得到全连接层的输出并返回❸。

backward 函数的输入参数 output_error 是 $\partial E/\partial \boldsymbol{y}$，也就是上一层的输出误差。backward 函数的作用是计算 $\partial E/\partial \boldsymbol{x}$（input_error）、$\partial E/\partial \boldsymbol{W}$（weights_error）和 $\partial E/\partial \boldsymbol{b}$（output_error），然后将这些误差累加到 delta_w 和 delta_b 上，供 step 函数使用。

step 函数用于对全连接层进行一次梯度下降。这里的 step 函数不同于 ActivationLayer 类中的

step 函数。这里的 step 函数需要完成大量的工作：首先根据式（10.14），利用平均误差更新参数❹，实现在 mini-batch 上进行梯度下降的过程，然后重置用于累加和计数的变量，为处理下一个 mini-batch 做准备❺。

Network 类的定义如代码清单 10-6 所示。

代码清单 10-6：Network 类

```
class Network:
    def __init__(self, verbose=True):
        self.verbose = verbose
      ❶ self.layers = []

    def add(self, layer):
      ❷ self.layers.append(layer)

    def predict(self, input_data):
        result = []
        for i in range(input_data.shape[0]):
            output = input_data[i]
            for layer in self.layers:
                output = layer.forward(output)
            result.append(output)
      ❸ return result

    def fit(self, x_train, y_train, minibatches, learning_rate, batch_size=64):
      ❹ for i in range(minibatches):
        err = 0
        idx = np.argsort(np.random.random(x_train.shape[0]))[:batch_size]
        x_batch = x_train[idx]
        y_batch = y_train[idx]
      ❺ for j in range(batch_size):
            output = x_batch[j]
            for layer in self.layers:
                output = layer.forward(output)

          ❻ err += mse(y_batch[j], output)

          ❼ error = mse_prime(y_batch[j], output)
            for layer in reversed(self.layers):
                error = layer.backward(error)

      ❽ for layer in self.layers:
            layer.step(learning_rate)
        if (self.verbose) and ((i%10) == 0):
            err /= batch_size
            print('minibatch %5d/%d error=%0.9f' % (i, minibatches, err))
```

Network 类的构造函数非常简单：首先设置标识 verbose 以表明是否在训练过程中输出整个 mini-batch 的平均误差（如果网络训练成功，你应该能看到误差会随时间递减），然后初始化一个空的列表 layers❶以存储通过 add 函数添加到网络中的层对象❷。

在网络完成训练后，predict 函数将对 input_data 中的每个输入样本在网络各层中进行正向推理以得到最终的输出。推理过程如下：首先把输入样本直接赋给 output，然后循环调用 layers 中每一个层对象的 forward 函数，将 forward 函数的输出作为下一轮调用时 forward 函数的输入，最后对整个网络重复以上过程。当循环结束时，output 中便存储了最后一层的输出，将其附加到 result 中并最终返回即可❸。

网络的训练过程是由 fit 函数实现的。fit 函数的这种命名方式与 sklearn 中训练函数的命名方式是一致的。fit 函数的参数如下：NumPy 数组的样本输入向量（x_train），其中的每一行对应一个样本；对应的标签，即独热向量（y_train）；mini-batch 中样本的数量（即样本量）；学习率（learning_rate）；mini-batch 的大小（batch_size）。batch_size 是可选参数。

fit 函数有一个嵌套的循环。外层循环的执行次数等于 mini-batch 的数量❹。如前所述，mini-batch 是整个样本的一个子集，epoch 则指的是在整个样本集上完成一轮迭代。基于全量样本进行的训练称为 batch training，这时用 epoch 数表示训练的次数。但你在第 11 章将会看到，使用 batch training 有很多缺陷，因此人们提出了 mini-batch 的概念。mini-batch 的样本量通常被设置在 16 和 128 之间，而且为了便于基于图形处理器（Graphics Processing Unit，GPU）的深度学习组件优化，mini-batch 的样本量通常被设置为 2 的幂。在这里，将 mini-batch 的大小设置为 64 或 63 在性能上并没有什么差异。

在对训练样本进行 mini-batch 的划分时，请尽量确保所有数据都被用到。我在这里偷懒了，因为我在每个 mini-batch 上随机挑选了全量样本的一个子集。我利用随机性提供的便利，使代码得到了简化。变量 idx 的作用是将全量样本的顺序随机打乱，然后选取其中的前 batch_size 个索引，进而切分出 x_batch 和 y_batch 用于实际的正向和反向传播过程。

fit 函数的内层循环则依次对 mini-batch 中的每个样本调用网络各层的 forward 函数❺，实现整个网络的正向传播，过程与 predict 函数类似。另外，为了后面展示上的需要，这里对网络输出与样本标签的均方误差进行了累积❻。

接下来进行反向传播。为此，首先计算输出的误差，即损失函数的导数 mse_prime❼。然后反向地依次调用网络各层的 backward 函数，将每一层的输出误差作为前一层计算的输入。整个过程与正向传播刚好相反。

在处理完一个 mini-batch 中的所有样本后，就基于网络各层在所有样本上累积的平均误差进行一次梯度下降❽。这个过程可通过调用 step 函数来完成，step 函数的唯一参数是学习率。最后，如果 verbose 被设置为 true，则对每 10 个 mini-batch 输出一次平均误差。

等到第 11 章讨论梯度下降时，我还会用这段代码进行实验。当务之急，我们先在 MNIST 数据集上测试这段代码的效果。

10.3.4 测试 Python 实现代码

在本节中，我将使用 10.3.3 小节的 Python 实现代码在 MNIST 数据集上训练一个分类器。原始的 MNIST 数据集由 28 像素 × 28 像素的手写数字的黑色背景灰度图组成。MNIST 数据集是深度学习领域十分常用的数据集之一。这里需要将 MNIST 数据集中的灰度图缩小至 14 像素 × 14 像素大小，然后转换为 14 × 14 = 196 维的向量。

整个数据集包含 60 000 个训练样本和 10 000 个测试样本。将转换后的向量存储为 NumPy 数组，它们位于 dataset 文件的子文件中。用于生成数据的代码位于 build_dataset.py 文件中。在执行代码之前，我们需要为 Python 安装组件 Keras 和 OpenCV。其中，Keras 提供了原始图片以及将训练集的标签映射为独热向量的功能，OpenCV 则提供了将图片从 28 像素 × 28 像素大小缩小至 14 像素 × 14 像素大小的功能。

用于对 MNIST 数据集中的手写数字进行分类的代码见代码清单 10-7，这些代码位于文件 mnist.py 中。

代码清单 10-7：对 MNIST 数据集中的手写数字进行分类

```
import numpy as np
from NN import *
❶ x_train = np.load("dataset/train_images_small.npy")
x_test = np.load("dataset/test_images_small.npy")
y_train = np.load("dataset/train_labels_vector.npy")
y_test = np.load("dataset/test_labels.npy")

❷ x_train = x_train.reshape(x_train.shape[0], 1, 14*14)
x_train /= 255
x_test = x_test.reshape(x_test.shape[0], 1, 14*14)
x_test /= 255

❸ net = Network()
net.add(FullyConnectedLayer(14*14, 100))
net.add(ActivationLayer())
net.add(FullyConnectedLayer(100, 50))
net.add(ActivationLayer())
net.add(FullyConnectedLayer(50, 10))
net.add(ActivationLayer())

❹ net.fit(x_train, y_train, minibatches=40000, learning_rate=1.0)

❺ out = net.predict(x_test)
cm = np.zeros((10,10), dtype="uint32")
for i in range(len(y_test)):
    cm[y_test[i],np.argmax(out[i])] += 1

print()
print(np.array2string(cm))
print()
print("accuracy = %0.7f" % (np.diag(cm).sum() / cm.sum(),))
```

上述代码首先导入了 NumPy 和 NN.py，然后加载训练图片、测试图片和标签数据❶。由于 Network 类在处理样本时会将样本视作 $1 \times n$ 的行向量，因此我们需要将训练集中的数据维度从(60 000, 196)调整为(60 000, 1, 196)，同时对测试集也进行同样的调整❷。此外，我们还需要把原本位于区间[0, 255]的 8 位数据映射到区间[0, 1]，这是一个针对图像数据集的标准化预处理过程，旨在使网络更容易训练。

接下来构建网络❸。首先创建一个 Network 实例，然后添加一个全连接层（这个全连接层的输入大小为 196，输出大小为 100）和一个激活层。继续添加第二个全连接层，这个全连接层会将第一个全连接层的 100 维输出映射为 50 维，同时添加第二个激活层。最后添加第三个全连接层，这个全连接层会将第二个全连接层的 50 维输出映射为 10 维，10 就是类别的数量，同时添加第三个激活层。以上过程模仿了我们常用的一些深度学习组件（如 Keras）。

网络构建完毕后，调用 fit 函数对网络进行训练❹。这里指定 mini-batch 的数量为 40 000，mini-batch 的大小则采用默认设置，即每个 mini-batch 包含 64 个样本。学习率设置为 1.0，这比较适合我们这个例子。在训练过程中，每一个 mini-batch 的平均误差会被输出。训练完之后，使用 10 000 个测试样本对网络进行推理并计算出 10 × 10 的混淆矩阵❺。请记住，混淆矩阵中的各行是真实的类别标签，也就是数字 0~9；混淆矩阵中的各列对应预测的类别标签，也就是各样本输出的 10 维向量的最大取值所对应的类别。混淆矩阵中位于索引位置 [*i*, *j*] 的元素代表真实类别标签为 *i* 的样本被预测为属于类别 *j* 的次数。如果预测全部正确，则混淆矩阵应为对角矩阵。也就是说，不存在真实类别标签与预测结果不一致的情况。最后，将准确率输出。我们得到的准确率等于将混淆矩阵中对角线元素的和除以所有元素的和。

mnist.py 的执行结果如下：

```
minibatch 39940/40000   error=0.003941790
minibatch 39950/40000   error=0.001214253
minibatch 39960/40000   error=0.000832551
minibatch 39970/40000   error=0.000998448
minibatch 39980/40000   error=0.002377286
minibatch 39990/40000   error=0.000850956

[[ 965    0    1    1    1    5    2    3    2    0]
 [   0 1121    3    2    0    1    3    0    5    0]
 [   6    0 1005    4    2    0    3    7    5    0]
 [   0    1    6  981    0    4    0    9    4    5]
 [   2    0    3    0  953    0    5    3    1   15]
 [   4    0    0   10    0  864    5    1    4    4]
 [   8    2    1    1    3    4  936    0    3    0]
 [   2    7   19    2    1    0    0  989    1    7]
 [   5    0    4    5    3    5    7    3  939    3]
 [   5    5    2   10    8    2    1    3    6  967]]

accuracy = 0.9720000
```

从上面的输出结果中可以看出，我们得到的混淆矩阵几乎是对角矩阵，准确率为 97.2%。由于这个分类器是基于简单的 NN.py 实现的全连接网络，因此能得到这样的结果已经很好了。可以看出，出错最多的情况是对数字 7 和 2 的分类，一共出错 19 次（混淆矩阵中位于索引位置[7, 2]的元素）。出错第二多的情况是对数字 4 和 9 的分类，一共出错 15 次（混淆矩阵中位于索引位置[4, 9]的元素）。这很好理解，因为数字 7 和 2 以及数字 4 和 9 确实看起来比较相似。

10.2 节的开头介绍了一个简单的神经网络。文件 iris.py 实现了这个神经网络，并且对数据集进行了适配。这里不讨论代码的细节，运行 iris.py，这个神经网络在测试集上的输出结果如下：属于类别 0 的 15 个样本中被正确分类 14 个，属于类别 1 的 15 个样本则全部分类正确。

遗憾的是，我们这里讨论的反向传播方法在实际的深度学习场景中完全无法灵活应用。主流的深度学习组件往往采用不同的反向传播方法，接下来我们看看这些组件是如何实现反向传播的。

10.4　计算图

在计算机科学中，图是由一系列节点和连接这些节点的边构成的。当表示神经网络时，我们经常需要使用图。本节将使用图来对表达式进行表示。

以如下最简单的表达式为例：

$$y = mx + b$$

为了实现这个表达式，我们可以遵循有关运算符次序的一致性准则，将一系列初等运算表示为计算图（computational graph），如图 10-3 所示。

在图 10-3 中，数据流沿着箭头从左向右通过整个计算图。数据流的起始节点为 x、m 和 b，经过的运算符节点为*和 +，最后到达输出节点 y。

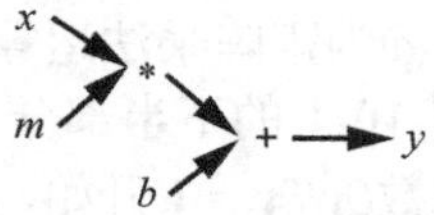

图 10-3 实现了 $y=mx+b$ 的计算图

图 10-3 就是一个表达式的计算图。很多编程语言（如 C 语言）的编译器会通过生成某种形式的计算图来将抽象的表达式翻译为机器指令。以表达式 $y=mx+b$ 为例，图 10-3 表示先将 x 和 m 传给乘法运算符，再将得到的结果与 b 一同传给加法运算符，最后得到 y。

深度神经网络即便再复杂，也是一系列的表达式，因而也可以用计算图进行表示。例如，对于全连接网络，我们可以将其表示为从输入 $\boldsymbol{x}$ 经过隐藏层，到达输出层的损失函数的数据流。

诸如 TensorFlow 和 PyTorch 的深度学习组件就是利用计算图来管理网络结构并实现反向传播的。与本章前面进行的严格计算过程不同，计算图的表示能力非常通用，其可以表示深度学习中任意的网络结构。

在阅读深度学习文献或使用特定的深度学习组件时，你有可能遇到两种不同的计算图生成方式。其中一种方式称为 symbol-to-number，这种方式会在数据可用时动态生成计算图，PyTorch 使用的就是这种方式。另一种方式称为 symbol-to-symbol，这种方式会提前生成一个静态的计算图，TensorFlow 使用的就是这种方式。不管使用哪一种方式，我们都能够自动计算反向传播需要的导数。

TensorFlow 在计算反向传播需要的导数时，采取的方法与我们前面介绍的方法相同。由于各种运算都能够自动生成其输出关于输入的导数，因此结合链式法则，我们就能够实现反向传播过程。尽管不同的引擎和模型结构在计算图的实现方式上有所不同，但整体上，网络的正向和反向传播过程都可以用计算图进行定义。另外，由于计算图将复杂的表达式拆分为一系列简单的子表达式，而每个子表达式又都能够自动计算反向传播过程中需要的导数（类似于我们在类 ActivationLayer 和 FullyConnectedLayer 中进行的定义），因此我们可以在神经网络的各层中使用自定义函数而不用关心如何计算导数，只要使用的是引擎支持的初等运算符，引擎就能自动为我们计算出导数。

下面我们举一个例子，展示如何利用计算图进行正向和反向传播过程。这个例子来自发表于 2015 年的一篇文章，名为“TensorFlow: Large-Scale Machine Learning on Heterogeneous Distributed Systems”。

对于全连接网络而言，其隐藏层的表达式为

$$\boldsymbol{y} = \boldsymbol{\sigma}(\boldsymbol{W}\boldsymbol{x} + \boldsymbol{b})$$

其中，$\boldsymbol{W}$ 为权重矩阵，$\boldsymbol{b}$ 为偏置向量，$\boldsymbol{y}$ 为输出向量。

上述表达式的计算图如图 10-4 所示。

图 10-4 给出了上述表达式的两种版本。

图 10-4 的上半部分是正向传播版本，数据从 $\boldsymbol{x}$、$\boldsymbol{W}$ 和 $\boldsymbol{b}$ 流向输出，箭头的方向表示数据的流向。注意，输入为张量（包括矩阵和向量），输出也是张量，@为矩阵乘法运算符，$\boldsymbol{\sigma}$ 表示激活函数。

图 10-4 的下半部分是反向传播版本。从输出端的导数 $\partial \boldsymbol{y}/\partial \boldsymbol{y} = \mathbf{1}$ 开始，反方向地经过各个运算符的输出和输入，直至通过整个计算图。对于包含多个输入的节点来说，其导数也有多个。在真实的实现过程中，计算图会按照适当的次序处理各个运算符，当处理到某个运算符时，需要的输入导数都会准备就绪。

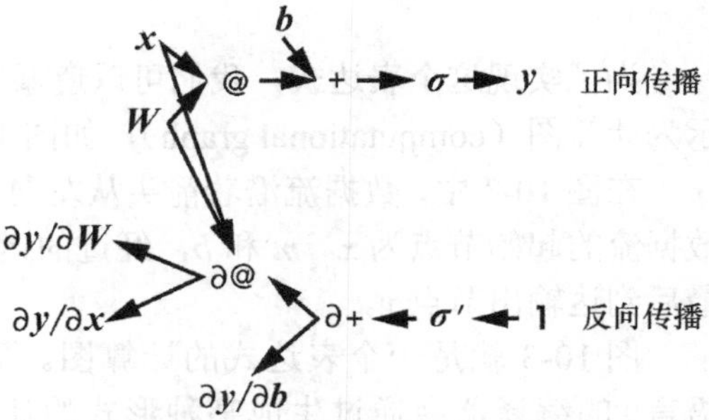

图 10-4　用于表示全连接网络中某一层的正向和反向传播过程的计算图

在图 10-4 中，∂后接运算符表示关于运算符的输入生成导数。例如，∂后接加法运算符（∂＋）表示关于其输入 $\boldsymbol{Wx}$ 和 $\boldsymbol{b}$ 生成两个导数；∂后接矩阵乘法运算符（∂@）的道理与此类似。至于激活函数的导数，则表示为 $\boldsymbol{\sigma}'$。

注意图 10-4 中从正向传播的 $\boldsymbol{W}$ 和 $\boldsymbol{x}$ 指向反向传播的矩阵乘法运算符@的两个箭头。这是因为计算 $\partial \boldsymbol{y}/\partial \boldsymbol{W}$ 和 $\partial \boldsymbol{y}/\partial \boldsymbol{x}$ 需要用到 $\boldsymbol{W}$ 和 $\boldsymbol{x}$，如式（10.11）和式（10.13）所示。而根据式（10.12），我们知道 $\partial \boldsymbol{y}/\partial \boldsymbol{b}$ 与 $\boldsymbol{b}$ 无关，因此图 10-4 中并没有从 $\boldsymbol{b}$ 指向矩阵乘法运算符@的箭头。另外，如果某一层位于图 10-4 所示全连接网络的下一层，则图 10-4 中由矩阵乘法运算符输出的 $\partial \boldsymbol{y}/\partial \boldsymbol{x}$ 将成为该层反向传播过程的输入节点，以此类推。

计算图的强大表示能力使得主流的深度学习组件可以高度灵活地支持各类网络结构和模型架构，而不会给用户计算复杂梯度带来负担。

10.5　小结

本章介绍了反向传播。反向传播是深度学习领域的一大基石。我们首先以手动方式为一个简单的神经网络计算了导数，虽然过程较为痛苦，好在我们还是成功训练了这个简单的神经网络。

接下来，我们利用第 8 章介绍的矩阵微分知识对多层的全连接网络进行了公式推导，并由此创建了一个旨在模仿 Keras 的简易基础组件。利用这个组件，我们成功训练了一个在 MNIST 数据集上取得较高准确率的分类模型。虽然效果不错，而且神经网络的层数和大小还可以灵活调整，但是这个组件仅限于定义全连接模型。

最后，我们简要介绍了诸如 TensorFlow 的深度学习组件是如何实现模型并自动完成反向传播的。通过计算图，我们可以对初等运算符进行任意组合。这些初等运算符可以自动生成反向传播需要的梯度，使得构建复杂的深度学习模型成为可能。

深度学习领域的另一大基石就是第 11 章将要介绍的梯度下降。我们实施梯度下降的目的就是让反向传播中计算得到的梯度发挥作用。

第11章

梯度下降

在本章中，我们将放慢脚步并重新思考梯度下降。首先，我们将通过图示来回顾梯度下降的原理，以帮助你理解梯度下降的含义和工作机制。接下来，我们将研究随机梯度下降中随机性的含义。梯度下降本身是一种很简单的算法，它有很多的变体，在讨论完随机梯度下降以后，我们将介绍其中一种常用的有效变体：动量（momentum）。最后，我们将介绍更多高级的自适应梯度下降算法，包括 RMSprop、Adagrad 和 Adam。

由于梯度下降的应用性很强，本章将通过实验来帮助你掌握它。相关的公式都很简单，它们大多以本书前面章节中介绍的数学知识为背景，你可以把本章当作对你到目前为止所学全部内容的综合应用。

11.1 基本原理

我们已经多次遇到过梯度下降。根据式（10.14），利用梯度下降进行参数更新的基本形式如下：

$$\begin{cases} \boldsymbol{W} \leftarrow \boldsymbol{W} - \eta\Delta\boldsymbol{W} \\ \boldsymbol{b} \leftarrow \boldsymbol{b} - \eta\Delta\boldsymbol{b} \end{cases} \tag{11.1}$$

其中，$\Delta\boldsymbol{W}$ 和 $\Delta\boldsymbol{b}$ 分别为关于权重和偏置求偏导数得到的误差；η 为步长或学习率，用于调整移动的速度。

式（11.1）并非只针对机器学习。我们可以用式（11.1）对任意函数实施梯度下降。下面我们将以一维函数和二维函数为例讨论梯度下降的过程，从而为理解梯度下降的工作机制奠定基础。梯度下降的原始形式称为批梯度下降（vanilla gradient descent）。

11.1.1　一维函数的梯度下降

让我们从关于 x 的标量函数开始：

$$f(x)=6x^2-12x+3 \tag{11.2}$$

式（11.2）表示一条开口向上的抛物线，因此具有一个极小值点。令式（11.2）的导数为 0 并求解 x，从而寻找函数极小值的解析形式。

$$\frac{\mathrm{d}}{\mathrm{d}x}(6x^2-12x+3)=12x-12=0$$

$$12x=12$$

$$x=1$$

结果表明，这条抛物线的极小值点位于 $x=1$ 处。现在，让我们重新使用梯度下降法寻找这条抛物线的极小值点，该从哪里开始呢？

首先，我们需要写出类似式（11.1）的更新方程。为此，我们需要计算梯度，对于一维函数而言，也就是计算其导数：$f'(x)=12x-12$ 。将导数代入梯度下降的表达式，可以得到

$$x\leftarrow x-\eta f'(x)=x-\eta(12x-12) \tag{11.3}$$

注意这里为 x 减去了 $\eta(12x-12)$，因此这种方法称为梯度下降法。请回忆一下，梯度指向函数值增加最快的方向，但我们关心的是最小化函数值而非最大化函数值，因此我们必须沿着与梯度相反的方向移动 x，才能到达函数值最小的位置。

式（11.3）展示了完成一步梯度下降的过程：让 x 从起始点开始，基于该点的斜率大小移到另一个点。学习率 η 定义了移动的步长。

既然有了更新方程，下面我们来实现梯度下降过程。将式（11.2）表示的抛物线画出，然后选取 $x=-0.9$ 为起始点，循环使用式（11.3）对 x 进行更新，并且画出将 x 移到每一个点时对应的函数值。在此过程中，我们在抛物线上将看到一个逐渐逼近极小值点（位于 $x=1$ 处）的点列。可通过代码实现上述梯度下降过程。

首先，实现式（11.2）并计算其导数：

```
def f(x):
    return 6*x**2 - 12*x + 3
def d(x):
    return 12*x - 12
```

然后画出抛物线，循环计算式（11.2）以得到不同的$(x, f(x))$对，并将它们绘制出来。

```
import numpy as np
import matplotlib.pylab as plt

❶ x = np.linspace(-1,3,1000)
plt.plot(x,f(x))
```

```
❷ x = -0.9
  eta = 0.03
❸ for i in range(15):
      plt.plot(x, f(x), marker='o', color='r')
❹     x = x - eta * d(x)
```

上述代码首先导入了 NumPy 和 matplotlib，然后绘制式（11.2）所表示的抛物线❶，接下来设置 x 的初始位置❷并且实施 15 步的梯度下降❸。由于代码在每次循环中先绘图，再进行梯度下降，因此绘制的图中会显示 x 的初始位置，但不会显示最后一步的结果。当然，对于这个例子来说，这没有什么问题。

上述代码的最后一行❹是关键，这行代码实现了式（11.3）：用 x 当前位置的导数与步长 $\eta = 0.03$（eta）相乘并更新 x。以上代码位于文件 gd_1d.py 中，执行结果如图 11-1 所示。

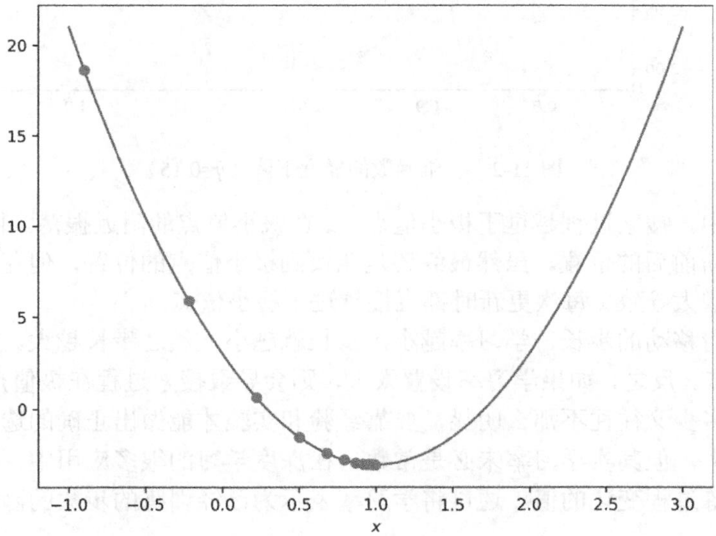

图 11-1 一维函数的梯度下降（η=0.03）

起始点 $x = -0.9$ 可理解为我们对极小值点的最初猜测，很明显这个点并非极小值点。随着实施梯度下降，我们成功地朝极小值点移动。可以从图 11-1 中显示的一系列点中看出这一移动过程。

这里需要注意两件事情。其一，我们确实离极小值点越来越近。在经过 14 步以后，我们到达距离目标很近的位置：$x = 0.997648$。其二，我们发现每一步梯度下降导致的 x 的变化量是逐渐减小的。由于学习率 $\eta = 0.03$ 是常数，因此可以推测梯度下降的更新量会随着 x 的移动逐渐减小。仔细思考一下你就会明白这是为什么：随着 x 不断接近极小值点，其导数将以递减方式逐渐趋于 0，因而依赖于导数大小的梯度下降的更新量也逐渐减小。

图 11-1 中显示的步长能让我们平缓地移到抛物线的极小值点。如果增大步长会怎么样？gd_1d.py 文件中保存了以 $x = 0.75$ 为起始点、以 $\eta = 0.15$ 为步长重新完成以上梯度下降过程的代码，图 11-2 给出了执行结果。

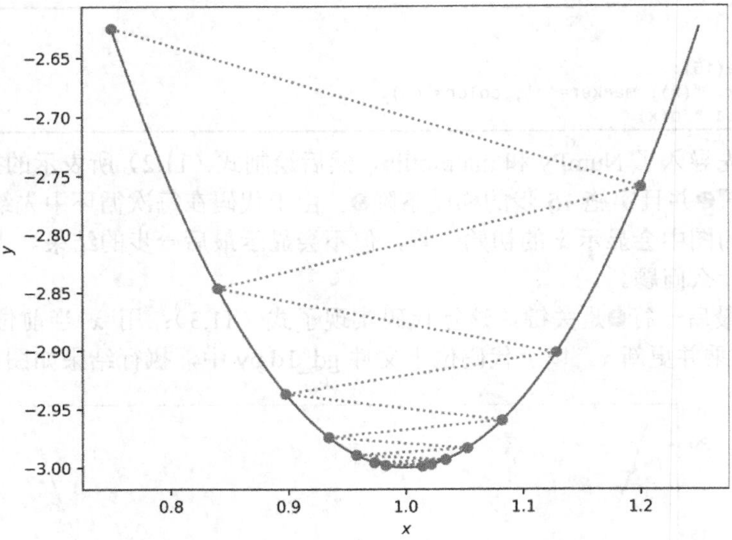

图 11-2　一维函数的梯度下降（η=0.15）

在这个例子中，搜索过程越过了极小值点，x 在极小值点的附近振荡。图 11-2 中的虚线连接了 x 每一步更新前后的位置。虽然最终还是能找到极小值点的位置，但花费的时间更长了，这是因为步长的增大导致 x 每次更新时都直接越过了极小值点。

学习率控制着移动的步长，学习率越小，步长就越小，反之步长越大。如果学习率设置太小，就需要很多步。反之，如果学习率设置太大，则会导致搜索过程在极值点附近振荡。但是，合理的学习率是多少又往往不那么明显，要靠经验和实验才能做出正确的选择。另外，这里使用了固定的学习率，但其实学习率未必是常数。在深度学习的很多应用中，学习率不是常数，而是一个会随训练过程变化的值。通过将学习率表示为已经训练的步数的函数，我们可以有效地提高训练效率。

11.1.2　二维函数的梯度下降

梯度下降在一维情况下非常简单，现在我们考虑二维情况以加深理解。用到的代码位于文件 gd_2d.py 中。我们先考虑函数只有单个极小值点的情况，之后再扩展到函数有多个极小值点的情况。

1. 函数只有单个极小值点时的梯度下降

在二维情况下，我们需要定义关于向量的标量函数 $f(\boldsymbol{x})=f(x,y)$。为了方便，这里将向量 $\boldsymbol{x}$ 用其中的各个成员来表示，即 $\boldsymbol{x}=(x,y)$。

我们要研究的第一个函数是

$$f(x,y)=6x^2+9y^2-12x-14y+3$$

为了进行梯度下降，我们首先需要计算偏导数：

$$\frac{\partial f}{\partial x}=12x-12$$
$$\frac{\partial f}{\partial y}=18y-14$$

更新方程为

$$x \leftarrow x-\eta\frac{\partial f}{\partial x}=x-\eta(12x-12)$$
$$y \leftarrow y-\eta\frac{\partial f}{\partial y}=y-\eta(18y-14)$$

用于定义函数和计算偏导数的代码如下：

```
def f(x,y):
    return 6*x**2 + 9*y**2 - 12*x - 14*y + 3
def dx(x):
    return 12*x - 12
def dy(y):
    return 18*y - 14
```

在这个例子中，关于各个自变量的偏导数都与其他自变量无关，因此我们可以放心地只传入变量自身作为参数，后面你会看到其他情形下的例子。

二维函数的梯度下降与一维函数的梯度下降类似，也是先选择起始点，不过二维情况下的起始点是一个向量。我们将循环特定步数以进行移动，最后将移动的路径画出来。由于函数是二维的，因此我们需要用等高线进行描述。

```
N = 100
x,y = np.meshgrid(np.linspace(-1,3,N), np.linspace(-1,3,N))
z = f(x,y)
plt.contourf(x,y,z,10, cmap="Greys")
plt.contour(x,y,z,10, colors='k', linewidths=1)
plt.plot([0,0],[-1,3],color='k',linewidth=1)
plt.plot([-1,3],[0,0],color='k',linewidth=1)
plt.plot(1,0.7777778,color='k',marker='+')
```

在绘制等高线时，我们需要函数在二维点列(x, y)上的表示。为了生成这个点列，上述代码使用了 NumPy 提供的 np.meshgrid 函数。np.meshgrid 函数的输入是 x 和 y 的点集，可利用 np.linspace 函数生成这些点。通过利用 np.linspace 函数，我们可以得到 100 个（N）均匀分布在−1 和 3 之间的取值。np.meshgrid 函数会返回两个 100 × 100 的矩阵，其中的第一个矩阵包含 x 在给定范围内的取值，第二个矩阵包含 y 的取值。这两个矩阵对应由分布在−1 和 3 之间的 x 和 y 共同形成的一个二维区域，该二维区域内所有可能的(x, y)坐标都包含在这两个矩阵中。将这些点传给函数后，返回的就是函数在这些点的取值 z，z 是一个 100 × 100 的矩阵。

虽然也可以直接绘制函数的三维图像，但这既难以展示，也没有必要。我们采取的方案是，利用 x、y 和 z 中的函数值绘制等高线。等高线可以利用一系列 z 值相等的线条来描述三维信息。想象一下山峰的地形图，地形图中每个线圈上的维度都相同。随着高度的增加，这些等高线的范围也会逐渐收窄。

等高线通常有两种绘制方式：一种是绘制函数的等值线，另一种是按函数取值填色。可利用灰度图将它们合二为一。在上面的代码中，我们同时调用 matplotlib 的 plt.contourf 和 plt.contour 函数就是为了实现这种合并效果。调用 3 次 plt.plot 函数则是为了绘制坐标轴以及用十字标记表明函数的极小值位置。在绘制好的图像中，颜色越浅的阴影区域对应的函数值越小。

接下来就是绘制梯度下降过程中走过的序列。我们将画出序列中每一步的位置，并用虚线将它们依次连接起来，以形成一条清晰的路径（见代码清单 11-1）。

代码清单 11-1：二维函数的梯度下降

```
x = xold = -0.5
y = yold = 2.9
for i in range(12):
    plt.plot([xold,x],[yold,y], marker='o', linestyle='dotted', color='k')
    xold = x
    yold = y
    x = x - 0.02 * dx(x)
    y = y - 0.02 * dy(y)
```

具体来说，我们以(−0.5, 2.9)为起始点，循环进行了 12 步的梯度下降。为了用虚线连接每移动一步前后的位置，我们需要在循环中记录 x 和 y 的当前位置以及它们之前的位置(x_old, y_old)。最后，分别调用 dx 和 dy 函数以求出 x 和 y 的偏导数并采用相同的步长 $\eta = 0.02$ 对 x 和 y 进行梯度更新。

图 11-3 展示了 3 条梯度下降路径，圆点对应的是代码清单 11-1 的执行结果，方形点和三角形点对应的分别是以点(1.5, −0.8)和点(2.7, 2.3)为起始点的两条梯度下降路径。

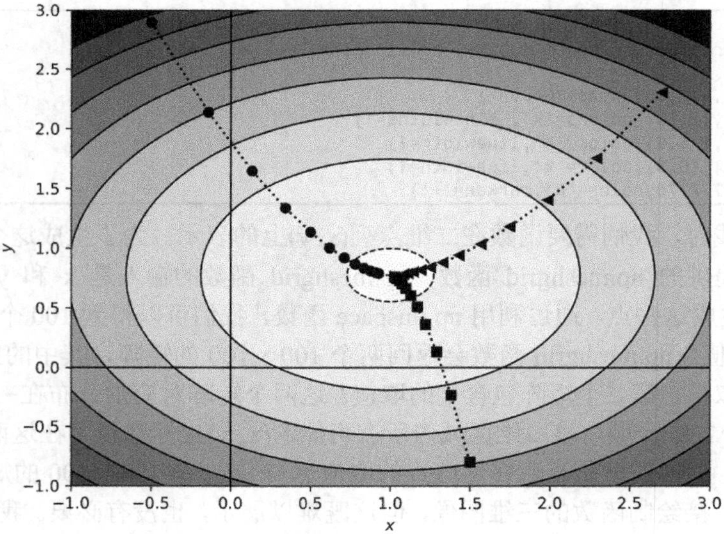

图 11-3 二维函数的梯度下降

在图 11-3 中，3 条梯度下降路径都收敛到了函数的极小值点。这并不奇怪，因为该函数只有唯一的极小值点。当函数只有唯一的极小值点时，梯度下降将最终总是能够收敛到这一点。

此时，即便步长设置过小，也只是需要移动的步数变多，最终还是会收敛到极小值点。反之，即便步长设置过大，也只是在极小值点附近振荡。

下面对函数进行变形，对其在 x 方向上进行拉伸：

$$f(x,y)=6x^2+40y^2-12x-30y+3$$

此时的偏导数分别为$\partial f/\partial x = 12x - 12$ 和$\partial f/\partial y = 80y - 30$。

接下来，分别选择点(−0.5, 2.3)和点(2.3, 2.3)为起始点，使用步长 $\eta = 0.02$ 和 $\eta = 0.01$ 生成梯度下降路径，如图 11-4 所示。

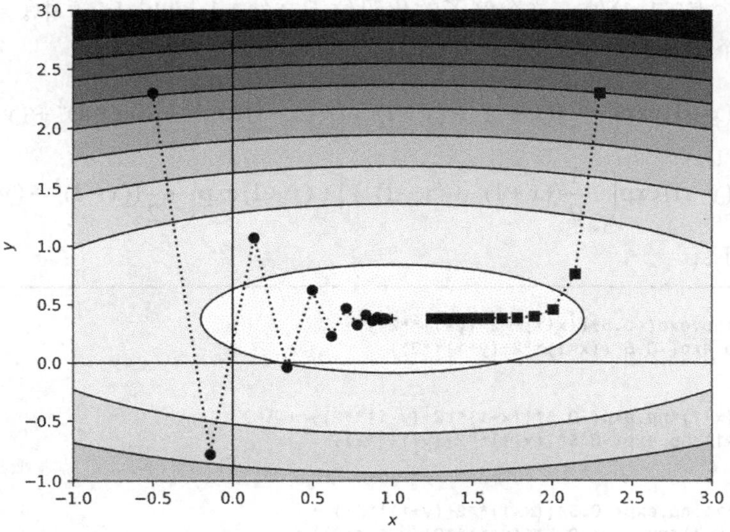

图 11-4 不同步长和目标函数的梯度下降路径

我们首先来看用圆点表示的 $\eta = 0.02$ 的梯度下降路径。新函数呈现 y 方向较窄、x 方向较宽的峡谷形状。此时，较大的步长会导致我们在 x 方向上不断靠近极小值点时，在 y 方向上振荡。不过，在多次跳转后，我们最终还是找到了极小值点。

我们再来看用方形点表示的 $\eta = 0.01$ 的梯度下降路径——先是迅速跳进峡谷，而后在谷底沿着水平方向缓慢靠近极小值点。在靠近目标位置的过程中，梯度向量（由 x 和 y 的偏导数构成）中 x 方向的分量很小，因此沿 x 方向移动很慢。又由于峡谷在 y 方向上非常陡峭，因此在步长较小的情况下，我们很快就在 y 方向上锁定谷底的位置。最后，我们不再需要在 y 方向上移动，而只需要在 x 方向上前进。

这个例子带给我们的启示是，虽然步长依然影响很大，但函数形状的影响更大。在这个例子中，函数的极小值点位于一条狭长的山谷的底部。谷底在 x 方向上的梯度非常小，因此依赖于梯度大小的 x 方向上的移动速度也就很慢。这种梯度很小导致学习变得很缓慢的情况在深度学习中十分常见。这也是我们经常使用 ReLU 函数作为激活函数的原因，因为 ReLU 函数的梯度对正的输入始终保持为常数 1。但是，对于呈现钟形曲线的 S 型函数和双曲正切函数来说，当输入远离 0 时，它们的梯度也会趋于 0。

2. 函数有多个极小值点时的梯度下降

到目前为止，我们讨论的函数都只有单个极小值点。换一种情形会如何？下面我们讨论函数有多个极小值点时的梯度下降。考虑如下函数：

$$f(x,y)=-2\exp\left(-\frac{1}{2}((x+1)^2+(y-1)^2)\right)-\exp\left(-\frac{1}{2}((x-1)^2+(y+1)^2)\right) \qquad (11.4)$$

式（11.4）所示的函数表示对两个反转且变形的正态分布曲面求和，其中一个曲面在点(−1, 1)处取得极小值−2，另一个曲面在点(1, −1)处取得极小值−1。如果梯度下降是为了寻找全局最小值，则应该到达点(−1, 1)处。这个例子的代码位于文件 gd_multiple.py 中。

该函数的两个偏导数分别如下：

$$\frac{\partial f}{\partial x}=2(x+1)\exp\left(-\frac{1}{2}((x+1)^2+(y-1)^2)\right)+(x-1)\exp\left(-\frac{1}{2}((x-1)^2+(y+1)^2)\right)$$

$$\frac{\partial f}{\partial y}=2(y-1)\exp\left(-\frac{1}{2}((x+1)^2+(y-1)^2)\right)+(y+1)\exp\left(-\frac{1}{2}((x-1)^2+(y+1)^2)\right)$$

实现代码如下：

```
def f(x,y):
    return -2*np.exp(-0.5*((x+1)**2+(y-1)**2)) + \
           -np.exp(-0.5*((x-1)**2+(y+1)**2))

def dx(x,y):
    return 2*(x+1)*np.exp(-0.5*((x+1)**2+(y-1)**2)) + \
           (x-1)*np.exp(-0.5*((x-1)**2+(y+1)**2))

def dy(x,y):
    return (y+1)*np.exp(-0.5*((x-1)**2+(y+1)**2)) + \
           2*(y-1)*np.exp(-0.5*((x+1)**2+(y-1)**2))
```

在这个例子中，关于两个自变量的偏导数都与另一个自变量有关。

执行梯度下降的代码与前面例子中的相同，起始点和梯度下降步数不同（见表 11-1），执行结果也不同，如图 11-5 所示（这里统一使用 $\eta=0.4$ 的步长）。

表 11-1　不同的起始点和梯度下降步数以及对应的梯度下降标记符号

起始点	梯度下降步数	标记符号
(−1.5, 1.2)	9	圆点
(1.5, −1.8)	9	方形点
(0, 0)	20	十字
(0.7, −0.2)	20	三角形点
(1.5, 1.5)	30	五角星

在图 11-5 所示的 5 条梯度下降路径中，有 3 条能够到达两个极小值点中最小的那个，这表明搜索过程是成功的。三角形点和方形点代表的梯度下降路径却到达错误的极小值点。在这个例子中，最终能否成功抵达目标明显取决于给定的起始点的位置。在移动过程中，一旦跳进某个局部的山谷，就没有机会走出山谷去找到更小的极小值点了。

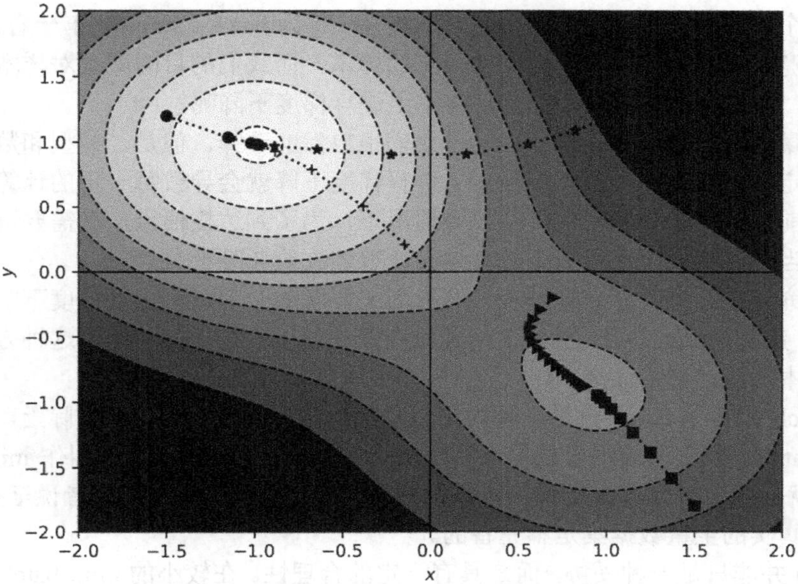

图 11-5 具有两个极小值点的二维函数的梯度下降

不过，当前主流观点认为，虽然深度学习中的损失函数通常会有多个极值点，但大多数情况下，不同的极值点是非常类似的，我们用不着去寻找全局最优解，只需要找到一个可行解，即可取得比较理想的效果，这也解释了为什么大多数情况下我们确实能够成功地对模型进行训练。

在这里，我们在已知函数形式的前提下特意选取了一系列的起始点，这相当于在深度学习模型中对参数值做了初始化。但由于我们通常并不知道损失函数的形式，因此不得不随机地初始化参数，就像在黑暗中摸索。虽然大多数情况下，梯度下降能够训练出表现不错的模型，但有时候也会出现类似于图 11-5 中的方形点所代表的梯度下降路径——错误的起始点导致最终落入不好的局部最优解。

你应该已经理解了梯度下降的含义和工作机制，接下来我们研究梯度下降在深度学习中的实际应用。

11.2 随机梯度下降

训练神经网络的关键就是在尽量最小化损失函数的同时，结合各种正则化手段，尽可能保留其泛化能力。在第 10 章，我将损失函数表示为 $L(\boldsymbol{\theta}; \boldsymbol{x}, y)$，其中的 $\boldsymbol{\theta}$ 代表参数向量，$(\boldsymbol{x}, y)$ 代表训练样本，$\boldsymbol{x}$ 是样本的输入向量，y 是样本的类别标签。注意，输入向量 $\boldsymbol{x}$ 对应整个样本集而非单个样本。

为了完成梯度下降，我们需要计算 $\partial L/\partial \boldsymbol{\theta}$，这可以通过反向传播得到。$\partial L/\partial \boldsymbol{\theta}$ 是一种紧凑的表示形式，代表反向传播过程中关于所有参数计算得出的误差。在计算 $\partial L/\partial \boldsymbol{\theta}$ 时，我们需要对所有样本贡献的误差进行平均，这就引出一个问题：是应该关于所有样本求平均，还是只需要关于部分样本求平均？

先处理整个训练集，再进行一步梯度下降的方式称为 batch training。乍一看，batch training 比较合理，毕竟整个训练集都是来自真实分布的样本，而我们的目的就是对样本的分布进行建模。既然如此，我们有什么理由不在全部样本上进行梯度下降呢？

如果数据量不大，batch training 确实是我们很自然的选择。但是，模型和数据量会不断膨胀，等到了一定程度时，在全部训练样本上进行梯度下降就会导致每一步的计算开销都让人难以承受。本章前面的例子暗示我们，在很多情况下，为了到达极值点，就需要进行很多步的梯度下降，尤其当学习率被设置得很小时，这会让整体收敛耗时更久。

为此，研究人员开始尝试在每一步只选取训练样本的一个子集进行梯度下降，这种方式称为 mini-batch。起初，mini-batch 看似是一种对有限计算能力的妥协，因为这种方式无法取得利用全部训练样本所能达到的效果。

当然，batch 和 mini-batch 只是一种约定俗成的表达方式上的不同。实际上，从只使用单个样本的 mini-batch，到逐渐使用全部样本的 mini-batch，整个过程都可以叫作 mini-batch。理解了这一点，你就会明白任何训练过程中计算得到的梯度都是“错误的”，或者说至少是不完备的，因为它们相比真实的全量数据集是不完备的。

mini-batch 并非只是一种妥协，而是具有一定的合理性。在较小的 mini-batch 上计算梯度相比在更大的 mini-batch 上计算梯度会产生更多的噪声，这意味着在更小的 mini-batch 上计算出来的梯度是对“真实”梯度的更粗粒度的估计。当存在噪声或随机性时，我们通常使用“随机”一词，这里的情况也类似，我们把在 mini-batch 上进行的梯度下降称为随机梯度下降（Stochastic Gradient Descent，SGD）。

在实践中，使用较小的 mini-batch 进行梯度下降往往能够获得更好的性能。这是因为通常情况下，较小的 mini-batch 产生的噪声能够让我们避免落入表现不佳的极值点。你在图 11-5 中已经见到过这种情况，三角形点和方形点代表的梯度下降路径就落入了错误的极值点。

我们又一次得到了眷顾。上一次，本以为损失函数的非线性会让一阶梯度下降难以胜任，结果它却完成了网络的训练任务。这一次，使用较小的数据量计算梯度不但具有更好的性能，而且避免了计算量过大导致深度学习难以实际应用的麻烦。

那么，mini-batch 的大小设为多少为宜？这其实是一个超参数。超参数本身虽然不是模型的一部分，却是训练模型时需要人为做出的选择。合理的 mini-batch 大小与特定数据有关。例如，在有些极端场景下，每次只使用单个样本进行梯度下降也能表现很好，这种情况通常称为在线学习。但在有些情况下，比如当使用像批标准化（batch normalization）这样的神经网络层时，就需要足够大的 mini-batch 才能得到对均值和标准差的合理估计。在深度学习中，很多问题与此类似，既要靠经验直觉，也要靠大量调参才能得到最佳的模型训练效果。这也是人们开始研究像 AutoML 这样的系统来自动调参的原因。

另一个问题是，哪些样本应该放进 mini-batch？也就是说，我们应该如何选择全量数据集的子集？通常的做法是，先将训练样本随机打散，再依次选取样本的连续子块，直到用完所有样本。在这种方案下，由于一个 epoch 需要处理一轮全量样本，因此将总样本量除以 mini-batch 的大小，即可得到在一个 epoch 中执行的 mini-batch 数。

另一种可行的方案是，每次都随机地从全量样本中进行挑选（这也是我们在 NN.py 中采用的方案）。虽然这有可能导致某些样本不被使用，而另一些样本被重复使用多次，但总体上，大多数样本还是会参与训练。

一些组件直接定义了训练需要的 mini-batch 数，比如 NN.py 和 Caffe；另一些组件则使用 epoch 数，比如 Keras 和 sklearn。由于在处理完一个 mini-batch 后才进行一轮梯度下降，因此如果 mini-batch 的大小增加，则意味着每一个 epoch 中的梯度下降步数减小。在指定 epoch 数时需要注意，如果 mini-batch 的大小增加，则 epoch 数也要增加，这样才能保证有足够的步数进行训练。

总的来说，深度学习不使用全量样本进行 batch training 的原因如下。

（1）使用全量样本会导致每一步梯度下降的计算开销过大。

（2）基于一个 mini-batch 的平均损失计算梯度，虽然会带来一定的噪声，却是对不可知的真实梯度的更佳估计。

（3）这种带有噪声的梯度的错误指向，反而使我们避免了落入表现不佳的极值点。

（4）在实践中，mini-batch 的训练方式在很多数据集上表现良好。

上面的第 4 个原因不可低估，深度学习领域的很多经典方案最初就是因为实际表现较好，才在理论上进行解释（如果可以解释的话）。

第 10 章已经实现过 SGD（见 NN.py），这里不再重复实现。接下来，我将引入动量（momentum）机制，并讨论动量机制在神经网络训练中取得的效果。

11.3 动量机制

批梯度下降仅仅依赖于偏导数与学习率的乘积。因此，如果损失函数有多个极值点，并且函数的形状很陡峭，则批梯度下降很可能因为落入某个极值点而无法逃离。为此，人们引入了“动量”，动量等于前一步更新量的一部分。在梯度下降中引入动量机制就如同在损失函数的运动中引入惯性机制，使得在本应该落入某个极值点时有一定的可能性逃离该极值点。

我们同样分别以一维函数和二维函数为例，先给出动量的定义，再进行实验。最后，我们将更新 NN.py 组件，使其支持动量机制，并分析动量机制如何在更复杂的数据集上影响模型的性能。

11.3.1 什么是动量

在物理学中，动量等于质量乘以速度，而速度又是位置的一阶导数。因此，动量等于质量乘以位置随时间的变化速度。

对于梯度下降来说，位置相当于函数值，时间相当于函数的输入，速度则相当于函数值关于输入向量的变化率（即$\partial f/\partial \boldsymbol{x}$）。因此，我们可以将动量视作缩放后的速度。在物理学中，缩放因子就是质量，而在梯度下降中，缩放因子为 μ——一个取值范围是 0~1 的数字。

如果在梯度之外借助速度的符号 $\boldsymbol{v}$ 引入动量项，则原来的更新方程

$$\boldsymbol{x} \leftarrow \boldsymbol{x} - \eta \frac{\partial f}{\partial \boldsymbol{x}}$$

将变成

$$\begin{aligned} \boldsymbol{v} &\leftarrow \mu \boldsymbol{v} - \eta \frac{\partial f}{\partial \boldsymbol{x}} \\ \boldsymbol{x} &\leftarrow \boldsymbol{x} + \boldsymbol{v} \end{aligned} \tag{11.5}$$

其中，初始动量为 **0** 相当于初始速度为 **0**，μ 则相当于物理学中的“质量”。

下面我解释一下式（11.5）的含义。用式（11.5）中的两个更新方程依次对 $\boldsymbol{v}$ 和 $\boldsymbol{x}$ 进行更新，就可以迭代地进行梯度下降。如果将 $\boldsymbol{v}$ 代入 $\boldsymbol{x}$ 的更新方程，则可以得到

$$\boldsymbol{x} \leftarrow \boldsymbol{x} + \mu \boldsymbol{v} - \eta \frac{\partial f}{\partial \boldsymbol{x}}$$

明显可以看出，每一步的更新量都等于原有的基于梯度的更新量外加一定百分比的前一步的更新量。这个百分比就是 μ，取值范围是 0~1。如果 $\mu = 0$，则上面的式子就退化为梯度下降的原始版本。μ 决定了以之前速度的多少百分比来跟随当前的梯度值。

动量使得损失函数的运动在原有方向上保留了一定的惯性。μ 的值决定了惯性的大小。开发人员通常会设置 $\mu = 0.9$，因此前一步更新方向的绝大部分会保留到这一次的更新，而当前的梯度只对结果进行微调。不过，μ 值的选择也有经验成分。

牛顿第一运动定理表明，物体在运动过程中如果不受外力，则速度保持不变。这种与质量有关的抗拒外力的性质称为惯性。将 $\mu \boldsymbol{v}$ 称为惯性或许更合理一些。

无论名称如何，我们现在都有了更新位置的新方法。现在，我们来看看如何借助这种新方法来改善一维和二维情况下的原始梯度下降形式。

11.3.2 一维情况下的动量机制

下面在之前的例子中引入动量。让我们先从一维函数开始，修改后的代码位于文件 gd_1d_momentum.py 中，详见代码清单 11-2。

代码清单 11-2：引入动量后的一维函数的梯度下降

```
import matplotlib.pylab as plt

def f(x):
    return 6*x**2 - 12*x + 3
def d(x):
    return 12*x - 12

❶ m = ['o','s','>','<','*','+','p','h','P','D']
x = np.linspace(0.75,1.25,1000)
plt.plot(x,f(x))

❷ x = xold = 0.75
eta = 0.09
mu = 0.8
v = 0.0

for i in range(10):
  ❸ plt.plot([xold,x], [f(xold),f(x)], marker=m[i], linestyle='dotted',
    color='r')
```

```
    xold = x
    v = mu*v - eta * d(x)
    x = x + v

for i in range(40):
    v = mu*v - eta * d(x)
    x = x + v

❹ plt.plot(x,f(x),marker='X', color='k')
```

在上述代码中，为了画图，我们首先导入 matplotlib 库，然后和之前一样定义函数及其导数。接下来，定义一系列标记符号❶并将函数画出。和之前一样，这里选取的起始点处于 $x = 0.75$ 的位置❷，同时分别设置步长、动量和初始速度。

接下来进行两轮梯度下降。第一轮是为了画出每一步的位置❸，第二轮则是为了证明能够最终收敛到极小值点。最后，用标记显示最终的位置❹。在每一步，我们都需要根据式（11.5）计算新的速度并与当前位置相加以完成更新。

gd_1d_momentum.py 的执行结果如图 11-6 所示。

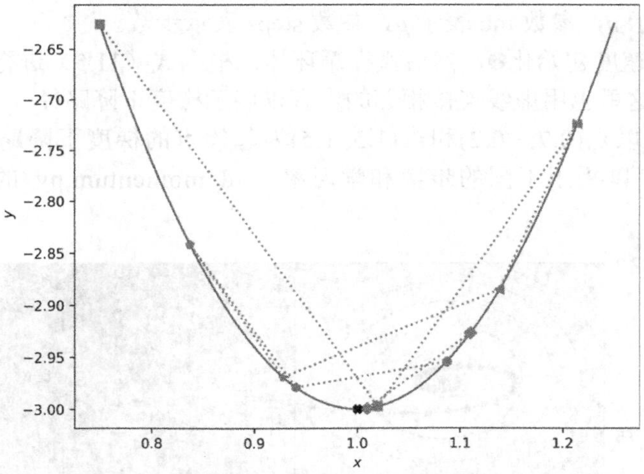

图 11-6 带有动量的一维函数的梯度下降

这里故意使用了较大的步长（η）以越过极值点。从图 11-6 中可以发现，虽然引入了动量，但还是会越过极值点并振荡。如果参照虚线仔细观察前 10 步对应的标记，你就会发现这种振荡将逐渐减弱，并最终停留在极值点那里。在这个例子中，由于步长设置很大，动量反而加剧了振荡。不过即便如此，由于函数只有唯一的极值点，因此在经过足够多的步数以后，我们最终仍能够找到极值点。

11.3.3 二维情况下的动量机制

下面我们来看看二维情况下的动量机制。代码位于文件 gd_momentum.py 中。回忆一下，我们的这个二维函数是用两个反转且变形的正态分布曲面相加得到的。要想引入动量，只需要略微修改代码，详见代码清单 11-3。

代码清单 11-3：引入动量后的二维函数的梯度下降

```
def gd(x,y, eta,mu, steps, marker):
    xold = x
    yold = y
❶   vx = vy = 0.0
    for i in range(steps):
        plt.plot([xold,x],[yold,y], marker=marker,
                linestyle='dotted', color='k')
        xold = x
        yold = y
      ❷ vx = mu*vx - eta * dx(x,y)
        vy = mu*vy - eta * dy(x,y)
      ❸ x = x + vx
        y = y + vy

❹ gd( 0.7,-0.2, 0.1, 0.9, 25, '>')
gd( 1.5, 1.5, 0.02, 0.9, 90, '*')
```

上述代码定义了一个新的函数 gd，用于进行带有动量的梯度下降。起始点是由参数 x 和 y 指定的。参数 eta 表示 η，参数 mu 表示 μ，参数 steps 表示步数。

函数 gd 首先将速度初始化❶，然后执行循环体，根据式（11.5）进行速度更新❷和位置更新❸。与之前一样，这里也用虚线连接相邻的步骤以展示梯度下降路径。

最后，分别绘制以点(0.7, −0.2)和点(1.5, 1.5)为起始点的梯度下降路径❹。为了让轨迹点不过于拥挤，我们可以采用不同的步数和学习率。gd_momentum.py 的执行结果如图 11-7 所示。

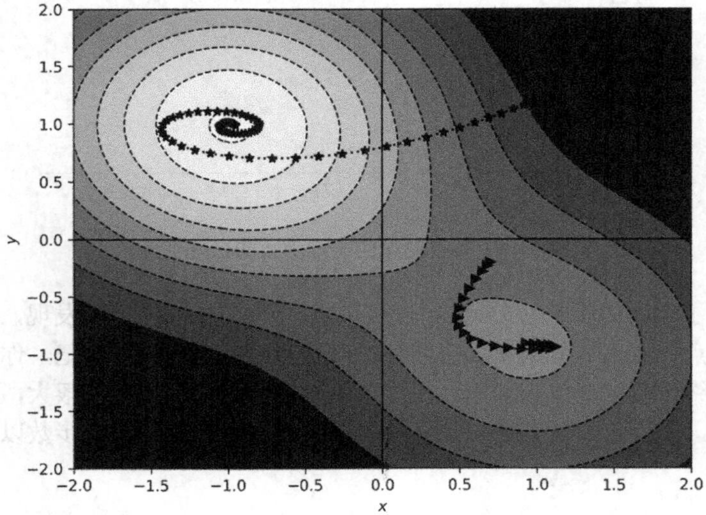

图 11-7　带有动量的二维函数的梯度下降

对比图 11-7 与图 11-5 可以看出，引入动量起到了“推进”的作用，因为路径表明我们更倾向于在相同的方向上继续前进。在图 11-7 中，以点(1.5, 1.5)为起始点的梯度下降路径螺旋式地抵达极值点，另一条梯度下降路径则先拐了个弯才抵达极值点。

动量的引入确实改变了梯度下降的轨迹，但我们还看不出这能带来什么好处。毕竟在批梯度下降中，以点(1.5, 1.5)为起始点的梯度下降路径是直接抵达极值点的，轨迹没有呈现螺旋状。

接下来，我将在 NN.py 中引入动量机制，看看这样做在真实的训练任务中是否具有优势。

11.3.4 在训练模型时引入动量

为了使 NN.py 支持动量机制，我们需要对 FullyConnectedLayer 类进行两处修改。第一处修改如代码清单 11-4 所示，旨在向构造函数中添加参数 momentum。

代码清单 11-4：添加 momentum 参数

```
def __init__(self, input_size, output_size, momentum=0.0):
    self.delta_w = np.zeros((input_size, output_size))
    self.delta_b = np.zeros((1,output_size))
    self.passes = 0
    self.weights = np.random.rand(input_size, output_size) - 0.5
    self.bias = np.random.rand(1, output_size) - 0.5
 ❶ self.vw = np.zeros((input_size, output_size))
    self.vb = np.zeros((1, output_size))
    self.momentum = momentum
```

上述代码首先在构造函数中添加了参数 momentum，参数 momentum 的默认值为 0。然后设置初始速度 vw 和 vb❶。最后，将参数 momentum 的值保存下来以便它用。

第二处修改针对 step 函数，如代码清单 11-5 所示。

代码清单 11-5：修改 step 函数以支持动量机制

```
def step(self, eta):
 ❶ self.vw = self.momentum * self.vw - eta * self.delta_w / self.passes
    self.vb = self.momentum * self.vb - eta * self.delta_b / self.passes
 ❷ self.weights = self.weights + self.vw
    self.bias = self.bias + self.vb
    self.delta_w = np.zeros(self.weights.shape)
    self.delta_b = np.zeros(self.bias.shape)
    self.passes = 0
```

step 函数的前 4 行根据式（11.5）实现了对权重和偏置的更新❶。其中：前两行用 μ 与之前的速度相乘，然后减去整个 mini-batch 上的平均误差与学习率的乘积，从而得到当前的速度；后两行用速度与参数的当前值相加，然后进行参数更新❷。这就是引入动量机制所需要进行的全部改动。接下来，为了在构建网络时指定采用动量机制，只需要传入参数 momentum，如代码清单 11-6 所示。

代码清单 11-6：在构建网络时指定采用动量机制

```
net = Network()
net.add(FullyConnectedLayer(14*14, 100, momentum=0.9))
net.add(ActivationLayer())
net.add(FullyConnectedLayer(100, 50, momentum=0.9))
net.add(ActivationLayer())
net.add(FullyConnectedLayer(50, 10, momentum=0.9))
net.add(ActivationLayer())
```

这种参数设置方式允许我们对每一层使用不同的 momentum 参数值。虽然我不知道是否有实际采用这种方法的研究，但我相信一定有人进行过相关的尝试。不过，就我们的需求而言，将参数 momentum 统一设置为 0.9 即可。

那么，如何验证动量机制的作用呢？虽然可以考虑继续使用 MNIST 数据集，但这并不好，因为任务过于简单了，简单到只用全连接网络就可以取得 97%以上的准确率。因此，这里选择与 MNIST 数据集类似但更具挑战性的 Fashion-MNIST 数据集[①]。

Fashion-MNIST（简称 FMNIST）数据集是 MNIST 数据集的“无缝替代版”，只不过其中是可分为 10 个衣服类别的大小为 28 像素 × 28 像素的灰度图。和之前一样，我们需要将原始的 28 像素 × 28 像素的灰度图缩小至 14 像素 × 14 像素，并存储为 NumPy 数组，置于 dataset 目录中。下面加载 FMNIST 数据集以训练模型，参见代码清单 11-7。

代码清单 11-7：加载 FMNIST 数据集

```
x_train = np.load("fmnist_train_images_small.npy")/255
x_test = np.load("fmnist_test_images_small.npy")/255
y_train = np.load("fmnist_train_labels_vector.npy")
y_test = np.load("fmnist_test_labels.npy")
```

与代码清单 10-7 相比，我们还需要添加一些代码以便在测试集上计算 MCC。第 4 章介绍过 MCC，它是一个比准确率更好用的模型性能指标。用于加载 FMNIST 数据集的代码位于文件 fmnist.py 中，fmnist.py 的执行结果如下：

```
[[866   1  14  28   8   1  68   0  14   0]
 [  5 958   2  25   5   0   3   0   2   0]
 [ 20   1 790  14 126   0  44   1   3   1]
 [ 29  21  15 863  46   1  20   0   5   0]
 [  0   0  91  22 849   1  32   0   5   0]
 [  0   0   0   1   0 960   0  22   2  15]
 [161   2 111  38 115   0 556   0  17   0]
 [  0   0   0   0   0  29   0 942   0  29]
 [  1   0   7   5   6   2   2   4 973   0]
 [  0   0   0   0   0   6   0  29   1 964]]

accuracy = 0.8721000
MCC = 0.8584048
```

由于 FMNIST 数据集中的图片也分为 10 个类别，因此混淆矩阵的大小仍是 10 × 10。但是，比起 MNIST 数据集上极为干净的混淆矩阵，新的混淆矩阵充满噪声。对于全连接网络来说，FMNIST 数据集带来的挑战不小。记住，MCC 越接近 1，模型效果越好。

上面是没有使用动量进行训练的结果，其中，学习率为 1.0，mini-batch 的大小为 64，训练次数为 40 000。现在，尝试添加 0.9 的动量并将学习率减小至 0.2。一般情况下，在添加动量后就应该减小学习率，这样才不会因为引入动量而使特定方向上的步长过大。你也可以尝试不添加动量，而仅把学习率改为 0.2，然后对比执行结果。

用于添加动量的代码位于 fmnist_momentum.py 文件中。fmnist_momentum.py 的执行结果如下：

① 参考 Xiao 等人的文章“Fashion-MNIST: A Novel Image Dataset for Benchmarking Machine Learning Algorithms”。

```
[[766   5  14  61   2   1 143   0   8   0]
 [  1 958   2  30   3   0   6   0   0   0]
 [ 12   0 794  16  98   0  80   0   0   0]
 [  8  11  13 917  21   0  27   0   3   0]
 [  0   0  84  44 798   0  71   0   3   0]
 [  0   0   0   1   0 938   0  31   1  29]
 [ 76   2  87  56  60   0 714   0   5   0]
 [  0   0   0   0   0  11   0 963   0  26]
 [  1   1   6   8   5   1  10   4 964   0]
 [  0   0   0   0   0   6   0  33   0 961]]

accuracy = 0.8773000
MCC = 0.8638721
```

可以看出，MCC 值稍有提高，这是否说明动量发挥了作用？答案并不肯定。到目前为止，我们已经领略了神经网络训练过程的随机性，因此不能仅靠一次训练就下结论。科学的做法是在训练多次后，用统计检验来论证结果。太好了！这给了我们应用第 4 章介绍的假设检验知识的机会。

执行 fmnist.py 和 fmnist_momentum.py 各 22 次，我们可以得到使用动量和不使用动量的 22 个 MCC 值。图 11-8 以直方图形式展示了这些 MCC 值的分布情况。

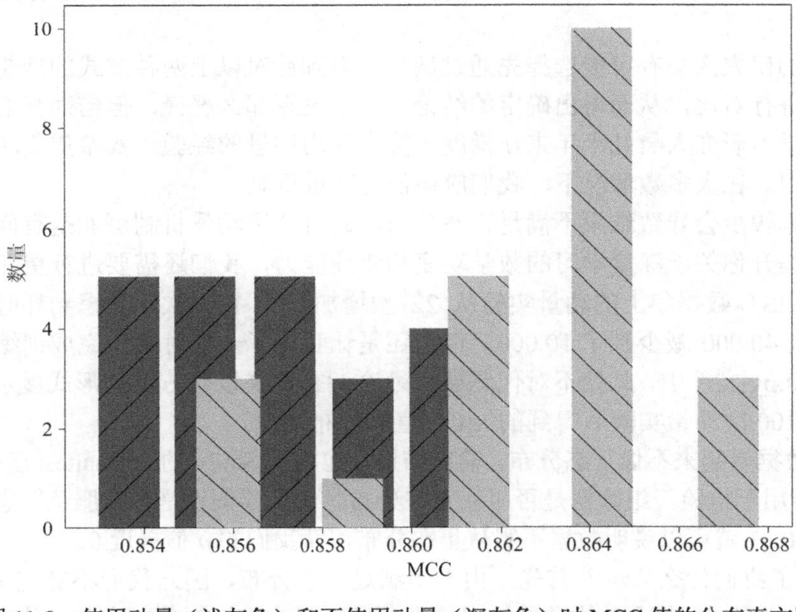

图 11-8　使用动量（浅灰色）和不使用动量（深灰色）时 MCC 值的分布直方图

在图 11-8 中，深灰色的条柱是不使用动量的结果，浅灰色的条柱则是使用动量的结果，二者差异十分明显。用于生成图 11-8 的代码位于 fmnist_analyze.py 文件中。打开这个文件，你会发现其中用到了 SciPy 提供的 ttest_ind 和 mannwhitneyu 函数，此外还包含我们在第 4 章实现的用于计算科恩 *d* 的代码。所有的 MCC 值都被保存在指定的 NumPy 文件中。

除了输出图像，fmnist_analyze.py 还可以输出如下结果：

```
no momentum: 0.85778 +/- 0.00056
momentum    : 0.86413 +/- 0.00075

t-test momentum vs no (t,p): (6.77398299, 0.00000003)
Mann-Whitney U              : (41.00000000, 0.00000126)
Cohen's d                   : 2.04243
```

其中，前两行是均值以及均值的标准误，然后是 t 检验的结果——t 统计量和 p 值。类似地，曼-惠特尼 U 检验的结果则分别是 U 统计量和 p 值。回忆一下，曼-惠特尼 U 检验是非参检验，它对 MCC 值的分布形态不做任何假设，t 检验则假设 MCC 值遵循正态分布。由于只有 22 个样本，因此我们不敢保证结果服从正态分布。实际上，从直方图也可以看出，图像不是钟形曲线，这也是我们引入曼-惠特尼 U 检验的原因。

从各个 p 值可以看出，有动量时和没有动量时的结果具有十分显著的差异。在 t 检验中，有动量时的结果在前，t 统计量又是正数，这说明其均值更大。那么科恩 d 呢？科恩 d 略大于 2.0，这说明存在很大的效应量（effect size）。

现在是不是可以说动量发挥作用了？或许可以这么说：至少在使用给定超参数的情况下，使用动量的结果更好。但由于神经网络的训练具有随机性，可能换一组超参数后，这种差异就不会出现。在模型结构不变的情况下，修改学习率或 mini-batch 的大小都有可能对结果产生影响。

一些严谨的研究人员有可能选择先通过调参，得到针对以上两种方式的理想模型，之后再通过大量实验进行对比，从而得出确定的结论。这里没有那么严谨，但借助我们已有的证据和全世界的机器学习研究人员几十年来在梯度下降中使用动量的经验，我希望你相信，动量机制确实能发挥作用。在大多数情况下，我们应该使用动量机制。

不过，样本较少会导致结果不满足正态分布，此时使用动量机制可能是有问题的。考虑到本书的目的是提升你关于深度学习的数学功底和实践能力，我们还需要进行更充分的分析。为此，我将 FMNIST 数据集上的动量实验从 22 次增加到了 100 次，考虑到耗时过长，我又将 mini-batch 数从 40 000 减少到了 10 000，但这还是让我花了一天时间才完成训练任务。代码位于 fmnist_repeat.py 文件中，此处不对代码展开讨论。图 11-9 以直方图的形式展示了在 FMNIST 数据集上进行 100 次动量实验后得到的 MCC 值的分布情况。

很明显，数据看起来不像正态分布，输出结果中包含了 SciPy 的 normaltest 函数的调用结果。normaltest 函数用于检验一组数据是否服从正态分布。由于零假设是数据服从正态分布，因此 p 值低于 0.05 或 0.01 就可以说明数据不服从正态分布，而我们的 p 值接近 0。

图 11-9 给了我们什么启示？首先，由于不满足正态分布，因此我们不能完全相信 t 检验的结果。但是，由于曼-惠特尼 U 检验的结果依旧显著，因此我们的判断有效。其次，注意图 11-9 左侧的长尾分布，结果可能具有双峰：一个位于 0.83 附近，另一个位于 0.75 附近。

这说明大多数的模型训练结果一致地位于 MCC=0.83 附近，但长尾分布表明，当模型训练不佳时，结果可能非常糟糕。

从直观上判断，图 11-9 所示的结果是合理的。我们知道，随机梯度下降的结果会受到初始化过程的影响，而我们这个简单的组件使用的就是经典的随机初始化机制。我们很有可能有几次选到对损失函数不利的起始点，并因此导致较差的结果。

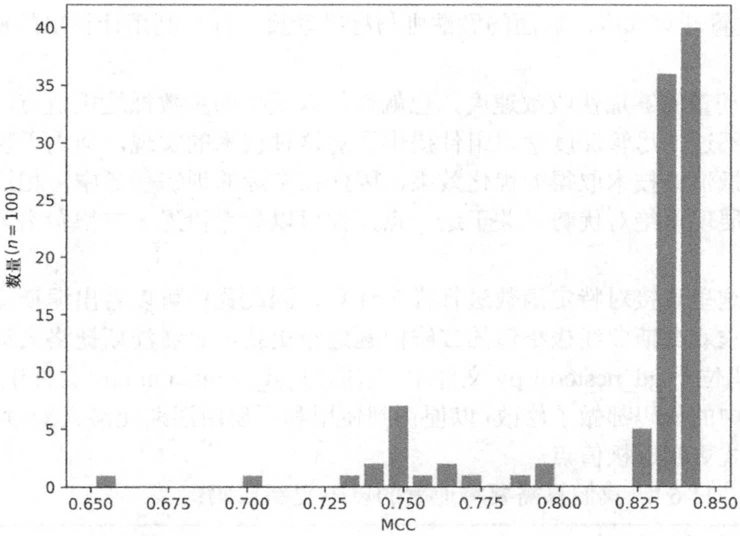

图 11-9 在 FMNIST 数据集上进行 100 次动量实验后得到的 MCC 值的分布直方图

如果长尾分布位于右侧，则说明什么呢？这说明模型在大多数情况下表现一般，偶尔表现亮眼。这还说明存在更好的模型，但我们的初始化机制难以发现该模型。因此，我们更喜欢左侧的长尾分布，这说明在大多数情况下，我们可以找到良好的最优解，模型的性能表现不错。

接下来，我们讨论动量的一种变体——涅斯捷洛夫动量，你在自己的深度学习之旅中一定会遇到它。

11.3.5 涅斯捷洛夫动量

很多深度学习组件为梯度下降提供了“涅斯捷洛夫动量”（Nesterov momentum）选项。涅斯捷洛夫动量是优化理论中针对梯度下降的一种常用改进形式。在深度学习中，涅斯捷洛夫动量的典型版本是将原来的动量更新方程

$$\boldsymbol{v} \leftarrow \mu\boldsymbol{v} - \eta\nabla f(\boldsymbol{x})$$
$$\boldsymbol{x} \leftarrow \boldsymbol{x} + \boldsymbol{v}$$

修改为

$$\begin{aligned}\boldsymbol{v} &\leftarrow \mu\boldsymbol{v} - \eta\nabla f(\boldsymbol{x} + \mu\boldsymbol{v}) \\ \boldsymbol{x} &\leftarrow \boldsymbol{x} + \boldsymbol{v}\end{aligned} \tag{11.6}$$

其中，损失函数的偏导符号被改成了梯度符号，这表明这项技术对任意 $f(x)$函数都是通用的。

涅斯捷洛夫动量并非在当前位置计算梯度，而是根据当前动量找到前进一步后的新位置

$\boldsymbol{x}+\mu\boldsymbol{v}$，并在新位置计算梯度。后面的做法则与标准动量一样，利用计算出的梯度对当前位置进行更新。

涅斯捷洛夫动量能够加快收敛速度，也就是能以更少的步数抵达极值点，这在优化理论中已经得到证明。不过，尽管深度学习组件提供了对这种技术的实现，但由于随机梯度下降天然具有的噪声可能抵消该技术取得的优化效果，因此在实际的训练任务中，相比标准动量，涅斯捷洛夫动量很难展现出绝对优势（关于这一点，你可以参考伊恩·古德费洛等人的著作《深度学习》）。

不过，由于这里直接对特定函数进行梯度计算，因此我们可以看出涅斯捷洛夫动量取得的效果。让我们对求双高斯曲线极小值的二维问题进行更新，看看涅斯捷洛夫动量是否真的提升了收敛速度，代码位于 gd_nesterov.py 文件中，它们与 gd_momentum.py 文件中的代码比较相似。我对这两个文件中的代码都做了修改，以便得到使用和不使用涅斯捷洛夫动量的梯度下降终点，从而比较哪种方式更接近极值点。

为了实现式（11.6），我们只需要将速度的以下更新代码：

```
vx = mu*vx - eta * dx(x,y)
vy = mu*vy - eta * dy(x,y)
```

改写为如下形式：

```
vx = mu * vx - eta * dx(x + mu * vx,y)
vy = mu * vy - eta * dy(x,y + mu * vy)
```

也就是说，分别为 x 分量和 y 分量增加动量，其他地方保持不变。

图 11-10 对比了标准动量和涅斯捷洛夫动量的效果。

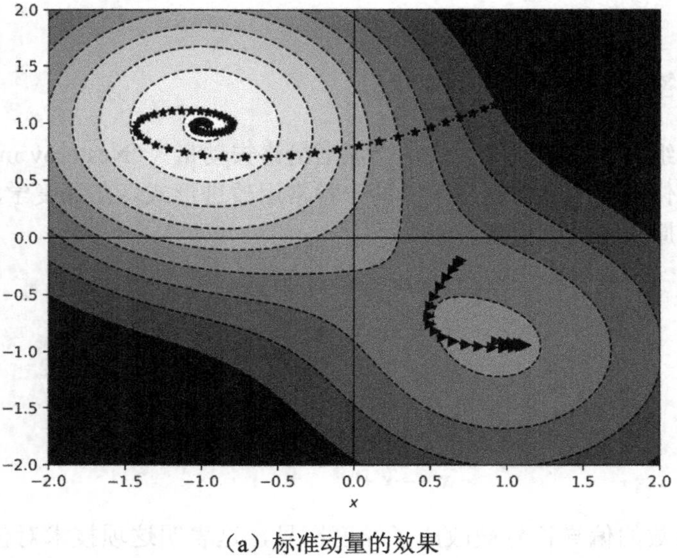

（a）标准动量的效果

图 11-10　对比标准动量和涅斯捷洛夫动量的效果

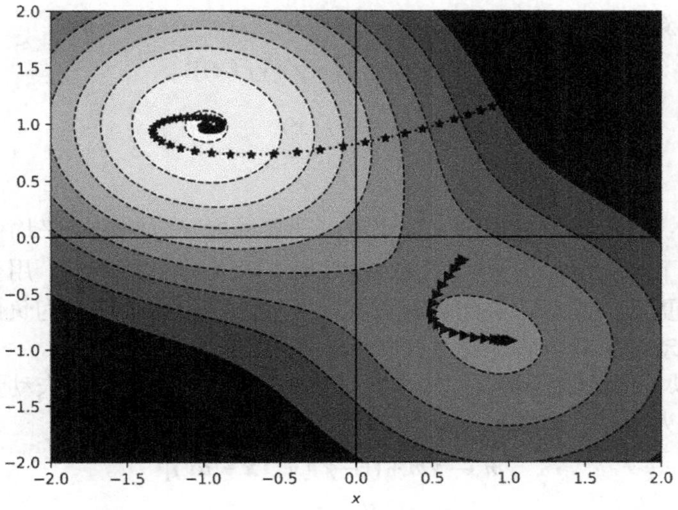

（b）涅斯捷洛夫动量的效果

图 11-10 对比标准动量和涅斯捷洛夫动量的效果（续）

从图 11-10 可以看出，涅斯捷洛夫动量产生的振荡更小，尤其是起始点为点(1.5, 1.5)的螺旋路径。使用和不使用涅斯捷洛夫动量的梯度下降终点如何呢？参见表 11-2。

表 11-2 使用和不使用涅斯捷洛夫动量的梯度下降终点

起始点	标准动量	涅斯捷洛夫动量	极值点
点(1.5, 1.5)	(–0.9496, 0.9809)	(–0.9718, 0.9813)	点(–1, 1)
点(0.7, –0.2)	(0.8807, –0.9063)	(0.9128, –0.9181)	点(1, –1)

在相同的步数下，相比标准动量，涅斯捷洛夫动量的梯度下降终点更接近极值点。

11.4 自适应梯度下降

批梯度下降很简单，因此它有很多变体。本节讨论深度学习领域常见的 3 个批梯度下降变体背后的数学原理，它们分别是 RMSprop、Adagrad 和 Adam。其中，Adam 目前最流行，但 RMSprop 和 Adagrad 也值得掌握，因为 Adam 就是由它们一步一步发展而来的。这 3 个变体在本质上都是在优化过程中动态地调整学习率。

11.4.1 RMSprop

RMSprop（代表 Root Mean Square propagation，即均方根传播）由杰弗里 • 欣顿于 2012 年提出。与动量大体相同（RMSprop 可以与动量结合使用），RMSprop 记录变化的梯度值并将其用于更新步长。

RMSprop 使用衰减因子 γ 在优化过程中计算梯度的滚动平均值。

梯度下降的更新方程变为

$$\begin{aligned} m &\leftarrow \gamma m+(1-\gamma)[\nabla f(\boldsymbol{x})]^2 \\ \boldsymbol{v} &\leftarrow -\frac{\eta}{\sqrt{m}}\nabla f(\boldsymbol{x}) \\ \boldsymbol{x} &\leftarrow \boldsymbol{x}+\boldsymbol{v} \end{aligned} \tag{11.7}$$

更新过程如下：首先以衰减因子 γ 为权重，计算梯度平方的滚动平均值，用于更新 m；然后，与标准的梯度下降类似，在计算速度时除以 m 的平方根；接下来，用当前位置减去调整后的速度以完成一步更新。注意，虽然更新方程中是加法，但由于速度为负值，因此其实我们计算的是减法，这与动量更新方程［见式（11.5）和式（11.6）］一致。

RMSprop 可以与动量结合使用。例如，将 RMSprop 与涅斯捷洛夫动量结合使用后，梯度下降的更新方程变为

$$\begin{aligned} m &\leftarrow \gamma m+(1-\gamma)[\nabla f(\boldsymbol{x}+\mu\boldsymbol{v})]^2 \\ \boldsymbol{v} &\leftarrow \mu\boldsymbol{v}-\frac{\eta}{\sqrt{m}}\nabla f(\boldsymbol{x}+\mu\boldsymbol{v}) \\ \boldsymbol{x} &\leftarrow \boldsymbol{x}+\boldsymbol{v} \end{aligned} \tag{11.8}$$

其中，μ 依然是动量因子。

RMSprop 号称鲁棒的分类器。你在后面会看到 RMSprop 在测试中的表现。我们之所以将 RMSprop 视为自适应分类器，是因为学习率会动态地根据梯度的滚动平均值的平方根进行调整。也就是说，我们实际使用的学习率会基于梯度的历史进行自动调整而非固定不变。

RMSprop 常用于强化学习。强化学习是深度学习的一个分支，目的是主动学习如何做出决策。当优化过程是非平稳过程（即数据的统计特性会随时间发生变化）时，RMSprop 通常表现出更强的鲁棒性。统计特性不随时间发生变化的优化过程则是平稳过程。对于监督学习，由于训练集固定不变，并且分类器的输入不会随时间发生变化，因此我们一般认为它是平稳过程。但在强化学习中，时间是考虑因素之一，数据集的统计特性会随时间发生变化，因此强化学习可能涉及非平稳优化。

11.4.2　Adagrad

Adagrad 出现于 2011 年[①]。乍一看，Adagrad 与 RMSprop 十分相似，但其实它们之间存在重要差异。

对于 Adagrad，梯度下降的更新方程为

$$\begin{aligned} \boldsymbol{v}_i &\leftarrow \frac{-\eta}{\sqrt{\sum_{\tau}\left[\nabla f(\boldsymbol{x})_i\right]^2}}\nabla f(\boldsymbol{x})_i \\ \boldsymbol{x} &\leftarrow \boldsymbol{x}+\boldsymbol{v} \end{aligned} \tag{11.9}$$

① 参考 Duchi 等人的文章“Adaptive Subgradient Methods for Online Learning and Stochastic Optimization”（*Journal of Machine Learning Research*, 2011）。

首先，速度的更新方程在 $\boldsymbol{v}$ 和梯度 $\nabla f(\boldsymbol{x})$ 上都带有下标 i。i 指的是速度的分量，这意味着每次都针对各个分量进行更新。在式（11.9）中，第一行的更新方程会对系统中的各个分量重复进行更新。对于深度学习来说，这些分量是指需要优化的各个参数。

其次，观察速度更新方程的分母中的求和式。τ 是优化过程中所有梯度计算的步数，这表明 Adagrad 会记录每一步计算得到的梯度值的平方和。例如，根据式（11.9），当进行到第 11 步优化时，这个求和式将包含 11 项，以此类推。η 则与之前一样，表示全局唯一的学习率，它对于所有分量都相同。

Adagrad 也有一个常用的变体，名为 Adadelta[①]。与 Adagrad 相比，在速度的更新方程中，Adadelta 将平方根中对所有步的求和改为对最后几步的滚动平均，这与 RMSprop 的滚动平均类似。此外，Adadelta 还将我们手动指定的全局学习率 η 替换成了前几步速度更新量的滚动平均值，由此消除了超参数 η，但这引入了 γ，这一点也与 RMSprop 相同。不过相比 η，γ 对数据的特性更不敏感。注意，在 Adadelta 的早期文献中，γ 用字母 ρ 表示。

11.4.3 Adam

Kingma 和 Ba 在他们于 2015 年发表的文章“Adaptive Moment Estimation”中提出了 Adam，此后 Adam 被引用 66 000 多次。Adam 与 RMSprop 和 Adagrad 一样，也使用梯度的平方，但 Adam 还会记录一个类似动量的选项。对于 Adam，梯度下降的更新方程为

$$
\begin{aligned}
\boldsymbol{m} &\leftarrow \beta_1 \boldsymbol{m} + (1-\beta_1)\nabla f(\boldsymbol{x}) \\
\boldsymbol{v} &\leftarrow \beta_2 \boldsymbol{v} + (1-\beta_2)[\nabla f(\boldsymbol{x})]^2 \\
\hat{\boldsymbol{m}} &\leftarrow \frac{\boldsymbol{m}}{1-\beta_1^t} \\
\hat{\boldsymbol{v}} &\leftarrow \frac{\boldsymbol{b}}{1-\beta_2^t} \\
\boldsymbol{x} &\leftarrow \boldsymbol{x} - \frac{\eta}{\sqrt{\hat{\boldsymbol{v}}}+\varepsilon}\hat{\boldsymbol{m}}
\end{aligned}
\tag{11.10}
$$

在式（11.10）中，前两行分别定义 $\boldsymbol{m}$ 和 $\boldsymbol{v}$ 为一阶矩和二阶矩的滚动平均值。其中：一阶矩为均值，二阶矩类似于方差（方差是数据点与其均值的间距的二阶矩）。注意，式（11.10）在定义 $\boldsymbol{v}$ 时用到了梯度的平方。在对一阶矩和二阶矩求滚动平均值时，用到的两个加权参数分别为 β_1 和 β_2。

接下来的两行定义了 $\hat{\boldsymbol{m}}$ 和 $\hat{\boldsymbol{v}}$。它们是偏误修复项，旨在使 $\boldsymbol{m}$ 和 $\boldsymbol{v}$ 成为一阶矩和二阶矩的更佳估计。这里的 t 是从 0 开始的整数，表示时间步。

$\boldsymbol{x}$ 的更新方法是对其自身减掉如下操作的结果：首先用修复偏误后的一阶矩 $\hat{\boldsymbol{m}}$ 乘以全局学习率 η，然后除以修复偏误后的二阶矩 $\hat{\boldsymbol{v}}$ 的平方根与 ε 的和。ε 是平滑系数，用于避免除以零的问题。

① 参见 Zeiler 的文章“Adadelta: An Adaptive Learning Rate Method”（2012）。

式（11.10）包含 4 个参数，虽然看起来有些多，但其中的 3 个参数（β_1、β_2 和 ε）可以简单地设置为经验值，它们很少发生变动。建议将它们设置如下：$\beta_1 = 0.9$、$\beta_2 = 0.999$、$\varepsilon = 10^{-8}$。因此，通常我们只需要关心 η。Keras 默认设置 η 为 0.001。

Kingma 和 Ba 通过实验证明，通常情况下，Adam 的表现相比涅斯捷洛夫动量、RMSprop 和 Adagrad 更好。正因为如此，当前的大多数深度学习任务直接选用了 Adam。

11.4.4　关于优化器的一些思考

优化器的选择与特定的数据集有关。如前所述，对于大多数深度学习任务，Adam 表现良好。但有时候，使用 SGD 也能调试出很好的结果，有些人甚至坚持在用 SGD。我没办法断言其中哪一种算法一定最好，因为不存在这样的算法。下面我们做个小实验并讨论一下结果。

我们的这个实验用 16 384 个随机选择的 MNIST 样本作为训练集，mini-batch 的大小是 128，epoch 数是 12。基于上述条件，我训练了一个简单的卷积神经网络，这里只展示训练结果：SGD、RMSprop、Adagrad 和 Adam 分别运行 5 次的均值和标准误。我们关心的是模型在不同优化器下的准确率和训练耗时。所有的训练都是在相同的机器上完成的，因此我们只关心训练时长（训练中并没有使用 GPU）。图 11-11 展示了模型在不同优化器下的准确率和训练时长。

平均来看，SGD 和 RMSprop 的准确率要比另外两个优化器低大约 0.5%。其中，RMSprop 的结果变动范围很大，与 Adagrad 和 Adam 差距明显。从准确率的角度看，Adam 表现最好。从训练时长的角度看，SGD 最快，Adam 最慢。考虑到每一步相对复杂的计算量，以上结论不难理解。从总体上看，Adam 优化器确实不错。

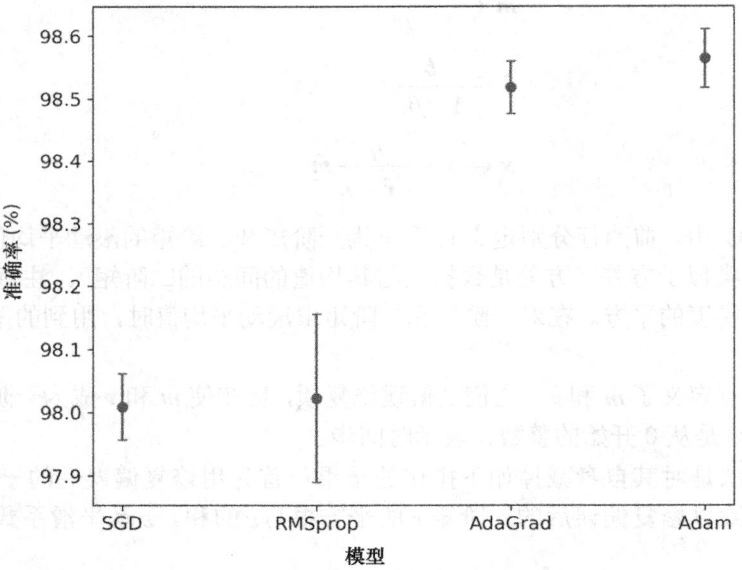

（a）模型在不同优化器下的准确率

图 11-11　模型在不同优化器下的准确率和训练时长

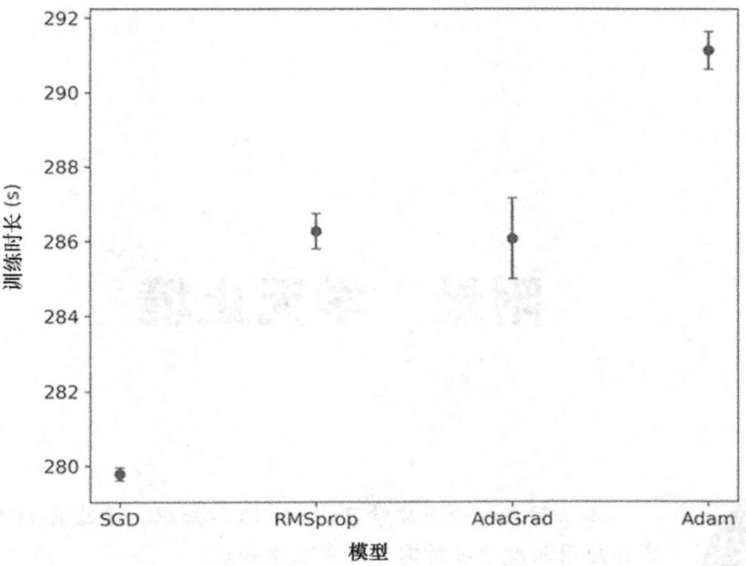

（b）模型在不同优化器下的训练时长

图 11-11 模型在不同优化器下的准确率和训练时长（续）

11.5 小结

本章首先利用一维函数和二维函数阐述了梯度下降的基本形式，然后介绍了随机梯度下降及其在深度学习中的应用，接下来讨论了动量机制。动量分为标准动量和涅斯捷洛夫动量。对于标准动量，我们借助一个（相对）深度模型的训练任务证明了其有效性。对于涅斯捷洛夫动量，我们则用一个二维函数的例子可视化地展示了涅斯捷洛夫动量的效果，并讨论了为什么涅斯捷洛夫动量和随机梯度下降可能会相互影响。

最后，本章引入了更为高级的梯度下降的更新方程，并阐述了如何对批梯度下降进行变形。通过一个简单的实验，你直观地感受了这些优化器的性能表现，并且理解了为何深度学习领域的人相比 SGD 通常更愿意选择 Adam。

随着本章的结束，我们对深度学习中数学知识的探索之旅也接近尾声。正如伟大的计算机科学家艾兹格 • W. 迪科斯彻所说："从来不该有无聊的数学"。而我也真心希望你不会认为这本书无聊。我无意冒犯迪科斯彻，既然你已经读到了这里，那我猜你已经找到了一些有趣的东西。很棒！感谢你的坚持。数学从来不该无聊。

本书已经涵盖了你在深度学习的研究中所应必备的数学知识。不过不要就此打住：本书的附录部分将为你提供用于进一步学习的参考资料，让你在探索数学的道路上持续精进。永远不要满足于现有的知识，而是应该不断地拓展你的知识。

如果有任何问题或评论，请通过电子邮件与我联系：mathfordeeplearning@gmail.com。

11

附录　学无止境

本书旨在讨论深度学习背后的数学知识，通过前 11 章的学习，你已经掌握应用深度学习所需的基本数学知识。

在本附录中，我将引导你继续前进。出于必要性考虑，我们只会涉足浅水区，虽然这乐趣十足，但在深海中，有着更加优美的风景。接下来，我将引导你进一步研究本书涵盖的各个主题。

概率论与统计学

有关概率论与统计学的书成千上万，我自然无法全部包含进来，但是下面列出的几本书能够帮助你扩展这一领域的知识。

- Michael Evans 和 Jeffrey Rosenthal 的 *Probability and Statistics*。这是一本内容全面的免费教材，面向在概率论与统计学方面具有一定背景知识的读者。
- Will Kurt 的 *Bayesian Statistics*。这本书以易于理解的方式介绍了贝叶斯统计的知识。贝叶斯统计与机器学习高度相关，你在未来的机器学习研究中一定会遇到它。
- Joseph Blitzstein 和 Jessica Hwang 的 *Introduction to Probability*。这是另一本很受欢迎的概率论图书，内容涵盖蒙特卡罗建模。
- José Unpingco 的 *Python for Probability, Statistics, and Machine Learning*。这本书提供了与本书不同的视角，包含的主题也略有不同。不过与本书一样，这本书也使用 Python 和 NumPy，涵盖本书提到的“传统机器学习”的所有内容，并且部分涉及深度学习的知识。
- Douglas Altman 的 *Practical Statistics for Medical Research*。虽然这本书在个人计算机得到普及之前就已经出现，但其依然是一本内容相关且高度可读的经典教材。另外，尽管这本书的内容是关于生物统计学的，但其中讲解的基本原理对任何领域都适用。

线性代数

线性代数在本书中所占的篇幅相对较短，下面的参考资料能让你继续领略线性代数的魅力。

- Gilbert Strang 的 *Introduction to Linear Algebra*。这是一本经典的线性代数入门教材，其中对本书第 5 章和第 6 章涉及的内容深入展开了论述。
- David Cherney 等人的 *Linear Algebra*。
- Jim Hefferon 的 *Linear Algebra*。

微积分

本书的第 7 章和第 8 章涉及微积分，但是所讲的内容仅限于微分。微积分当然不仅仅包含微分，也包含积分。由于积分在深度学习中很少用到，因此本书没有讲解积分的知识。尽管对连续型变量进行卷积运算时需要用到积分，但在计算机的世界里，大多数积分可以用求和运算来实现。下面的参考资料能够弥补本书内容在积分方面的欠缺。

- Chris McMullen 的 *Essential Calculus Skills Practice Workbook*。这是一本经典的微积分教材，内容涵盖微分和积分的入门知识，并且提供了各种问题的解法。这本书可以帮助你巩固本书第 7 章所讲的知识，并且带你入门积分。
- James Stewart 的 *Calculus*。这是一本关于微积分的全面学习指南，不仅涵盖微分和积分、多变量微积分（即偏导数和向量微积分）以及微分方程的内容，而且提供了相关的应用。
- Jan Magnus 和 Heinz Neudecker 的 *Matrix Differential Calculus with Applications in Statistics and Econometrics*。很多人把这本书当作矩阵微积分的经典参考资料，其中对矩阵微积分这一主题进行了全面且深入的探讨。
- Kaare Brandt Petersen 和 Michael Syskind Pedersen 的 *The Matrix Cookbook*。这是一本关于矩阵微积分的经典图书。

深度学习

深度学习发展迅猛，目前高度成熟并且已经渗透到科学和技术的方方面面。如果没有深度学习，今天的世界将会大不相同。

- Ian Goodfellow、Yoshua Bengio 和 Aaron Courville 的 *Deep Learning*。一本专门讨论深度学习的书，其中涵盖深度学习领域的关键内容。
- Xian-Da Zhang 的 *A Matrix Algebra Approach to Artificial Intelligence*。一本有关矩阵、机器学习和深度学习的书，可以帮助你从更加数学的角度理解机器学习。
- Coursera 上的“Deep Learning Specialization”专项课程。这不是一本书，而是由顶级专家讲授的一系列在线课程。
- Geoffrey Hinton 的 Coursera 课程。Hinton 于 2012 年在 Coursera 上推出了一系列课程，

它们都非常有价值。Hinton 在这些课程中讨论了 RMSprop。没有复杂的数学推导，课程内容易于理解。

- ❑ Andrew Glassner 的 *Deep Learning: A Visual Approach*。这本书涵盖从深度学习到强化学习的广泛内容，并且完全不涉及数学知识。
- ❑ Reddit。要想跟上深度学习的发展脚步，你可以订阅 Reddit 上的相关话题。
- ❑ arXiv 网站。arXiv 网站是一个在线数据库，其中包含深度学习领域的最新文章。深度学习发展太快，很多文章都不是在严格评审的期刊上发表的。但是很多最新的研究，尤其是一些会议的记录，都能在 arXiv 网站上找到。arXiv 网站上有很多细分栏目，以下是我个人比较感兴趣的栏目：
  - ■ Computer Vision and Pattern Recognition；
  - ■ Artificial Intelligence；
  - ■ Neural and Evolutionary Computing；
  - ■ Machine Learning。